ZEITTABELLE MIT STUFEN UND ALTER

System	Stufen (Berggren 1985)	Ma
QUARTÄR	Pleistozän	1.6
TERTIÄR	Piacenzian	3.4
	Zanclean	5.3
	Messinian	6.4
	Tortonian	10.4
	Serravallian	
	Langhian	16.5
	Burdigalian	21.8
	Aquitanian	23.7
	Chattian	30
	Ruppelian	36.6
	Priabonian	40
	Bartonian	43.6
	Lutetian	52
	Ypresian	57.8
	Selandiasn	62.3
	Danian	66.4
KREIDE	Maestrichtian	74.5
	Campanian	84
	Santonian	87.5
	Coniacian	88.5
	Turonian	91
	Cenomanian	97.5
	Albian	113
	Aptian	119
	Barremian	124
	Hauterivian	131
	Valanginian	138
	Berriasian	144
JURA	Tithonian	152
	Kimmeridgian	156
	Oxfordian	163
	Callovian	169
	Bathonian	176
	Bajocian	183
	Aalenian	187
	Toarcian	193
	Pliensbachian	198
	Sinemurian	204
	Hettangian	208
TRIAS	Rhaetian	

K. J. Hsü
U. Briegel

Geologie der Schweiz

▲ **Ein Lehrbuch für den Einstieg, und eine Auseinandersetzung mit den Experten**

Springer Basel AG

Prof. Dr. K. J. Hsü
Dr. U. Briegel
Geologisches Institut der ETH
ETH Zentrum
8092 Zürich

Umschlagabbildung: Talkessel, Schwyz. © Swissair Photo + Vermessungen AG, Zürich

CIP – Titelaufnahme der Deutschen Bibliothek

Hsü, Kenneth J.:
Geologie der Schweiz: ein Lehrbuch für den Einstieg und eine Auseinandersetzung mit den Experten/Kenneth J. Hsü; Ueli Briegel.
- Basel; Boston; Berlin: Birkhäuser, 1991
ISBN 978-3-0348-9722-8 ISBN 978-3-0348-8663-5 (eBook)
DOI 10.1007/978-3-0348-8663-5
NE: Briegel, Ueli:

Ursprünglich erschienen bei Birkhäuser Verlag Basel 1991
Softcover reprint of the hardcover 1st edition 1991

ISBN 978-3-0348-9722-8

INHALT

VORWORT

Wozu vorlesen? Weshalb dieses Buch? Warum Geologie der Schweiz?

Zu meiner Studienzeit dachte ich des öftern, dass Vorlesungen reine Zeitverschwendung seien. Wahrscheinlich sind auch etliche Vorlesungen Zeitverschwendung, jedenfalls dann, wenn Studenten in derselben Zeit durch Selbststudium sogar rascher vorwärts kommen. Wie dem auch sei, Vorlesungen sind nun einmal Tradition in unserem Schulsystem, von der Primarschule bis zur Hochschule. Es steht uns nicht an, diese weltweit seit jeher angewandte Form der Informationsübermittlung zu verdammen - sie hat sicher ihre Berechtigung -, und schliesslich haben wir Lehrer kaum eine Wahl, da wir schliesslich zum Vorlesen beauftragt sind. Unter diesen Umständen blieb nicht viel mehr übrig, als sich einer bestmöglichen Lösung zu widmen. Weshalb also besuchen Sie meine Vorlesung?

Jedenfalls wünsche ich, dass Sie nicht aus Zwang hier sitzen. Als Hochschulstudenten haben Sie einen gewissen Grad der Freiheit. Deshalb erwarte ich Studenten, die aus meinen Vorlesungen lernen, was nicht in Büchern geschrieben steht. Oft gehen aber die Studenten in Vorlesungen, weil die betreffenden Bücher unlesbar sind. Nur wenige Autoren schreiben in leicht verständlicher Art, und nur die allerwenigsten Lehrbücher sind so verfasst. Lehrbücher erheben oft den Anspruch, umfassend zu sein.

Umfassende Bücher dienen als Nachschlagewerk für die Lehrer; sie suchen sich aus der enzyklopädischen Vielfalt genau das, was sie brauchen. Für Studenten sind jedoch solche Lehrbücher wahre Alpträume, da sie nicht wissen, wo anzufangen und wo zu enden in dieser Vielfalt. Der Vorteil der Vorlesungen besteht darin, dass nur eine bestimmte Anzahl Stunden verfügbar ist, jene also gar nicht umfassend sein können, da der Dozent gezwungen ist, eine Auswahl an Stoff zu treffen. Dabei lernt der Student abzuwägen, was wichtig und was weniger wichtig ist in Disziplinen mit quasi unendlichem Wissen. Das ist mit ein Grund, dass Studenten an unseren Hochschulen Vorlesungsskripte erwarten. Diese stecken denn auch den Rahmen für die Prüfungsvorbereitungen. Das vorliegende Buch ist aus Vorlesungsunterlagen entstanden, es erhebt nicht den Anspruch, umfassend zu sein; sein Inhalt ist nach subjektiven Kriterien ausgewählt worden.

Bücher sind in den seltensten Fällen auf den aktuellen Wissensstand des Lesers zugeschnitten. Wenn ein Buch heute noch nicht verstanden wird, kann der Leser aber jederzeit, schon morgen oder auch in einem Jahr, einen neuen Anlauf nehmen. Als Dozent ist man jedoch angehalten, auf die Grenzen der Zuhörer Rücksicht zu nehmen, ansonsten Beschwerden nicht ausbleiben werden. Derlei Beschwerden habe ich während meiner Dozentenkarriere zur Genüge gehört. Nach 25 Jahren Lehrtätigkeit und einem schlechten Ruf als Didaktiker habe ich endlich gelernt, einen Unterschied zu machen zwischen der vom Dozenten erwünschten Menge und der vom Studenten verarbeitbaren Menge Lehrstoff. Ich versichere Ihnen, dass ich auch hier nicht die Absicht habe, mein gesamtes geologisches Wissen über die Schweiz zu offenbaren. Meine Vorlesung ist von der Hoffnung geprägt, dass Ihr dabei soviel lernt, wie man von jemandem erwarten kann, der nicht viel mehr als eine Vorlesung in Geologie besucht hat.

Wie bereits erwähnt, besucht Ihr Vorlesungen, weil die Lehrbücher nicht durchwegs verständlich sind. Oft werdet Ihr Schwierigkeiten haben, der Argumentation des Autors Punkt für Punkt zu folgen. Ich erinnere mich nur zu gut an meine eigene Studienzeit. Ich musste des öftern innehalten, weil irgendein technischer Ausdruck mir nicht bekannt war, oder weil da eine elegante "wohlbekannte" Gleichung war oder eine Gleichung, die "leicht zu beweisen" war. Nun, der technische Ausdruck war wohl in einem Handwörterbuch definiert, welches eben nicht gleich zu Hand war, und die Gleichung war sicher allen

Experten wohlbekannt und für den Fachmann leicht zu beweisen, nicht aber für den durchschnittlichen Leser eines Lehrbuches. An einem solchen Punkt angelangt, verweilt man entweder stundenlang an einem womöglich unwichtigen Problem, oder man schmeisst das Buch in die Ecke und gibt auf, denn der Autor ist ja nicht sogleich ansprechbar für Fragen. Bei Vorlesungen ist das gewöhnlich anders. Jeder Dozent mit Format wird bereit sein, sämtliche Fragen, welche sein Lehrfach betreffen, zu beantworten, denn schliesslich sollte er wissen, worüber er doziert. Weiter ist der Dozent gegenüber seinem Auditorium in seinem Fachgebiet Rechenschaft schuldig, und kein Student sollte zu scheu sein, Fragen zu stellen und den Dingen auf den Grund zu gehen. So stelle ich mir den idealen Unterrichtsbetrieb vor.

Eine Vorlesung mag ein Monolog sein, doch sollte ein verantwortungsbewusster Dozent in steter Kommunikation mit dem Auditorium sein. Bei genügend fragenden Blicken sollte er zurückstecken und repetieren, bei genügend gelangweilten Blicken sollte er sein Tempo forcieren. Dabei soll nur gerade soviel repetiert oder übersprungen werden, wie nötig erscheint. Im Gegensatz dazu traktiert ein Autor seine Schreibmaschine ungebremst. Er versucht, seinen Lesern gerecht zu werden, kann aber nie wissen, wieweit ihm das gelingt.

Wir sind uns bewusst, dass Vorlesungen auf die Studenten zugeschnitten sind. Lehrbuchautoren dagegen sind frei von Vorgaben. Wenn massgeschneiderte Kleider nicht passen, sind sie nutzlos. Vorlesungen dagegen können beliebig umgearbeitet werden. Zugegeben, schon mancher Modeschöpfer hat die Grösse seiner Kunden falsch eingeschätzt; und ich habe versucht, sowohl Inhalt, wie auch Methodik der Vorlesungen den Wünschen der Studenten anzupassen. Lehrbücher dagegen sind nicht auf spezifische Gruppen von Lesern zugeschnitten. Sie haben alle ihre Schwachstellen, d.h. allzu geraffte oder allzu gedehnte Partien. Deshalb versuchen wir nicht, eine derartige Neuauflage zu produzieren oder einer bestimmten Gruppe von Lesern zu genügen.

Nun, wir haben gesehen, dass Vorlesungen trotz allem ihre Berechtigung haben. Weshalb denn ein neues Lehrbuch? Weshalb dieses Lehrbuch?

Lehrbücher sind allemal nützlich, sie dienen dem Dozenten als Grundlage für seine Vorlesungen, die er dann selber noch ergänzen oder kürzen kann. Auch Studenten benützen oft Lehrbücher, sei es, um verpasste Vorlesungen nachzuholen oder um Ergänzungen zu den Vorlesungen zu suchen. Doch können sie nicht erwarten, dass sämtliche Information in einem einzigen Lehrbuch zu finden ist. Auch wenn der Student nur wenig aus diesem einen Buch gelernt hat, so ist dessen Existenz doch bereits gerechtfertigt.

Vorlesungen sind vergänglich, aber trotzdem endgültig. Bücher sind beständig, aber trotzdem veränderbar. Das mag tönen wie unverständliche Zitate aus Laotze's Tao-te Chin. Doch sei daran erinnert, dass Fehler korrigiert werden können, wenn sie geschrieben sind und vom Fachmann erkannt werden. Beim Durchlesen von Vorlesungsnotizen meiner Studenten entdeckte ich jedoch Fehler, welche mir beim Schreiben auf die Wandtafel unterliefen, auf diese Weise aber verewigt wurden. Es waren auch andere Fehler dabei, welche entstanden, weil ich den Stoff zu wenig beherrschte, oder weil meine Erklärungen nicht korrekt verstanden wurden. Solche Fehler, während der Vorlesung entstanden und von Studenten kopiert, sind meistens definitiv. Da ich nun aber die Gelegenheit habe, das in den Vorlesungen gesagte in aller Ruhe niederzuschreiben, können solche Fehler vermieden oder korrigiert werden. Zudem überdenke ich nochmals verschiedene Probleme, wofür ich in den Vorlesungen zu wenig Zeit hatte und versuche auch hier zu optimieren. Und falls diese Ausgabe noch nicht ganz befriedigen sollte, kann ja eine zweite, revidierte Auflage nachfolgen. – Was gesagt ist, ist gesagt; – was geschrieben steht, kann jederzeit verändert werden.

Dieses Buch soll eine Art Geschichte der Erkenntnis darstellen, speziell meine Geschichte der Erkenntnis der Schweizer Geologie. Geologische Interpretationen sollen nicht als in sich wahr aufgefasst werden, sondern als Annäherungen an ein Verständnis, welches aus mangelhaften Beobachtungen und ungenügendem Wissen natürlicher Prozesse hergeleitet wurden. Das Ziel ist nicht so sehr die Information, als viel eher Denkanstösse zu vermitteln, um letzlich die Fehlerhaftigkeit unserer Annäherung zu verringern. Dies ist meine wissenschaftliche Philosophie. Ich schreibe dieses Buch am Ende meiner Dozentenkarriere in der Hoffnung, irgendjemand werde irgendwann einmal, irgendwo, an diesem Lehrstil Gefallen finden.

Immer wieder scheint es mir, man sollte Fachwissen dozieren wie man eine Fremdsprache doziert. Die Studenten lernen eine Fremdsprache durch die Grammatik und einen minimalen Wortschatz, um lesen, schreiben und sprechen zu können. Die Grammatik der Wissenschaft ist deren Logik, das Vokabular besteht aus technischen Ausdrücken, die meistens Abkürzungen für wissenschaftliche Konzepte darstellen. Man kann auch Fachwissen erst lesen, schreiben und vermitteln, wenn einem die Terminologie und die Grundlagen geläufig sind. Dazu braucht es aber keineswegs das gesamte Fachwissen, welches in einer wissenschaftlichen Enzyklopädie aufgelistet ist.

Die Geologen erforschen die Geschichte unserer Erde, und die Gesteine sind das Archiv der Erdgeschichte. Die Bücher in diesem Archiv sind für uneingeweihte Leser wie fremdsprachige Bücher. Ich habe nicht die Absicht, sämtliche Bücher dieses Archivs aufzuschlagen. Es ist meine Überzeugung, dass Vorlesungen halten nicht zum Zweck hat, möglichst viel Information zu vermitteln, sondern neben einer Einführung in die Grundbegriffe logisches Denken und analytische Methoden anregen soll.

Ich möchte gerne klarstellen, dass der Studienplan für unsere Studenten nicht auf "Vorlesungen aus Enzyklopädieen" zugeschnitten ist. Meine Vorlesungen sind keine Zusammenfassung eines Geologischen Führers durch die Schweiz. Ich habe nicht die Absicht, sämtliche Formationen, deren Alter, stratigraphische Stellung und tektonische Geschichte in verschiedensten Aufschlüssen aufzuzählen. Der Zweck meiner Vorlesungen ist, Ihnen aufzuzeigen, wie man ein Buch mit 7 Siegeln angeht, um es entziffern zu können, damit Sie bei Ihrer zukünftigen beruflichen Arbeit die benötigte Information zu einer bestimmten Region in der Schweiz anzueignen im Stande sind. Ebenso ist es der Zweck dieses Buches, Ihnen diesen Weg aufzuzeichnen.

Während Diskussionen mit Studenten über meine Vorlesung Geologie der Schweiz wurde oft schon nach ein oder zwei Stunden bemängelt, es fehle der grosse Überblick. Doch solche Kritik muss ich als Ungeduld zurückweisen. Gute Wissenschaftsliteratur liest sich wie ein Kriminalroman. Viele einzelne Begebenheiten werden erzählt, viele Fäden werden gespannt, ohne dass man den Zusammenhang herausspürt. Gerade das macht die Lektüre interessant und spannend und erst am Schluss werden alle Fäden richtig zusammengehängt und bekommt jedes Detail den gebührenden Platz. Ich muss deshalb an Ihre Geduld appellieren, falls Sie sich in den ersten 9 Kapiteln etwas verloren vorkommen sollten. Ich versichere Ihnen, dass alle jene Details als Bausteine für die Synthese der letzten 3 Kapitel gebraucht werden.

Für viele Leser wird dies die erste Bekannschaft mit der Geologie sein, für einige ebenso die letzte. Fachausdrücke werden fett gedruckt, wenn sie erstmals gebraucht werden, und diese sollen bei der nächsten Gelegenheit auch erklärt werden. Auch kann ich verstehen, wenn Sie sich nach einem Kapitel nicht ganz klar sind, ob Sie alles richtig verstanden haben. Deshalb habe ich nach jedem Kapitel einige Fragen formuliert. Falls Sie imstande sind , diese Fragen zu beantworten, glaube ich, haben Sie verstanden, was ich Ihnen zu vermitteln hoffte.

Der Untertitel dieses Buches heisst: Ein Lehrbuch für Anfänger und eine Auseinandersetzung mit den Experten. Es ist geschrieben für den Studenten als Einführung in die Geologie der Schweiz, auch für jene, die nur ihre Mittelschulgeologie mitbringen. Wir beginnen im Nordwesten der Schweiz mit dem Jura, indem wir die Entwicklung der

Stratigraphie zur Wissenschaft, wie auch einige frühe Ideen zur Tektonik nachzeichnen. Nach diesem ersten einführenden Kapitel folgt die Geologie des Schweizerischen Mittellandes. Die Interpretation von rezenten und spätpleistozänen Sedimenten in bezug zu direkt beobachtbaren Prozessen ist die Grundlage für ein aktualistisches Bild der Geologie. Die Stratigraphie der Molasse ist ein Abbild der klassischen Stratigraphie, die zeitliche Fazieswechsel mit dem Zusammenspiel von Subsidenz und Sedimentation in Verbindung bringt. Gleichzeitig wird die Isotopengeologie vorgestellt, um die Notwendigkeit der Chemie und Physik zum Verständnis geologischer Prozesse zu dokumentieren.

Es folgt der Hauptteil des Buches, welcher der Darstellung der Alpengeologie im Sinne der modernen Plattentektonik gewidmet ist. Hier beginnt die Auseinandersetzung mit den Experten. Ausgehend von der klassischen Aufteilung in Stratigraphie und Strukturgeologie, soll hier *das Konzept der tektonischen Fazies* zur Anwendung kommen. Die Idee ist nicht neu, jedoch soll erstmals in einem Lehrbuch diese Terminologie verwendet werden. Damit möchten wir ein besonderes Augenmerk auf das Zusammenwirken von Sedimentation, Deformation und Paläogeographie lenken. Jede tektonische Fazies ist nicht nur durch ihren Deformationsstil gekennzeichnet, sondern ebenso durch die sedimentäre Vergesellschaftung und ihre paläogeographische Stellung im plattentektonischen Rahmen. Der Ausdruck Helvetikum, z.B., bezeichnet nicht nur einen Stapel von Abscherungsdecken, er bezeichnet gleichzeitig die meist untiefen Karbonatablagerungen an einem passiven Kontinentalrand. Die Entwicklung der geologischen Strukturen ist nicht allein durch die Kinematik der Plattenbewegung beeinflusst, ihre sedimentäre Geschichte und ihr paläogeographischer Werdegang sind mitbeteiligt. Das Helvetikum, das Penninikum, etc. sind deshalb nicht nur geologische Strukturen, sondern auch Gesteinskörper, welche verschiedene Arten von Deformation und verschiedene Grade von Metamorphose erfahren haben. Die folgenden Kapitel behandeln die Geologie der verschiedenen Einheiten, wie sie aus der Sicht der tektonischen Fazies gegliedert werden.

Kapitel IV zeigt anhand der Stratigraphie des Helvetikums die Methode der paläogeographischen Rekonstruktion und wie diese zu einem Modell der Sedimentation an einem passiven Kontinentalrand führt. Kapitel V nimmt den Flysch, seine Stratigraphie, Sedimentologie, Tektonik und Paläogeographie als Datenbasis für die geologische Entwicklung auf und hinter dem Schelf eines "verschluckten" Ozeans.

Kapitel VI bespricht die präalpinen Klippen und das Prinzip der Deckenrepartition durch die Analyse der Faziesverschachtelung. Nummer VII zeigt am Beispiel der penninischen Kristallindecken (core-nappes), ihrer Petrographie und der daraus abgeleiteten Geschichte der Deformation und Metamorphose das Schicksal eines unterschobenen passiven Kontinentalrandes. Die Bündnerschiefer, Schistes lustrés und der Nordpenninische Flysch, vorwiegend hemipelagische und turbiditische Sedimente, die in Subduktions- und Kollisions-Prozesse verwickelt sind, Akretionsprismen und Mélanges bilden, werden im Kapitel VIII beschrieben.

Die Ophiolithe im Kapitel IX sind die Zeugen früherer Ozeane und helfen uns, das Prinzip der Mélanges und der "wilden" Stratigraphie zu veranschaulichen. Kapitel X beleuchtet das Schamser Paradox als meso-alpine Deformation. Im vorletzten Kapitel sind die ostalpinen Decken beschrieben als Beispiel der Entwicklung eines vorerst passiven und später aktiven Kontinentalrandes, der nach der Kollision zum Überschiebungsblock wurde.

Das letzte Kapitel soll einen Überblick über die geologische Entwicklung der Schweiz mit einem Seitenblick zum europäischen Herzynikum vermitteln. Dazu kommt das Modell der mesozoischen Entwicklung der Tethys, wie es HSÜ 1987 anlässlich seiner "Femor lecture" vorstellte, wie auch das Modell der Neo-Alpinen Orogenese von HSÜ 1979.

Das Einfügen von neuen Ideen in ein elementares Lehrbuch kann sowohl zu neuen Erkenntnissen, als auch zu später sich als falsch herausstellende Ansichten führen. Wir sind das Risiko eingegangen, ein derartiges Lehrbuch zu schreiben, da die Wissenschafter in der letzten Zeit etwas bescheidener und auch toleranter geworden sind. Wir alle suchen stets die Wahrheit, und hie und da glauben wir auch, wieder ein Stück Wahrheit gefunden zu haben und lehren dieselbe sogleich den jungen Studenten. Der Philosoph Karl Popper lehrt uns aber, dass die Wahrheit trügerisch ist. Die ganze Wahrheit kann nie erreicht werden, doch sie existiert. Wir nähern uns jedoch der Wahrheit jedesmal um einen Schritt, wenn eine alte oder eine neue Idee als falsch bewiesen wurde. Es ist deshalb die Pflicht des Lehrers in der Wissenschaft, den Anfängern zu zeigen, dass er nicht allwissend ist, sondern dass er heute überzeugt ist von seiner Idee, die aber später mit neuen Erkenntnissen durchaus widerleget werden kann. In diesem Sinne ist dieses Lehrbuch geschrieben.

Zürich, im Mai 1990 K. J. Hsü

I DER JURA

Auf seinem Weg von Basel nach Bern entdeckt der aufmerksame Wanderer verschiedenartige gutgebankte Gesteine am Wegrand. Er überquert die Hügel des Juras und blättert gleichsam Seite um Seite im Buch der Erdgeschichte. Die Geologie ist die Übersetzung dieser Erdgeschichte in eine verständliche Sprache, und der Geologe ist der Dolmetscher, der die Erdgeschichte aus den Steinen herausliest und in Worte und Bilder fasst.

Einige Grundlagen der Stratigraphie

Gebankte Gesteine bestehen aus Schichten oder **strata**, und die Lehre von diesen Schichten heisst **Stratigraphie**. Die Erdgeschichte ist aber derart komplex, dass es nicht möglich ist, sie in Formeln oder digitalen Modellen auszudrücken, wie das bei physikalischen oder chemischen Gesetzen üblich ist. Die Stratigraphie ist ein Analogmodell der Erdgeschichte, und ihre Gesetze basieren grossenteils auf gesundem Menschenverstand. NICOLAS STENO (1631-87), ein Geistlicher aus Florenz, formulierte in seinem "Gesetz der Überlagerung" das Augenfällige: Die ältere Schicht liegt unter der jüngeren Schicht.

Strasseneinschnitte sind selten tiefer als 10 oder 15 Meter, auch die tiefsten Flusstäler, wie z.B. der Grand Canyon of Colorado, sind kaum 2000 Meter tief. Wir finden also nirgends auf der Welt eine komplette Abfolge (ein startigraphisches Profil) mit den ältesten und jüngsten Schichten der Erdgeschichte. Das zweite stratigraphische Gesetz basiert auf der Beobachtung, dass jede Sedimentschicht eine bestimmte horizontale Ausdehnung hat und es wird das "Gesetz der lateralen Kontinuität" genannt. Eine Kalksteinschicht könnte z.B. ein Leithorizont sein: In einem Strassenanschnitt wird zuoberst als jüngste Schicht eine Kalkbank mit vielen Fossilresten entdeckt; im nächsten Strassenanschnitt liegt die entsprechende Bank aber weiter unten! Die Vergleichsstudien zur Feststellung, dass beide Bänke ein und derselben Schicht angehören, nennt man stratigraphische Korrelation. Mit dieser Methode lässt sich die stratigraphische Abfolge einer ganzen Region in einem vertikalen Kolonnenprofil darstellen, d.h. alle Schichten sind nach ihrem relativen Alter geordnet.

Eines der ältesten startigraphischen Profile wurde von Johann Gottlob LEHMANN und Georg Christian FÜCHSEL im 18. Jh. erstellt. Sie unterteilten eine Gruppe von Sedimentgesteinen an verschiedenen Orten in Thüringen in drei Einheiten, immer in derselben Reihenfolge:

Bunte Mergel, Schiefer, Kalk und Gips
Kalk mit vielen Muscheltrümmern
roter Sandstein.

Der Sandstein war also immer zuunterst, Gips immer im obersten Teil. Später wurden diese drei Schichten Buntsandstein, Muschelkalk und Keuper genannt und alle drei zusammen eben wegen der Dreiheit als Trias bezeichnet.

Lehmann und Füchsel erkannten, dass in den Gesteinen Anhaltspunkte zur Erdgeschichte enthalten sind. Füchsel gehörte auch zu den ersten, die eine Abfolge von Bänken gleicher Gesteine als **Formation** bezeichneten, ein Ausdruck, der heute in demselben Sinne als "kartierbare Einheit" definiert wird. Die drei Formationen der Trias zusammen bilden eine **Gruppe** mit der Formation Buntsandstein zuunterst, der Untertrias, welche auch die älteste ist und als Frühe Trias gilt, mit dem Muschelkalk und Keuper darüber, welche zur Mitteltrias, respektive Obertrias (späte Trias), gehören. Die Unterbegriffe Unter-, Mittel- und Ober- bezeichnen die Überlagerung, Früh-, Mittel- und Spät- bezeichnen die Altersrelation. Daraus ersehen wir, dass der Ausdruck Trias eigentlich zwei

Bedeutungen hat. Einerseits sprechen wir von Trias und sehen die drei Gesteinsformationen vor uns, andrerseits können wir über einen Zeitabschnitt reden, die **Periode** der Trias, eben jene Zeit, in welcher Buntsandstein, Muschelkalk und Keuper in weiten Teilen Deutschlands (und der Nordschweiz) abgelagert wurden.

LITHOSTRATIGRAPHIE	CHRONOSTRATIGRAPHIE	GEOCHRONOLOGIE
Gruppe	System	Periode
Formation	Serie	Epoche
Formationsglied	Stufe	Alter

Dieselbe Dreifaltigkeit von Gesteinen der Trias findet man im Jura. Im 18.Jh. glaubten die Geognosten an globale Formationen, d.h. dass gleiche Gesteine zur gleichen Zeit weltweit in den Gewässern abgelagert wurden. Forscher dieser Gedankenrichtung werden heute als "Neptunisten" bezeichnet. Ihr Vorbild war Gottlob Abraham WERNER. Es galt als logisch, dass Buntsandstein, Muschelkalk und Keuper der Juraketten zur gleichen Zeit entstanden, wie die Germanische Trias. Die Korrelation in diesem speziellen Fall ist korrekt, jedoch bedurfte diese empirische Feststellung einer Bestätigung durch die Methode der **Biostratigraphie**, welche der englische Geometer William Smith einführte.

Als er gerade seine Lehre abgeschlossen hatte, wurde der junge Smith von der britischen Regierung angestellt, um ein Kanalnetz für den Kohlentransport per Schiff zu vermessen. Das war 1794, und während den folgenden 6 Jahren überwachte er den Baufortschritt. Bei den Erdarbeiten beobachtete er eine Vielzahl von Gesteinsschichten, aber nur selten konnten diese Serien vom einen Aufschluss mit jenen anderer Aufschlüsse korreliert werden. Kalke, Schiefer, Sandsteine, Kreide und Tone waren anfänglich wie eine Herde von Rindvieh, nichts unterschied die einzelnen Köpfe von anderen! Wie jeder gute Hirte aber nach einer gewissen Zeit seine Schützlinge genau kennt, so entdeckte Smith nach Jahren der Beobachtung, dass jede Schicht ganz bestimmte eigene Fossilien führt, und dass die Reihenfolge dieser Merkmale überall genau gleich war. Auf der Basis seiner Fossilfunde publizierte SMITH 1815 eine geologische Karte von England und Wales. Damit war die Biostratigraphie gegründet, welche für sehr lange Zeit die geologische Chronologie beherrschte. Wir wissen heute, dass die Trias des Juragebirges gleichaltrige Schichten enthält, wie die Trias von Norddeutschland, da an beiden Orten vergleichbare Faunenassoziationen gefunden wurden, was im Rahmen der Evolutionstheorie auf gleiches Alter hindeutet. Damit bekommt aber Trias eine dritte Bedeutung: Die Fauna der Trias bezieht sich auf Fossilien, welche in Gesteinen der Trias vorkommen und ein Triasalter aufweisen.

Die stratigraphische Überlagerung kann dem Geologen nur eine relative Altersbestimmung erlauben. Die Triasgesteine von Norddeutschland überlagern eine zweiteilige Einheit (Rotliegendes und Zechstein), früher Dyas genannt, heute unter dem Namen Perm bekannt (nach dem Namen der russischen Stadt Perm im Ural). Über der Trias liegen Kalkformationen, welche der Periode des Jura angehören. Die Trias ist demnach jünger als das Perm, aber älter als der Jura. Seit die radiometrische Altersbestimmung (irrtümlich auch "absolut" genannt) durch die Messung von radiogenen Elementen möglich wurde, kann die Trias auch in **Ma**, d.h. Millionen Jahre vor heute, angegeben werden. Heute rechnet man für die Periode der Trias etwa 50 Ma, und zwar zwischen 250 und 200 Ma vor heute.

Die Biostartigraphie erlaubte nicht nur die Korrelation gleicher Formationen, sondern auch verschiedener Formationen desselben Alters. Damit waren die "universellen Formationen" überholt. Auch die radiometrischen Altersbestimmungen bestätigen natürlich diese Aussage. Unser Neptunist des 18.Jh., Abraham Gottlob Werner, irrte also, die laterale Kontinuität einer Gesteinsschicht ist nicht global. Auch wenn die Trias von Norddeutschland bis in den Jura die gleiche Dreiheit von Buntsandstein, Muschelkalk und Keuper zeigt, so finden wir in den Südalpen oder Ostalpen ganz andere Gesteine.

Die stratigraphische Abfolge der Trias in den Alpen wurde in der zweiten Hälfte des letzten Jahrhunderts durch österreichische Geologen erarbeitet:

Rhät
Nor
Carn
Ladin
Anis
Skyth

Im Gegensatz zur Germanischen Trias mit Sandstein, Kalk und Mergeln bestehen die alpinen Triasgesteine vorwiegend aus Karbonaten: Kalkstein ($CaCO_3$) oder Dolomit {$Ca\ Mg(CO_3)_2$}. Das geologische Alter dieser Einheiten wurde auf Grund ihres Fossilinhaltes definiert. Ein sehr wichtiges Faunenelement sind die Ammoniten, ausgestorbene Schwimmer, ähnlich den heutigen Tintenfischen (Nautilus). Viele Ammonitenarten sind kosmopolitisch, d.h. sie haben auf der ganzen Welt etwa zur selben Zeit gelebt. Verwandte Triasfaunen des Anis oder Ladin wurden in den Alpen, in China, aber auch in Nordamerika gefunden, auch wenn die Gesteine der Trias jener Länder ganz anders zusammengestz sind, wie jene der Alpen, d.h. eine andere Fazies haben. Skyth, Anis, Ladin, Carn, Nor und Rhät sind keine weltweit korrelierbaren Formationen, jedoch bezeichnen sie weltweit korrelierbare Faunen, die etwa in derselben Zeit der Erdgeschichte lebten. Der Ausdruck **Stufe** wird in der Stratigraphie benützt, um eine bestimmte Art hierarchischer Zeitintervalle zu bezeichnen. So wird die Periode Trias in die sechs Stufen Skyth, Anis, etc. eingeteilt. Durch Faunenvergleiche gelang es den Geologen, den untertriasischen Buntsandstein der Skythischen Stufe zuzuordnen, während der mitteltriasische Muschelkalk zur Zeit der Anisischen und Ladinischen Stufe abgelagert wurde und der obertriasische Keuper die Stufen Carn, Nor und Rhät repräsentiert.

Ära	**Periode**	**Epoche**	Beginn in Ma
	Quartär	Holozän	0.01
		Pleistozän	1.7
Känozoikum	Tertiär	Pliozän	5.0
		Miozän	24
		Oligozän	36
		Eozän	55
		Paläozän	66
Mesozoikum	Kreide		140
	Jura		210
	Trias		250
Paläozoikum	Perm		290
	Karbon		360
	Devon		410
	Silur		440
	Ordovizium		500
	Kambrium		600
Präkambrium	Proterozoikum		2500
	Archaikum		4000

Fig. 1.1. Geologische Zeittabelle nach HAQ und EYSINGA 1987

Stratigraphische Taxonomie

Durch das Studium der Faunenreihen in sedimentären Abfolgen von allen Kontinenten während der vergangenen 100 Jahre gelang es den Geologen, eine internationale Zeittabelle aufzustellen, welche die geologische Zeit in Äras, Perioden, Epochen, etc. einteilt.

Die ältesten fossilbelegten Schichten des Juragebirges sind Karbon. Sie werden überlagert durch Sedimente des Perm, Trias, Jura, Kreide, Tertiär und Quartär. Die ältesten Gesteine, welche unter der Trias liegen, also noch älter sind als diese, haben paläozoisches Alter. Dazu gehören auch Karbon und Perm. Der Begriff Paläozoikum beschreibt die Ära mit urtümlichen Lebensformen der Zeit 600 bis 250 Ma vor heute. Im Jura und in der ganzen Schweiz sind keine älteren sedimentären Formationen als Karbon bekannt. Solche noch älteren paläozoischen Gesteine sind jene des Devon, Silur, Ordovizium und Kambrium, alles Namen von Ortschaften oder Völkerstämmen aus England und Wales. Noch ältere Gesteine gehören zum Präkambrium. Abgesehen von algenartigen Fossilien sind wenig Lebensreste bekannt aus dieser Ära.

Die ältesten Gesteine überhaupt im Jura sind magmatische Gesteine, welche bei hohen Drucken und hohen Temperaturen tief im Erdinnern erstarrten. Sie werden **Kristallingesteine** genannt und bilden das **Grundgebirge** des Juras. Nach der Kristallisation dieser Gesteine wurde das Gebiet gehoben und die Erosion begann. Die oberpaläozoischen Gesteine des Perm und Karbon wurden als terrestrische Sedimente in Flüssen und Schwemmebenen darauf deponiert.

Die nachfolgende Trias ist vom germanischen Typus, wie oben erwähnt. Der Buntsandstein würde heute in Wüstengebieten mit den roten Gesteinen abgelagert (z.B. Monument Valley). Die Rotfärbung ist bedingt durch geringe Mengen von Hämatit Fe_2O_3, ein Mineral, welches bei der Reaktion von hydriertem Eisenoxyd (Rost) mit Grundwasser entsteht. Kompaktion und solche Umwandlungsprozesse unter Einwirkung von fliessendem Grundwasser oder wanderndem Porenwasser in jungen Sedimenten werden als **Diagenese** bezeichnet. Die Wüste der unteren Trias wurde dann überflutet von Meerwasser, und eine reiche Molluskenfauna entwickelte sich im seichten Wasser, was die massenhafte Ablagerung von Muschelschalen erlaubte. Während des Keupers wurden Sedimente unter verschiedenen marinen, lagunären, tidalen und festländischen Bedingungen abgelagert. Auch Gesteine mit Anzeichen von verdunstetem Meerwasser, die sogenannten **Evaporite** fehlen nicht. Anhydrit und Gips, das hydratisierte Kalziumsulfat ($CaSO_4\ 2H_2O$) sind relativ häufig aufgeschlossen. Die gutlöslichen Salze (Steinsalz und Bittersalz) sind nur aus Bohrlöchern bekannt und dürften auch nur in einzelnen Evaporationspfannen abgelagert worden sein.

Der Grossteil der Jurageste ine sind eben Gesteine des Jura. Jura als chronostratigraphische wie auch geochronologische Einheit geht ja auf die frühe Beschreibung der Gesteine der Juraketten durch Leopold von BUCH zurück, einem bekannten Pionier, der im frühen 19. Jh. mehrere Jahre im Neuenburger Jura verbrachte. Von Buch nannte die Kalke, welche er überall feststellte, eben die Jurakalke. Er beschrieb dann ähnliche Gesteine in Polen (von BUCH 1805) ebenfalls als Jurakalke, und schliesslich wurde auch noch die Periode Jura genannt, während welcher diese Kalke abgelagert wurden.

Lithostratigraphisch wird der Jura des Juragebirges (wie schon die Trias), in drei Abteilungen (Gruppen) unterteilt: Lias (Unterjura), Dogger (Mitteljura) und Malm (Oberjura). Die Farben der Gesteine dieser drei Einheiten in Süddeutschland, die dunkelgrauen Schiefer des Lias, die braunen Eisenoolithe des Dogger und die hellen Kalke des Malm, veranlassten Leopold von Buch, sie als Schwarzjura, Braunjura und Weissjura zu bezeichnen, wie es in jener Gegend noch heute üblich ist. Lias, Dogger und Malm werden dann noch in viele Formationen weiter unterteilt.

Das System Jura (chronostratigraphisch) wird in die drei Serien unterer (früher), mittlerer und oberer (später) Jura unterteilt, und diese wiederum in die Stufen Hettangian, Sinemurian, Pliensbachian, Domerian und Toarcian für den Lias, Aalenian, Bajocian, Bathonian und Callovian für den Dogger und Oxfordian, Kimmeridgian und Tithonian für den Malm. Diese Stufennamen bezeichnen meistens Lokalitäten, wo diese Gesteine sehr gut ausgebildet sind. So sind die Gesteine des Bathonian z.B. nach einer Gesteinsabfolge nahe der südenglischen Stadt Bath, oder jene des Oxfordian eben nach der englischen Stadt Oxford benannt.

Zusätzlich zur oben erwähnten Trias, findet man aber auch Gesteine der Kreide im Jura. Wie können wir diese von den Juraschichten unterscheiden?

Die Grenzziehung zwischen zwei geologischen Systemen ist teilweise willkürlich und darum auch kontrovers, da jede Gruppe von Paläontologen eine eigene Meinung vertritt. Es wurden schon endlose Debatten geführt über Anfang und Ende eines Systems. Schliesslich sah man ein, dass die Definition einer Grenze eben nicht vorgezeichnet ist, und man dies deshalb am besten einer internationalen Beurteilung überlässt. Verschiedene Unterkommissionen der Kommission für Stratigraphie der International Union of Geological Sciences sind gehalten, gemäss Mehrheitsbeschluss einen "**goldenen Nagel** " zwischen die beiden Grenzschichten an der Typuslokalität "einzuschlagen". Dieser goldene Nagel soll jenen Horizont oder jene Schichtfuge bezeichnen, welcher durch Beschluss die Periodengrenze (oder Epochengrenze oder Stufengrenze) darstellt. Die Festsetzung dieser Grenze anderswo bedarf der minutiösen Korrelation mit dem durch den "golden spike" bezeichneten Horizont. Obschon diese "Nägel" an der Basis und im Dach des Juras noch nicht "eingeschlagen" wurden, so wird doch allgemein davon ausgegangen, dass die Untergrenze mit der ältesten Fossilzone der biostartigraphischen Stufe des Hettangian und die Obergrenze mit der jüngsten Fossilzone der Stufe Tithonian definiert sein sollten.

Die jüngsten Gesteine der mesozoischen Ära (Mesozoikum: mittlere Tierzeit), jene der Kreide, sind im Jura nur noch vereinzelt in Senken anzutreffen. Die meisten dieser Flachwasserkalke sind erodiert worden.

Auf das Mesozoikum folgt das Känozoikum, die neue Tierzeit, mit Fossilien, deren Nachkommen z.T. noch heute leben. Der englische Geologe Charles Lyell führte im letzten Jahrhundert die Epochennamen **Eozän**, **Miozän** und **Pliozän** ein, um das frühe, mittlere und neuere Stadium der neuen Lebensformen zu unterscheiden. Später wurde noch das **Paläozän** vorangestellt und das **Pleistozän** und **Holozän** angefügt. Mit diesen Epochen werden das früheste, respektive das neueste und das gegenwärtige Stadium der Lebensformen beschrieben (Fig.1.1).

Obwohl einst möglicherweise der Grossteil des Juras von känozoischen Sedimenten bedeckt war, hat die Erosion bis auf wenige Reste alles entfernt. Die Eozänen Sandsteine und bauxitischen Tone wurden in warmem und feuchtem Klima abgelagert, bevor die Sedimente der Alpen in die Höhe gepresst wurden, wo sie heute Berge aufbauen. Die Oligozänen Schichten deuten auf eine fluviatile Verbindung des Molassebeckens im schweizerischen Mittelland mit dem Rheingraben hin. Die Gesteine des Miozäns sind ebenfalls hauptsächlich Flussablagerungen, doch finden wir Anzeichen von vereinzelten Meerwassereinbrüchen in Teilen des Juragebietes. Pliozän bis Holozän (Quartär) sind wiederum als Flussgeschiebe aus der Zeit der Jurafaltung bis heute vertreten.

Das Fazieskonzept

Heute wissen wir, dass Sedimentgesteine nicht "weltweite Formationen" sind. Eine Sedimentserie eines bestimmten Alters kann hier als Kalk, dort als Mergel und anderswo als Tonschiefer ausgebildet sein. Der Schweizer Geologe Amanz Gressly (1814-1865) erkannte als erster diese Tatsache und führte das Konzept der **Fazies** ein, um die verschiedenen Erscheinungsformen eines Sedimentes zu unterscheiden.

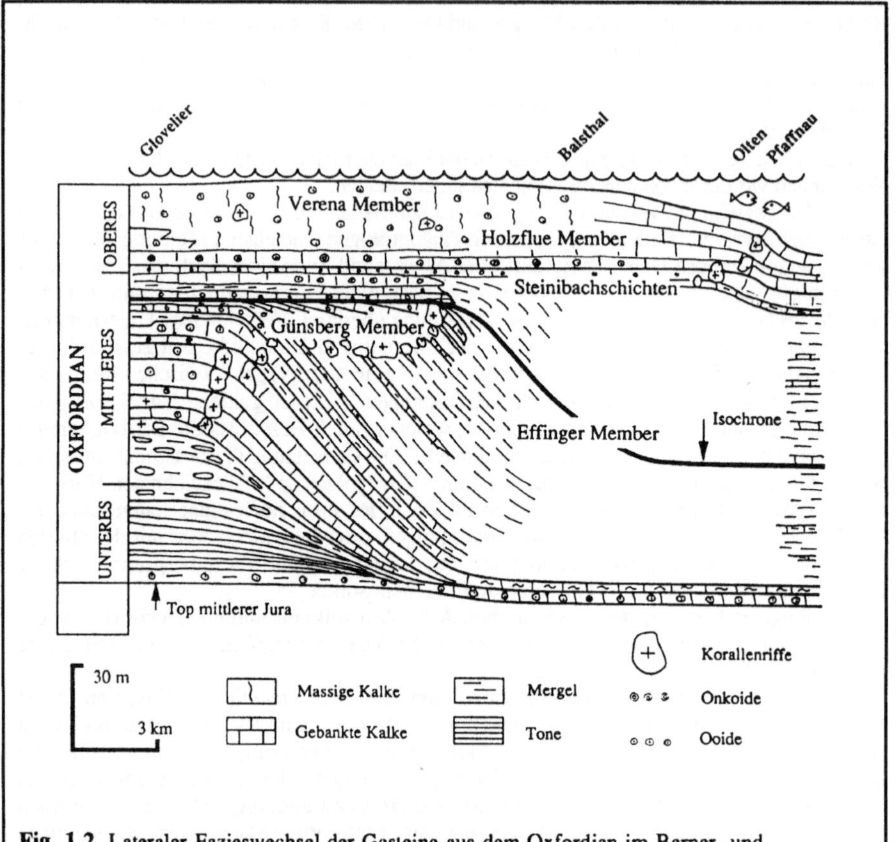

Fig. 1.2 Lateraler Fazieswechsel der Gesteine aus dem Oxfordian im Berner- und Solothurner Jura (nach GYGI und PERSOZ 1986).
Dies ist ein palinspastisches Profil (überhöht) an der Wende Oxfordian/Kimmeridgian.

GRESSLY (1838) entwickelte diese Idee bei seiner Arbeit im Jura. Er schrieb (p.10): "*Dans les régions que j'ai étudiées, peut -être plus que partout ailleurs, des modifications très-variées, soit pétrographiques, soit paléontologiques, interrompes, à chaque pas, l'uniformité universelle que l'on a prêtée jusqu'ici aux différens terrains dans les différens pays.*"

Damit begründete er das Konzept der Lithofazies und Biofazies. Gressly unterschied zwei wichtige Lithofazies im Jura: (1) eine dünnbankige, mergelige Kalkfazies und (2) eine massive Riffkalkfazies. Geologische Arbeiten während der vergangenen 100 Jahre bestätigten Gresslys Konzept. Natürlich wurden noch viele zusätzliche Beobachtungen gemacht, wie das folgende Beispiel des lateralen Fazieswechsels in Sedimenten des Oxfordians im Solothurner Jura zeigt (Fig. 1.2 nach GYGI und PERSOZ 1986).

Das Oxfordian ist eine Stufe der späten Juraepoche, doch war ihre Abgrenzung lange umstritten. In der älteren Literatur finden wir noch Namen wie Argovien oder Sequanien (z.B. ZIEGLER 1956). Die Stratigraphen benützen heute den Namen Oxfordian in einem viel weiteren Sinne als früher. Die alten Stufen "Oxford, Argovien und Sequan" sind heute im Oxfordian zusammengefasst. Eine reiche Ammonitenfauna in diesen Schichten erleichtert uns die Korrelation und Abgrenzung dieser Gesteine.

Die Schichten des unteren Oxfordian bestehen im ganzen Solothurner Jura aus eisenoolithischem Kalk. Die Basis des mittleren Oxfordian ist eine dünne Kalk-Mergel Serie, genannt Birmenstorfer Schichten. Beide Formationen zeigen nur geringe Fazieswechsel im Solothurnischen.

Der Hauptteil des mittleren Oxfordian besteht aus der Wildeggformation mit den Formationsgliedern der Effinger und Günsberger Schichten. Ersteres ist eine Wechsellagerung von Tonen, Mergeln und Mergelkalken, das letztere besteht aus biogenen Kalken. Aus dem Faziesprofil (Fig.1.2) ist ersichtlich, dass das Effinger Member bei Olten etwa 200m mächtig ist, das Günsberger Member (dort die Steinibach Schichten) nur 20m. Gegen Nordwesten aber nehmen die Effinger Schichten ab, um dann nördlich von Biel ganz auszukeilen. Die Günsberger Schichten werden mächtiger, da ein Teil der Mergel seitlich in Kalke übergeht. Beachten Sie auch, wie die Riffe im Laufe der Zeit von NW gegen SE wanderten.

Die Günsberger Schichten bestehen aus gutgebankten Kalken mit Korallen, Biohermen und Riffen, quarzreichem glaukonitischem Kalk, Oolithkalk mit Kreuzschichtung, Peloidkalk, bioklastischem Kalk, onkolithischem Kalk, Mergelkalk und selten Dolomit. Die Mächtigkeit dieser Formation schwankt zwischen 30 und 90m im Kanton Solothurn. Vom Profil Wasserfallen gegen Osten in Richtung Olten wird diese Kalkformation immer dünner, da die Bänke im unteren Teil seitlich rasch in die Effinger Formation übergehen.

Die darüber liegenden Holzflue und Verena Member enthalten hauptsächlich Oolithkalke, früher als "*oolithe blanche séquanienne*" bezeichnet. An der Basis liegt als gut erkennbare Trennschicht gegen die Günsberg Schichten eine markante Peloidkalkbank. Die Oolithe zeigen vielerorts eine Kreuzschichtung, dann sind auch Linsen von massigen Korallenkalken eingebettet. Eingelagert sind dünne Lagen von "*calcaire blanc de Ste. Vérène*", poröse z.T. oolithische Peloidkalke mit sparitischem Zement. Da sie leicht verwittern, bilden diese "Taschen" Hohlkehlen in den Kalkwänden.

Die Mächtigkeit der Verena- und Holzflueschichten nehmen gegen Osten ebenfalls markant ab (Fig.1.2).

Vergleichende Sedimentologie

Der Fazieswechsel ist gut zu begreifen, wenn er auf geologischen Feldbeobachtungen beruht und nicht auf einem Glaubensbekenntnis. Im 18. Jh. waren weltweite Formationen im Gespräch, Abraham Gottlob Werner kannte die Gesteine seines Wohnortes Freiburg in Sachsen und lehrte seine Studenten, dass es an jedem andern Ort der Welt ebenso sein müsste. Werner vertraute auf die Bibel und reiste selten; so glaubte er, alle Sedimente müssten während der Sintflut überall gleichmässig abgelagert worden sein.

Die Geologen des 19.Jh. waren dem Traditionalismus verpflichtet, die moderne Geologie aber stützt sich auf den Aktualismus. Wir stellen uns vor, dass die Prozesse auf der Erde vor Millionen oder gar Milliarden Jahren nicht sehr verschieden waren wie heute. Da waren Ozeane, Flachmeere, Lagunen und Kontinente mit Flüssen, Seen, Sümpfen, Gezeitenebenen usw. Heute wie damals werden in verschiedenen Umgebungen Sedimente verschiedener Art oder Fazies abgelagert: Sand und Geröll sind und waren Ablagerungen der Flüsse, Sand, Silt und Schluff der Küstengewässer, Tone und Kalkschlamme der Tiefsee. Die Verzahnung von terrestrischen und marinen Sedimenten zeugt von der wechselnden Paläogeographie und Paläomorphologie, wenn Landstriche vom Meer überschwemmt und später wieder trockengelegt werden.

Der Geologe benützt die Ausdrücke "Ozean" und "Kontinent" in einem weiten Sinne. So bedeutet Kontinent für den Geologen nicht nur jener Teil der Erde, welcher über Wasser liegt, sondern die ganze Struktur des Untergrundes, welche sich von jener unter dem Ozean unterscheidet. Der Untergrund oder die äusserste Erdschale wird als Erdkruste oder nur **Kruste** bezeichnet. Die schwerere Unterlage der Kruste heisst **Mantel**. Der Unterschied zwischen Ozean und Kontinent liegt in der Art und Mächtgkeit der Kruste. Kontinentale Kruste ist 30 - 70 km, Ozeankruste 5 - 10 km dick. Die Struktur der Kruste bewirkt, dass die Kontinente sich tausende von Metern über den Ozeanboden erheben. Die Oberfläche der Kontinente ist nur teilweise über Wasser, genannt Land, der Rest liegt unter Wasser und heisst **Kontinentalschelf, Schelfmeer**, marine **Plattform, Karbonatbank, Kontinentalabhang** etc. Die Sedimente auf den Kontinenten sind nicht unbedingt terrestrisch, sie können auch marin sein, wenn Teile der Kontinente unter Wasser liegen, wie z.B. unter dem Schelfmeer der Nordsee.

Das aktualistische Prinzip der Geologie geht davon aus, dass Sedimentablagerungen der kontinentalen Kruste früherer Zeiten ebenfalls in Tälern, Wüsten, Flüssen, Seen, Schwemmebenen, Sümpfen, Küsten, Gezeitenebenen, Schelfgebieten, Plattformen und Bänken unter Wasser deponiert wurden.

Die Fossilien der jurassischen Gesteinsformationen im Jura gehören vorwiegend zu seichtmarinen Lebensformen. Daraus wird geschlossen, dass die Sedimente des Jura in seichten Meeren des überfluteten europäischen Kontinents abgelagert wurden.

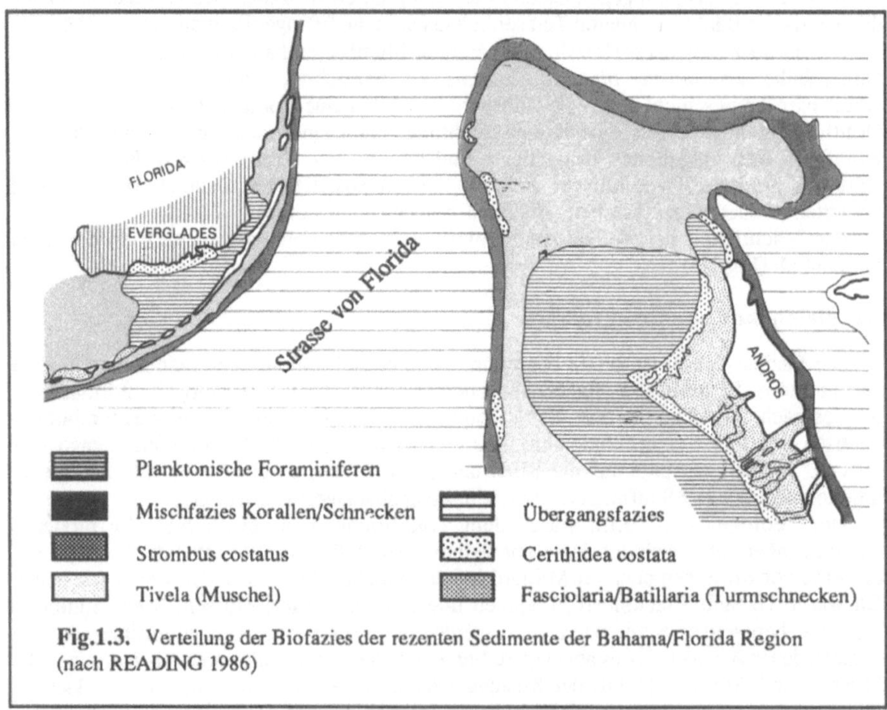

Fig.1.3. Verteilung der Biofazies der rezenten Sedimente der Bahama/Florida Region (nach READING 1986)

Erinnern wir uns, dass die permotriasischen Rotschichten (Buntsandstein) in ariden Gebieten und der Muschelkalk und Keuper in Schwemmebenen oder untiefem Gewässer abgelagert wurden, so zeigt uns die Sedimentation von marinen Kalken im Jura einen markanten paläogeographischen Wechsel an. Der europäische Kontinent der Triaszeit wurde zu Beginn des Jura allmählich vom Meer überflutet, eine sogenannte **Transgression** fand statt. Gegen Ende der Juraperiode, in der Zeit der Oxfordian-Stufe, versanken grosse Teile von Europa im Meer. Die Schweiz war damals Teil einer grossen Karbonatplattform mit Korallenriffen, Lagunen, Vorriffabhängen, Oolithbänken, Gezeitenkanälen etc. Verschiedene Sedimente wurden in den verschiedenen Umgebungen abgelagert. Durch die Beobachtung dieser aktualistischen Umgebungen und ihrer Sedimente lernten die Geologen die Sedimentationsräume vergangener Zeitabschnitte zu rekonstruieren, indem sie annahmen, ähnliche Sedimente stammten aus vergleichbaren Umgebungen. Natürlich liegen die alten Sedimente heute als verfestigte Gesteine vor, d.h. sie erlebten durch chemische und mineralogische Veränderungen eine Diagenese. Dadurch wird aber die Erscheinung oder Struktur der Gesteine nur wenig verändert. Schalenreste von Meertieren bleiben als Fossilien erhalten, und die Form der Partikel, seien sie oolithisch (runde konzentrische Kalzitkügelchen, oft mit einem Fossiltrümmer als Kern), oder peloid (elliptische mikritische Körnchen), ändert kaum. Der moderne Geologe benützt den Ausdruck **Gefüge** (englisch: texture!), um die Grösse, Form und Ursprung der Komponenten eines Sedimentes zu beschreiben. Das **Sedimentgefüge** bezieht sich dann auf grössere Merkmale innerhalb der Schicht, wie etwa Laminierung, Kreuzschichtung, Gradierung etc. Lithifikation und Diagenese stören auch das Sedimentgefüge kaum. Deshalb ist das Sedimentgefüge auch ein sehr wichtiger Vergleichsfaktor zur Bestimmung von früheren Sedimentationsräumen.

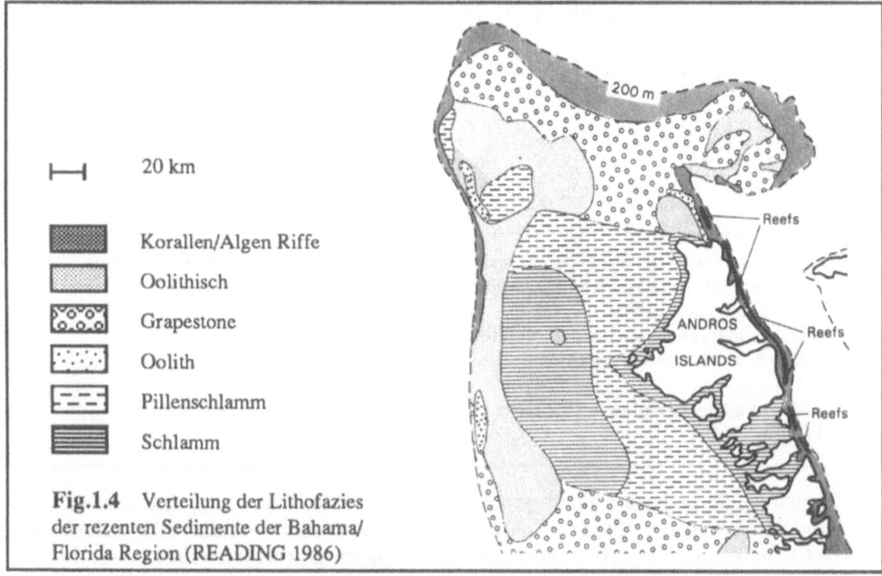

Fig.1.4 Verteilung der Lithofazies der rezenten Sedimente der Bahama/ Florida Region (READING 1986)

Die Gesteine des Oxfordian im Jura werden mit den heutigen Sedimenten der Bahama Plattform verglichen. Diese marine seichte Karbonatbank ist durch die Strasse von Florida von Nordamerika getrennt (Fig.1.3), so dass kaum terrigener Detritus dorthin gelangt. Reiner Karbonatschlamm aus Skelettrümmern von Lebewesen wird vowiegend randlich sedimentiert. Auf der Luvseite der Plattform wachsen Korallenriffe mit ihrer typischen Vorriffsedimentation von Trümmersanden (Fig.1.4). Oolithe entstehen auf Gezeitenbänken in aktiven Gezeitenkanälen. Die Sedimente der inneren Bank sind Schlick,Peloide und Pellets. Nicht nur verschiedene Sedimente werden in verschiedenen Umgebungen der Florida/Bahama Region gefunden, auch diverse Faunenassoziationen sind bekannt (Fig.1.3). Die lithofazielle Zuordnung der oberen Oxford-Schichten des zentralen Jura ist in Figur 1.5 dargestellt. Die Karte zeigt, dass Korallenriffe und Oolithbänke entlang einer WSW-ENE streichenden Zone zwischen La Chaux-de-Fonds und Solothurn vorkommen, wogegen Mergel und Kalkschlicke im Inneren einer Plattform, also nordwestlich dieser Randzone, abgelagert wurden.

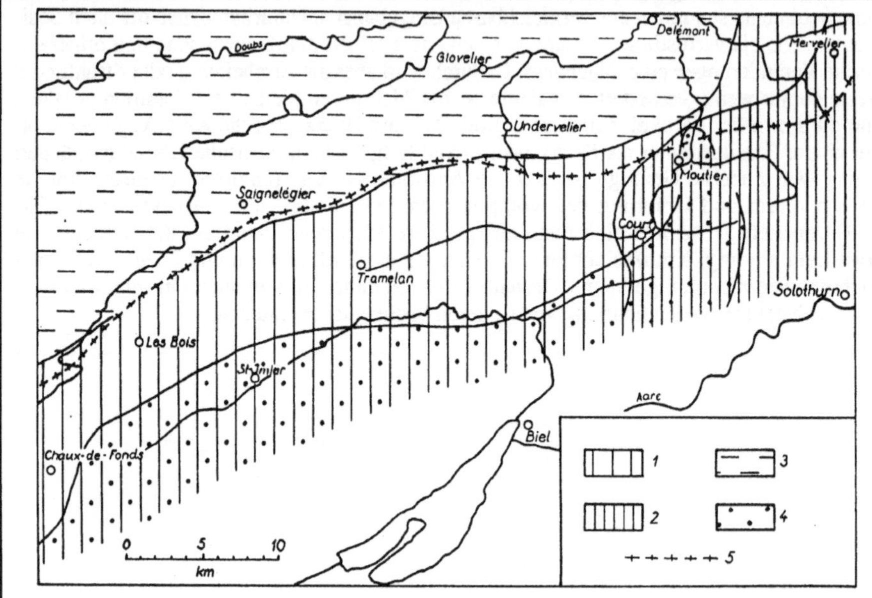

1 Nur basale Partie aus koralligenen Sedimenten aufgebaut, höhere Partien mergelig;
2 aus korralligenen Sedimenten bis Oolithen aufgebaut;
3 aus Mergeln und Kalken;
4 Ausdehnungsgebiet der Grünen Mumienbank;
5 Südgrenze der sogenannten Rauracien-Fazies.

Fig. 1.5. Paläogeographie des oberern Oxford im zentralen Schweizer Jura (ZIEGLER 1956)

Vergleichende Sedimentologie gestattet uns die Schlussfolgerung, dass die weichen rezenten Sedimente der Bahamas nach der Diagenese solche massive Korallenkalke, bioklastische, oolithische, pelletoide und sehr feinkörnige (**mikritische**) Kalke bilden, wie wir sie im Oxfordian der Juraketten beobachten. Ein grosser Unterschied muss aber erwähnt werden: Das Gebiet der Jurakalkplattform war nicht durch eine Senke vom Festland getrennt. Darum finden wir häufig terrigene Anteile in den Gesteinen des Oxfordian. Die Verunreinigung durch diese klastischen Komponenten führte zur Bildung der quarzreichen Kalke, der Mergel oder tonigen Kalke im Jura. Die Sedimente der Bahamas bestehen aus über 99% Kalziumkarbonat.

Überschiebungstektonik

Wenn der Jurawanderer eine Klus durchquert, so fallen ihm die steilen, fast vertikalen Schichten auf. Ursprünglich wurden diese Sedimentlagen doch auf flachem oder beinahe flachem Untergrund abgelagert, doch heute stehen dieselben z.B. in den Klusen fast vertikal, da sie durch tektonische Vorgänge deformiert wurden (Fig.1.6).

Die Wellenbildung von Sedimenten, Faltung genannt, wie wir sie heute im Faltenjura sehen, ist ein Prozess, der zur **Gebirgsbildung** gehört. Bis ins 18. Jh. hinein glaubten die Naturalisten, dass die Berge als Teil der Schöpfung schon immer da waren, niemand dachte, dass diese irgendwie gebildet wurden. Dass Sedimentgesteine auf den höchsten Berggipfeln anstehen, war bekannt, doch die Neptunisten, wie Werner und seine Schüler, sahen darin die Bestätigung einer weltweiten Sintflut, die alles Land überdeckte, und die Berge waren jene Orte, wo am meisten sedimentiert wurde. Werner verschloss sich auch Fragen, warum dieser Riesenozean verschwand und wohin denn das viele Wasser ging. " *Wenn Du auf eine unüberwindbare Schwierigkeit stösst, schau ihr standhaft ins Gesicht,– und geh weiter*", war der Ratschlag des grossen Meisters (vgl. GEIKIE 1905).

Im Wasser deponiertes Material sollte flach liegen, doch in den Bergen beobachtet man häufig Schichten jeder Orientierung. Benedict de Saussure erkannte das in den Alpen, doch er hatte keine Erklärung dafür. Der grosse französische Naturalist Jean-Baptiste Lamarck glaubte, dass alle Schichten Anlagerungen an das bestehende Relief seien, ähnlich den Schuttfächern in den Bergen. Das war natürlich eine falsche Annahme, lehrt uns doch die Physik, dass der natürliche Böschungswinkel für Lockermaterial weniger als 35° beträgt. De Saussure wusste das: Es ist offensichtlich absurd, argumentierte er, zu glauben, dass die vertikalen Konglomeratbänke in den Schweizer Alpen auf solche Art gebildet wurden. Und für unseren Fall, möchten wir ergänzen, ist es absurd zu glauben, die sinkenden Skelettrümmer im Jurawasser wären an die vertikalen Schichten angeklebt worden.

Gebirgsbildung ist ein wichtiges Element in der "Theory of Earth" von James HUTTON (1795). In dieser Arbeit stützte sich Hutton auf Beobachtungen von De Saussure: "*many remarkable instances of the bending of the strata, particularly where the small stream of Nant d'Arpenaz (near Geneva) forms a cascade, by falling over the face of a perpendicular limestone rock. The strata of this rock are bent into circular arches, extremely regular, and with their concavity turned to the left*" (PLAYFAIR 1802, p. 222). Hier wurde natürlich die Jurafaltung beschrieben. Damit wurde die Meinung der Zeitgenossen verworfen, dass die verbogenen Schichten entstanden indem: "*certain great caverns or vacuities, having been opened in the interior of the globe, a great part of the waters which formerly covered its surface, retired into them, and much of the solid rock also sunk down at the same time* " (PLAYFAIR 1802, p. 220). Hutton begründete damit die moderne Theorie der Faltung, indem: "*the chain of Jura is secondary, and the beds which compose it... are bent in such a manner, that in a transverse section of the mountain, each layer would have the figure of a parabola*" (PLAYFAIR 1802, p. 223). Hutten glaubte an eine pulsierende Erde, von Zeit zu Zeit erschütterten die Grundfesten und bewirkten laterale und geneigte Schubflächen, welche zu den sichtbaren Verkrümmungen der Schichten führten, wie sie im Jura gesehen werden.

De Saussure beobachtete auch, dass die vertikalen Schichten nicht tief ins Erdinnere verlaufen, sondern dass sie umbiegen und einen Bogen bilden. 200 Jahre geologischer Forschung brachte die Erkenntnis, dass diese Bögen, heute **Falten** genannt, bezogen auf die Erdkruste nur hauchdünn sind, nur die dünne Sedimenthaut des Juras wurde gefaltet, nicht aber die alten Sedimente oder gar der kristalline Untergrund (Fig. 1.7). Diese Art der Faltung wird als Juratype oder "*thin-skinned*" Faltung bezeichnet. Während diesem Vorgang von Deformation wird die Bedeckung von ihrem Untergrund abgeschert oder entkoppelt, wie wenn ein Tischtuch über dem Tisch verschoben wird. Dieser Vorgang heisst "*décollement*".

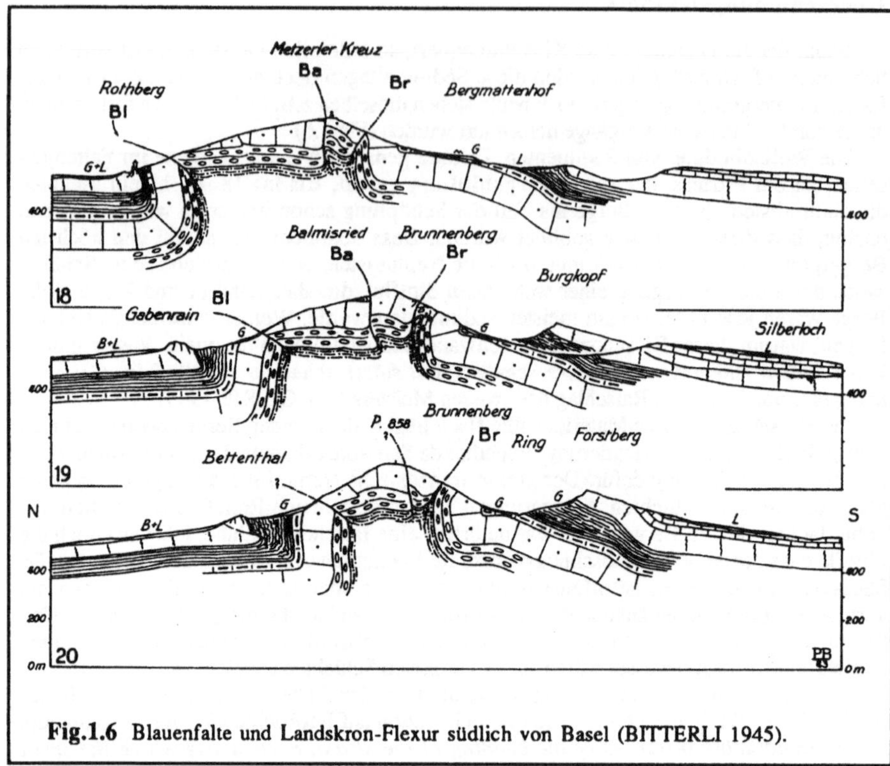

Fig.1.6 Blauenfalte und Landskron-Flexur südlich von Basel (BITTERLI 1945).

Weshalb sind denn die Sedimente im Faltenjura verbogen, im Tafeljura aber schön horizontal? Wann erfolgte die Deformation? Und wie schnell? Was waren die Kräfte für diese Deformation, und wie wurden diese aufgebracht? Woher kamen diese Kräfte?

Solche Fragen sind sehr zentral in einer Theorie der Erde. Wenn Hutton von sporadischen Zuckungen der Erdkruste schrieb, so veranstaltete er sehr kurzzeitige und heftige Deformationen. Georges Cuvier entdeckte beim Studium der Faunen des Pariser Beckens markante Unterschiede zwischen den Assoziationen der verschiedenen geologischen Perioden. Die Dinosaurier starben am Ende der Kreideperiode aus, und die känozoische Ära zeigt verschiedene sich ablösende Faunen. Als Zeitgenosse der französischen Revolution postulierte Cuvier auch in der Erdgeschichte Revolutionen, die die Massensterben der Tierwelt bewirkten. Sein Landsmann Elie de BEAUMONT (1830) vereinigte Huttons Deformationsschübe, und Cuviers Revolutionen und machte solche revolutionäre Zuckungen der Kruste für die Gebirgsbildungen wie auch die Massensterben verantwortlich. Elie de Beaumont zählt neun solche Ereignisse in der Erdgeschichte auf: vor dem Karbon, vor dem Muschelkalk, zwischen Trias und Jura, zwischen Jura und Kreide etc. Zwischen den Episoden von Gebirgsbildung war Ruhe, und fortwährende Sedimentation ist gewährleistet. So stellt de Beaumont die Jurafaltung in eine der beiden letzten Revolutionen kurz vor der Ablagerung des "Alluvium". Die Verfeinerung dieses etwas antiquierten Denkschemas wurde bis in die heutigen Tage weitergetrieben. In der modernen geologischen Literatur wird de Beaumonts Ausdruck "Revolution" mit "Phase" bezeichnet, und die Alpen werden in drei

Phasen gebildet, der eo-alpinen in der Kreide, der meso-alpinen im Eozän und der neo-alpinen im Miozän, die Jurafaltung aber benötigt eine vierte "Pliozäne Phase".

Eine Revolution in den Erdwissenschaften brachte uns die Theorie der **Plattentektonik.** Die Erdkruste und oberer Mantel bilden die Lithosphäre, und diese Lithosphäre ist in viele einzelne Platten zerbrochen. Diese Platten bewegen sich mit Geschwindigkeiten von einigen cm pro Jahr in derselben Richtung über Millionen von Jahren hinweg. Entlang mittelozeanischen Rücken werden Ozeanplatten gebildet, auf der andern Seite tauchen sie unter Kontinentalränder ab zurück in den Erdmantel. Dieses Verschlucken von Kruste heisst **Subduktion** und ist für Gebirgsbildung verantwortlich, wie die Bergketten rund um den Pazifik bezeugen. Sobald der ozeanische Teil der Platte verschluckt ist, kommt es zur Kollision von Kontinenten. Dabei entstehen kompressive Kräfte in der Erdkruste und bedingen eine alpinotype Gebirgsbildung.

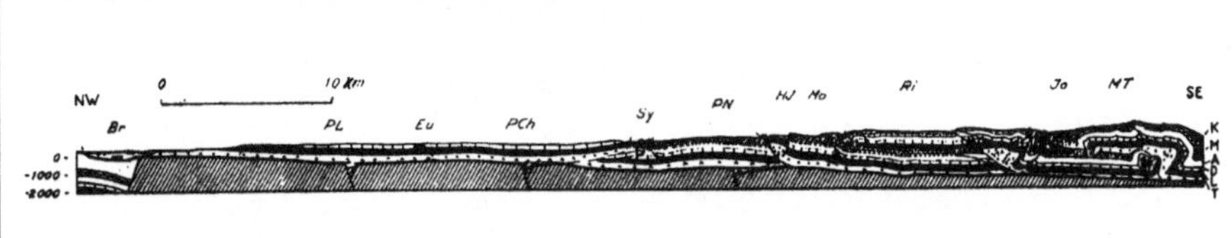

Fig.1.7 Ein Gesamtprofil durch den zentralen Jura. (LAUBSCHER 1965).
K = Kreide, M = Malm, A = Argovien, D = oberer Dogger, L = Lias und unterer Dogger, T = Trias, Br = Bressegraben.

Gemäss der neuen Theorie gehörten Europa und Afrika einst zum gleichen Superkontinent genannt Pangäa. Entlang eines Bruchsystems drifteten die zwei Kontinente während der Juraperiode auseinander und ein Ozean, die Tethys, bildete sich dazwischen und verbreiterte sich bis in die frühe Kreideperiode. Die Sedimente des Juragebietes wurden in der Nähe oder an der nördlichen Küste dieser Tethys abgelagert. Seit der frühen Kreide bewegte sich dann Afrika wieder nordwärts und kollidierte mit Europa, bis die letzten Reste der Tethys im späten Eozän subduziert waren. Diese kompressive Deformation führte zur Gebirgsbildung der Alpen (HSÜ 1989).

Fragen:

1. Der Ausdruck Trias wird verschiedentlich gebraucht. Was ist der Unterschied zwischen der Gruppe Trias und der Periode Trias? Was bedeutet "triasische Fauna"? Welches sind die drei Einheiten der Trias im Jura, was unterscheidet sie von den sechs Einheiten der Ostalpen?
2. Was heisst Jura? Sind alle Gesteine des Juragebirges Jura? Was sind die unmittelbar darüber und darunterliegenden Gesteine? Wie wird die Systemgrenze definiert? Nennen Sie die drei Untereinheiten des Jurasystems. Was ist eine Epoche, was eine Stufe? Bitte nennen Sie Beispiele.
3. Was bedeutet Fazies? Sind Ihnen Fazieswechsel im Oxfordian des Jura bekannt?
4. Wie rekonstruiert man die Paläogeographie? Nehmen Sie die Stratigraphie der Jurasedimente im Jura und die Sedimentologie der modernen Ablagerungen in den Bahamas, um das Prinzip des Vergleichs der Ablagerungsräume zu erklären.
5. Wie wird die Juratektonik genannt? Wann und wie wurden die Gesteine des Juras zu Bergketten geformt?

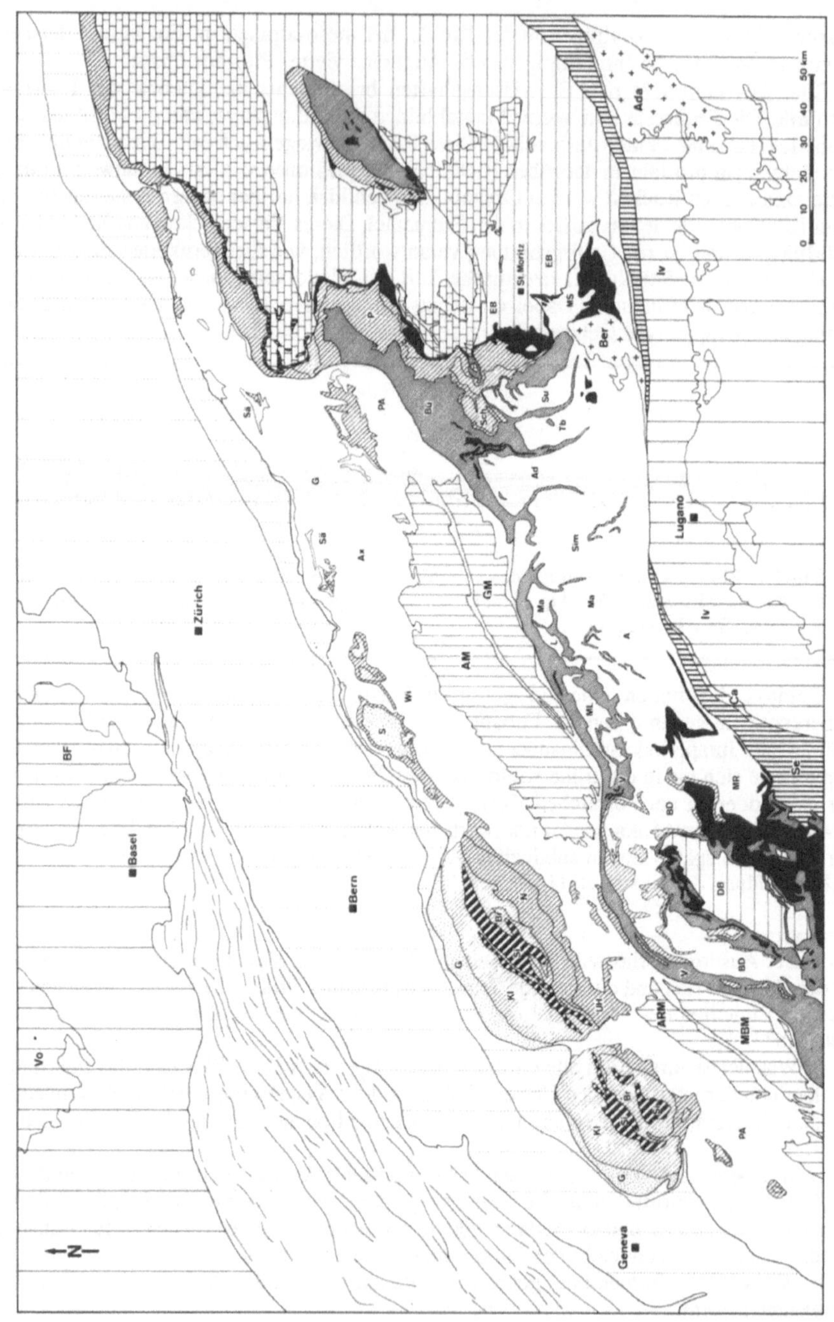

Zürich
Basel
Bern
Geneva
Lugano
St Moritz
N
0 10 20 30 40 50 km
Ada
Ber
BF
Vo
AM
GM
ARM
MBM

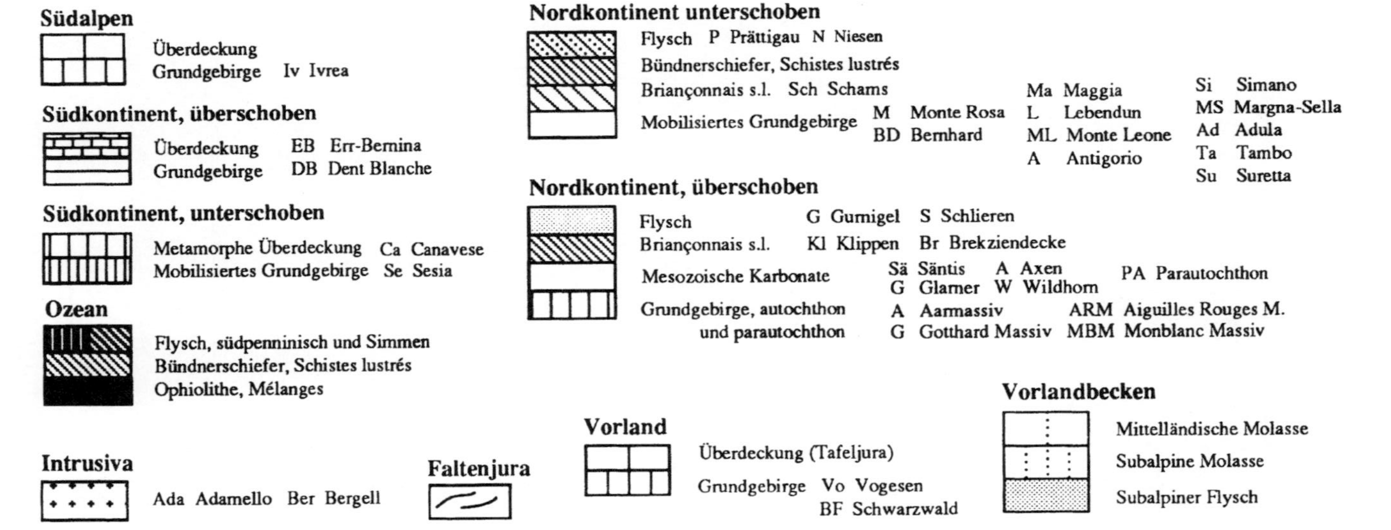

Fig. 1.8 Tektonische Kartenskizze der Schweiz.
Der Gebirgszug des Jura im Nordwesten ist durch seine SW-NE streichenden Faltenbündel gekennzeichnet und ist von den Alpen durch das Plateau des Mittellandes getrennt. Seine Deformation aber hängt mit jener der Alpen zusammen, denn Afrika setzte seinen Druck auf Europa fort und bewirkte eine andauernde, nicht episodische Faltung und Über-chiebung in den Alpen, die Bildung des Vorlandbeckens im schweizerischen Mittelland, wobei das Gebiet des Juras vorerst noch ausserhalb der Deformation lag. Im späten Miozän oder frühen Pliozän jedoch, wurde das Grundgebirge unter dem Jura und dem Mittelland unter den alpinen Sockel geschoben, worauf die Alpen gehoben wurden. Gleichzeitig wurde die Sedimenthaut über den triasischen Evaporiten angeschert und nach Norden geschoben, wobei sich die Falten und Brüche des Juras bildeten (LAUBSCHER 1965 und HSÜ 1979).

II DAS SCHWEIZERISCHE MITTELLAND

Als Mittelland bezeichnet man das liebliche Hügelland zwischen Alpen und Jura. In Taleinschnitten und Steinbrüchen sind nur Gesteine der Tertiären und Quartären Perioden aufgeschlossen, Mesozoische oder noch ältere Formationen sind nur aus Bohrlöchern bekannt.

Die Namen "Tertiär" und "Quartär" stammen aus den Anfängen der Naturkunde. Im frühen 18. Jh. schrieb der italienische Forscher Giovanni Arduino über die Berge der Gegend um Padua, Vicenza und Verona und brauchte die Ausdrücke "Primär", "Sekundär" und "Tertiär". Johann Gottlob Lehmann übernahm diese Nomenklatur und bezeichnete mit Primär die Granite, Gneisse und Schiefer und all jene Gesteine, die weder Schichtung noch Fossilien enthalten, mit Sekundär die verkitteten Gesteine, welche normalerweise Fossilien enthalten. Eine dritte Klasse von Gesteinen, die Tertiären, waren junge, wenig konsolidierte Sedimente. Später kam noch das Quartär dazu, welches das Alluvium und die Deckenschotter umfasste.

Bald tauchten aber Probleme auf, da in den primären Gesteinen Fossilien gefunden wurden. Auch entdeckte man eine wichtige Faunenzäsur mitten im Sekundär zwischen Perm und Trias. Die heute gebräuchlichen Ära Namen Paläozoikum, Mesozoikum und Känozoikum wurden 1840 durch John Phillips eingeführt und basieren auf der Faunenentwicklung. Die noch erhaltenen Bezeichnungen Tertiär und Quartär sind heute als Systemnamen im Känozoikum zusammengefasst. Das Mesozoikum enthält den jüngeren Teil des alten Sekundär, nämlich Trias, Jura und Kreide. Das Paläozoikum wiederum enthält den früheren Teil des alten Sekundärs wie auch die sogenannten Übergangsschichten zwischen Primär und Sekundär. Die Einteilung von Phillips konnte sich durchsetzen, da seine drei Äras ziemlich natürlich abgegrenzt sind, eine jede mit einem Faunenschnitt beginnend, und dadurch bedeuten sie die ältere, mittlere und jüngere Zeit der Lebensformen.

Das Tertiär im Mittelland besteht aus Formationen der Molasse, einer kontinentalen und Flachmeer-Sedimentation. Als Quartär bezeichnet man die Ablagerungen der Eiszeiten, das Pleistozän, und jene der rezenten oder holozänen Flüsse (Alluvionen) und Seen (lakustrine Sedimente). Wir möchten in diesem Kapitel mit dem Rezenten beginnen und im Geschichtsbuch zurückblättern.

Die quartäre Eiszeit

In der Schweiz weiss jedes Kind, dass es einmal eine Eiszeit gab, während der das ganze Land von den Gletschern zugedeckt war wie heute die Antarktis. Sie lernten sogar, dass man vier Stadien unterscheiden könne, nämlich Günz, Riss, Mindel und Würm und dass diese durch Warmzeiten, sogenannte Interstadiale, getrennt waren. Auf welche Weise entdeckten die Geologen diese grosse Eiszeit?

Dazu schlagen wir ein Blatt der Schweizergeschichte auf. Die Bauern des Mittellandes sind sich gewöhnt, beim Pflügen hie und da auf einen mehr oder weniger grossen Steinbrocken zu stossen. Manche können mehrere Tonnen wiegen, und das Gestein ist deutlich verschieden von nahen Aufschlüssen. Man nennt diese exotischen Blöcke "Findlinge" (Fig.2.1) oder "Geissberger" oder "Roter Ackerstein" (wenn es sich um Glarner Verrucano handelt).

Anhänger der Katastrophentheorie glaubten, Spuren der Sintflut gefunden zu haben, indem diese Blöcke eben zu jener Zeit von gewaltigen Strömen aus den Bergen zu Tale geschwemmt wurden. Charles Lyell dagegen schätzte die Wasserkraft besser ein und nahm

Treibeis zu Hilfe: Die Blöcke wären in Eisbergen eingebacken gewesen, als die Fluten zu Noahs Zeiten das Land bedeckten und nach dem Abschmelzen des Eises zurückgeblieben.

Fig. 2.1 Ein riesiger Findling, der vom Gletscher zu Tal getragen wurde. Dieser Erratiker heisst *Pierre des Marmettes*. Der 1600 m^3 Block aus Mont Blanc Granit, der aus dem Val Ferret stammt und bis in die Gegend von Monthey transportiert wurde, diente J. de Charpentier als Beweis für eine vergangene Eiszeit.

Lyell hatte noch nie Gletscher gesehen und deshalb keine Vorstellung von der Kraft des Eises. Schweizer Bergführer und Bauern kannten dagegen keine akademischen Hypothesen, dafür hatten sie die Bewegung der Gletscher schon oft beobachtet. Viele von ihnen waren überzeugt, dass es in der Schweiz einst kälter war als heute und die Gletscher weit ins Land hinaus vorstiessen und ihre Fracht dort deponieren konnten. Jean-Pierre Perraudin, ein Bergführer aus dem Wallis, diskutierte diese Idee mit seinen akademischen Klienten. Da er solche Findlinge auch schon weit oben an den Talflanken sah, behaupetete er kühn, dass die Täler einst mit Eis gefüllt waren. Seine Zuhörer aber taten solche Ideen als Hirngespinste eines Laien ab. Nicht so der Kulturingenieur IGNAZ VENETZ: er hörte Perraudin aufmerksam zu und war der erste, der 1821 die Theorie des Eistransportes der Findlinge publizierte. In knapp 10 Jahren hatte Venetz genügend Beobachtungen gemacht, um eine noch gewagtere Aussage vor der Versammlung der Schweizerischen Naturforschenden Gesellschaft 1829 auf dem Hospiz des Grossen St.Bernhard zu wagen: Vor nicht allzu langer Zeit bewegten sich riesige Eismassen aus den Tälern ins Mittelland und vereinigten sich zu einem gigantischen Eiskuchen, welcher fast die ganze Schweiz bedeckte und ebenso weitere Teile in Zentraleuropa. Diese ketzerische Theorie wurde von allen Anwesenden in Bausch und Bogen verworfen. Nur Jean de Charpentier und sein Schüler Louis Agassiz, der eben erst zum Professor für Geologie in Neuenburg gewählt worden war, fanden die Idee prüfenswert. Sie nahmen sich dann auch Zeit, weitere Fakten zu sammeln und formulierten eine neue Theorie der Eiszeit. Sie gingen davon aus, dass das Klima der Erde nicht immer so war wie heute. Historische Berichte erwähnten auch, dass die Gletscher in kalten Zeiten vorrückten. So stiessen die Gletscher während der "kleinen Eiszeit" im 17.Jh. bis in die Täler vor und deponierten ihre Moränen, wo vorher wie heute Gras und wilde Blumen wachsen. Noch viel früher aber muss es so kalt gewesen sein, dass die Gletscher fast das ganze Mittelland bedeckten und bei ihrem Rückzug in die Berge dann die mitgeschleppten Blöcke als Findlinge liegen liessen.

Diese Theorie war eigentlich sehr vernünftig, doch beherrschten zu jener Zeit die Engländer das geologische Metier, speziell Lyell, der von vielen als Vater der modernen Geologie geehrt wurde. Und gerade ihm, der das Dogma der Uniformität dem Katastrophismus entgegenstellte, passte dieses Szenario nicht ins Schema und Agassiz fand kaum Gehör, als er seine neue Theorie nach England brachte. William Buckland, der Lehrer von Lyell aber hatte keine Vorurteile und es gelang ihm, Lyell zu überzeugen, indem er ganz in der Nähe von Lyells Landsitz in Kinnordy eine Serie von eiszeitlichen Moränen fand. Damit musste Lyell seine Theorie der schwimmenden Eisberge mit eingefrorenen Erratikern aufgeben. Die Theorie der Eiszeit war akzeptiert und Agassiz reiste nach Nordamerika, wo er dieselbe Feststellung machte: ein grosser Teil dieses Kontinentes war früher von Eis bedeckt.

Deutschland hatte mehr Mühe mit der neuen Theorie, obwohl Findlinge –auch Geschiebe genannt– gar nicht so selten sind. Die Berliner Professoren aber, die nie einen Gletscher gesehen hatten, vertraten noch die Lyellsche Ansicht, als dieser schon längst bekehrt war. Erst an die 40 Jahre später, 1875, überzeugte der schwedische Polarforscher Otto Martin Troell einige junge Deutsche anhand von Gletscherschliffen an den Findlingen. Gegen 1880 trat die "alte Garde" ab und der junge Albrecht Penck, der mehrere Jahre in den Bayerischen Alpen arbeitete, zerstreute mit seiner meisterhaften Analyse der Alpinen Vergletscherung die letzten Zweifel.

Penck war Geograph und Morpholog. Bei der Arbeit in Süddeutschland beobachtete er leicht mäandrierende Flüsse in Tälern, die zum Teil mit grobem Geröll gefüllt sind. Die heutigen Flüsse aber haben nicht die Kraft, solches Geschiebe zu transportieren und Penck argumentierte, dass früher während der Eiszeit grössere Flüsse aus Gletschern dieses Material herbrachten. Weiter entdeckte er an den Talflanken bis zu vier verschiedene Terrassen mit ähnlich grobem Geröll und schloss daraus, dass es mindestens vier verschiedene Eiszeiten gegeben hatte. Penck und sein Mitarbeiter Brückner benannten die 4 Eiszeitstadien nach den Flüssen, entlang welchen sie ihre Beobachtungen machten: Günz, Mindel, Riss und Würm, Namen, die heute jedem Schulkind geläufig sind (PENCK und BRÜCKNER 1909). Zwischen diesen Kaltzeiten konnten Warmzeiten (Interglaziale) ausgemacht werden, mit einem Klima wie heute oder noch wärmer.

Die Geologen von Nordamerika beschritten einen anderen Weg. Sie wussten, dass Gletscher bei ihren Vorstössen Material zur Seite und vor sich her schoben, aber auch unter sich begruben und dadurch die Seiten-, Stirn- und Grundmoränen bildeten. T.C. Chamberlain und seine Mitarbeiter begannen auf den nordamerikanischen Ebenen die Grundmoränen oder Tillite zu zählen und fanden analog zu Europa deren vier. Diese nannten sie entsprechend den besten Fundorten nach den Staaten Nebraska (die Älteste), Kansas, Illinois und Wisconsin. Natürlich wurden diese Eiszeiten über die Kontinente korreliert.

Weder die amerikanische noch die europäische Methode versprach eine lückenlose Geschichte der Eiszeit, konnten doch spätere Gletschervorstösse die Spuren der früheren gänzlich verwischen oder überprägen. In der Schweiz war bekanntlich Riss die grösste Vereisung und deren vorstossende Gletscher erodierten viele der früheren Moränen. Ebenso problematisch zeigte sich die Korrelation von Terrassenschottern von einem Tal ins andere. So erkannte Penck ursprünglich nur deren drei, die vierte kam erst später dazu. Heute sind weit mehr als vier verschiedene Terrassen bekannt. Vielleicht hatten wir mehr als nur vier Stadien von Vergletscherung? Aber nein! Wenn eine Theorie schon in den Schulbüchern Einzug gehalten hat, so darf sie nicht mehr angezweifelt werden. So sind wir heute gezwungen, Unterstadien auszuscheiden (Riss I, Riss II, etc.), um ja bei unserer magischen Zahl 4 bleiben zu können.

Der Ozean ist letztlich der Auffangbehälter aller Sedimente, und die komplette Geschichte der Eiszeit ist darin archiviert. Zwanzig Meter lange Kolbenlotkerne des Ozeanbodens liefern die Information, die Sauerstoffisotopen sind das Werkzeug, um die Information zu entschlüsseln. Zieht man in Betracht, dass während der Verdunstung des Meerwassers mehr leichte Isotopen O-16 in die Dampfphase gehen, die schwereren O-18 aber eher im Wasser zurückbleiben, so muss in Kaltzeiten eine Anreicherung an O-18 im Meerwasser feststellbar sein, da das leichtere Wasser als Schnee auf dem Lande in den Eismassen gebunden und nicht mehr mit den Flüssen wieder dem Meer zugeführt wird. Die Eismassen waren derart gross, dass der Meeresspiegel um etwa 100m niedriger wurde. Da die Kleinfossilien der Ozeane Sauerstoff aus dem Wasser benötigen, um ihre Schalen zu bauen ($CaCO_3$), ist der Gehalt an O-18 in den Schalenresten ein Mass für die Temperatur jener Zeit und damit ein Indiz für das Kommen und Gehen von Gletscherstadien (Fig.2.2).

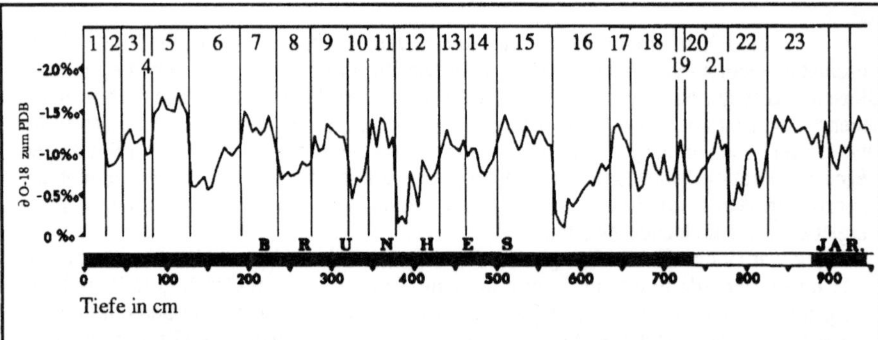

Fig. 2.2 Sauerstoffisotopenkurve und Paläomagnetik in einem Bohrkern aus dem Pazifik (Nach SHACKLETON und OPDYKE 1976). (PDB=Isotopenstandard)

Die geraden Zahlen bezeichnen Kaltzeiten, die ungeraden Interglaziale. Man beachte die negativeren δO-18 Werte der Ozeansedimente aus den Interglazialen, wenn die Wassertemperatur wärmer ist. Die jüngsten paläomagnetostratigraphische Epochen oder Ereignisse erhalten Namen von Personen oder Lokalitäten. Nach *Brunhes* ,einem Geophysiker, wird die jetzige magnetische Polaritätsepoche mit Beginn vor etwa 700'000 Jahren genannt, die Ortschaft *Jaramillo* in den USA gab dem paläomagnetischen Ereignis (Jar) den Namen, als das Magnetfeld seinen Nordpol in der Arktis hatte wie heute. Dazwischen liegt eine Epoche mit dem Nordpol in der Antarktis, also eine Zeit mit negativer Polarität. Die Ablagerungsrate der Sedimente an diesem Punkt betrug etwa 1 cm pro 1000 Jahre, womit die Kerntiefe in cm (Abszisse) ungefähr dem Alter in 10^3 Jahren entspricht.

Cesare Emiliani, ein italienischer Geologe, war ein Pionier in der Anwendung der Isotopengeochemie für die Paläoklimatologie an Probenmaterial aus der Karibik. Er vermutete schon 1955, dass wir mit weit mehr als den 4 Penckschen Stadien zu rechnen hätten. N. SHACKLETON und N.OPDYKE(1976) zählten 19 Kalt- und Warmzeiten während der letzten 0.7 Ma und über 40 für das gesamte Quartär. Das Isotopen-Stadium 1 beginnt im Holozän, vor 10'000 Jahren. Das klassische Würmstadium dürfte vor etwa 80'000 Jahren begonnen haben und zwei Kaltstadien (Isotopenstadien 2 und 4) sowie ein Warmstadium (Isot. 3) beinhalten. Das Riss-Würm Interglazial seinerseits wird in 5 Unterstadien eingeteilt: Isotopenstadien 5a, 5c, 5e (warm) und 5b, 5d (kalt). Weitere

Korrelationen von marinen Isotopenstadien mit dem Penckmodell sind nicht mehr opportun. Radiometrische und andere Altersbestimmungen deuten darauf hin, dass die kontinentale Vergletscherung der nördlichen Hemisphäre schon vor etwa 2.5 Ma begann, lange vor der Günz (BACKMANN 1979).

Das Zürichseeprofil

Ein beträchtlicher Teil des schweizerischen Mittellandes wird von Moränen bedeckt: Grundmoränen, Seitenmoränen, Stirnmoränen. Die Lage der Stirnmoränen gibt Anhaltspunkte über frühere Gletschervorstösse. Im Limmattal erkannte HUG (1917) drei Gletscherstände der Würmvereisung: Killwangenstadium, Schlierenstadium und Zürichstadium.

Wie in den Tälern der Würm, Riss, Mindel und Günz durch Penck, könne auch hier Schotterfluren und Terrassenschotter überall gefunden werden. Eine mächtige Abfolge von zwischeneiszeitlichen Seesedimenten, Schieferkohlen und Terrassenschotter, von einer Moräne bedeckt, sind am Buechberg am oberen Zürichsee aufgeschlossen. Die kohligen Einschaltungen zeugen von warmem Klima, doch zu welchem Interstadial gehören sie? War es ein Würm Interstadial, oder Isotopenstufe 3, oder ein Interglazial, Isotopenstufe 5? Entgegen der früheren Annahme des Riss-Würm Interglazials ergaben C-14 Kohlenstoffmessungen ein Alter von 30-40'000 Jahren, also ein Interstadial. Die C-14 Daten sind aber sehr empfindlich auf Kontamination (Verunreinigungen) und deshalb nicht sehr vertrauenswürdig. Pollenanalysen lassen wiederum auf das Riss-Würm Interglazial schliessen. HANTKE (1978) liess die Altersfrage offen. Erst die Quartärgeschichte des Zürichsees anhand von Bohrproben konnte die Schieferkohlen des Buechbergs schlüssig dem Riss-Würm Interglazial zuweisen (HSÜ und KELTS 1984).

Das Studium der Moränen und die Analyse von Ozeansedimenten deuten auf die kälteste Periode vor etwa 18'000 Jahren hin. Dann folgte ein rascher Gletscherrückzug und eine Warmzeit zwischen 15 und 11'000 Jahren. Die nächste Abkühlung während der sogenannten jüngeren Dryaszeit zwischen 11 und 10'000 Jahren konnte aber in der Schweiz die Gletscher nur wenig mobilisieren.

Die Rekonstruktion des Quartärs an Land ist ein schwieriges Unterfangen, da keine kontinuierlichen Ablagerungen erfolgten. Im Sommer 1980 versuchten wir dann im Zürichsee ein lückenloses Profil zu erhalten, indem wir an seiner tiefsten Stelle bis in die Molasse hinunter bohrten (HSÜ und KELTS 1984).

Die jüngsten Ablagerungen im See bestehen aus feinkörnigem Kalkschlamm mit weniger als 10% Silt und Ton, der sogenanten Seekreide. Im oberen Teil ist diese Seekreide feinlaminiert (Fig.2.3). Das sind sogenannte Warven oder Jahresschichtungen, die hellen Lagen sind chemisch gefällter Kalkschlamm, die dunkleren Lagen bestehen vorwiegend aus sedimentiertem Detritus der Winterzeit. Wenn man die Warven auszählt, so kann man den Beginn der Jahresschichtung vor etwa 100 Jahren ansetzen. Im 19.Jh. sind die Jahresschichten nur undeutlich und noch früher nicht mehr erkennbar. Wir glauben, dass die alten Warven durch die Aktivitäten (Bohren, Pflügen, Fressen) der Bodenbewohner (Würmer etc.) vermischt wurden (**Bioturbation**) und dass im Laufe des 19. Jh. die Industrialisierung rund um den Zürichsee das Wasser mehr und mehr verschmutzte, bis um 1890 herum die ganze Bodenfauna zerstört war. Die Bedingungen zur Produktion und Ablagerung von Seekreide bestanden seit Beginn des Holozäns, vor 10'000Jahren.

Die obersten pleistozänen Sedimente wurden deponiert, als der Linthgletscher den Rückzug antrat und das tiefe Zürichseebecken mit Wasser gefüllt war. Jene glazialen Seewarven wurden in einem Klima gebildet, wie es heute im Engadin herrscht (Fig. 3.4): Im Sommer wurden Ton und Silt als Suspensionsströme oder **Trübeströme** abgelagert.

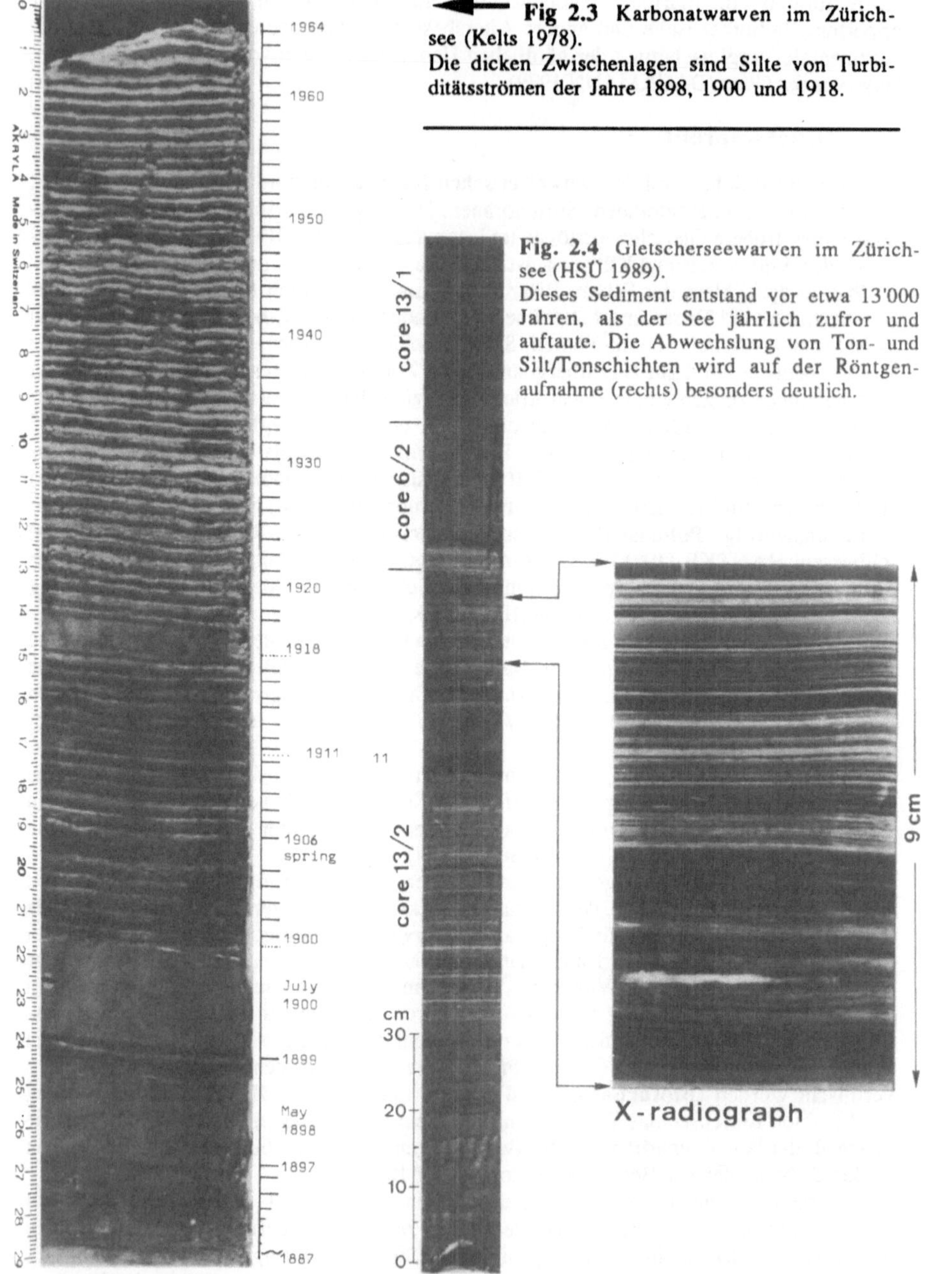

Fig 2.3 Karbonatwarven im Zürichsee (Kelts 1978).
Die dicken Zwischenlagen sind Silte von Turbiditätsströmen der Jahre 1898, 1900 und 1918.

Fig. 2.4 Gletscherseewarven im Zürichsee (HSÜ 1989).
Dieses Sediment entstand vor etwa 13'000 Jahren, als der See jährlich zufror und auftaute. Die Abwechslung von Ton- und Silt/Tonschichten wird auf der Röntgenaufnahme (rechts) besonders deutlich.

Diese Lagen zeigen eine deutliche Gradierung, d.h. die Korngrösse nimmt von einem scharfen Kontakt gegen oben langsam ab. Während des Winters, wenn der Zürichsee regelmässig zugefroren war, wurde eine sehr dünne Schicht feiner Ton (<2μ) abgelagert, der als Suspension im Herbst noch in der Wassersäule schwebte, bevor der See zufror. Ältere Sedimente, vor 13-15 000 Jahren abgelagert, als der Gletscher eben erst den See freigab, sind cm-dicke gradierte Silte und Sande. Diese **Turbidite** wurden während gelegentlichen Tauwettern gebildet, der See muss generell gefroren gewesen sein.

Darunter folgen die Sedimente der letzten Eiszeit. Es können Till und Geschiebelehm unterschieden werden (Fig.2.5). Till ist Grundmoräne aus der Zeit, als das Zürichseebecken vom Gletscher ausgefüllt war, die Geschiebelehme wurden in periglazialen Seen abgelagert. Ins Eis eingefrorene Felsbrocken fallen beim Schmelzen der Eisberge oder der schwimmenden Zunge in den Bodenlehm.

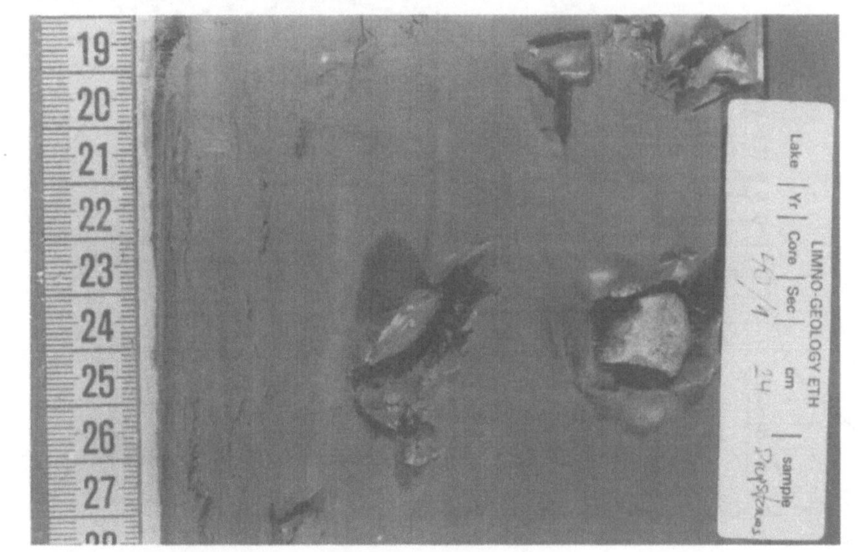

Fig. 2.5. "Dropstone" aus dem Zürichsee (LISTER 1984).
Sandkörner und kleine Gerölle sind in einer Schlammmatrix eingebettet, ein typisches Sediment eines periglazialen Sees der letzten Eiszeit.

Die ältesten Sedimente des Zürichsees, 150m unter dem Seeboden oder etwa 100m über Meer, sind Schotter und Sande, wie wir sie heute vor der Gletscherzunge des Morteratschgletschers im Engadin beobachten. Geophysikalische Untersuchungen zeigen einen tiefen Einschnitt der Linth in die interglazialen Sedimenten des Seebeckens, wie sie am Buechberg aufgeschlossen sind. Die fluviatilen Schotter stammen wohl aus der frühen Würmzeit, und die Linth übertiefte ihr Bett in einer späteren Phase (beim Tiefstand des Meeres?) nochmals kräftig.

Es gibt im Zürichsee keine älteren Sedimente als jene des Würmglazials. In anderen Tälern des Mittellandes konnte aber das Riss-Würm Interglazial und das Rissglazial nachgewiesen werden. Noch ältere glaziale Sedimente sind als Terrassenschotter und sporadische Loessvorkommen erhalten, doch konnte nirgends eine kontinuierliche Abfolge über die ganze Eiszeit gefunden werden, wie sie in den Ozeanen erhalten ist.

Die tertiären Molasseformationen

Das schweizerische Mittelland war seit dem frühen Oligozän ein Sedimentbecken mit abwechselnd terrestrischer und seicht-mariner Ablagerung. Es liegt zwischen den Alpen und dem Jura, oder besser gesagt vor den Alpen (Fig.2.6). Dieser Typ von Becken wird Vorlandbecken genannt. Die Molasse ist ein typisches Vorlandbeckensediment. Mächtige terrestrische Klastika mit marinen Einschaltungen in ähnlicher tektonischer Umgebung wird auch andernorts als **Molassefazies** beschrieben. In diesen Fällen wird als Molasse eine Sedimentfazies bezeichnet, wie sie wieder und wieder an verschiedenen Orten auf der Welt und zu verschiedenen geologischen Zeiten abgelagert wurde.

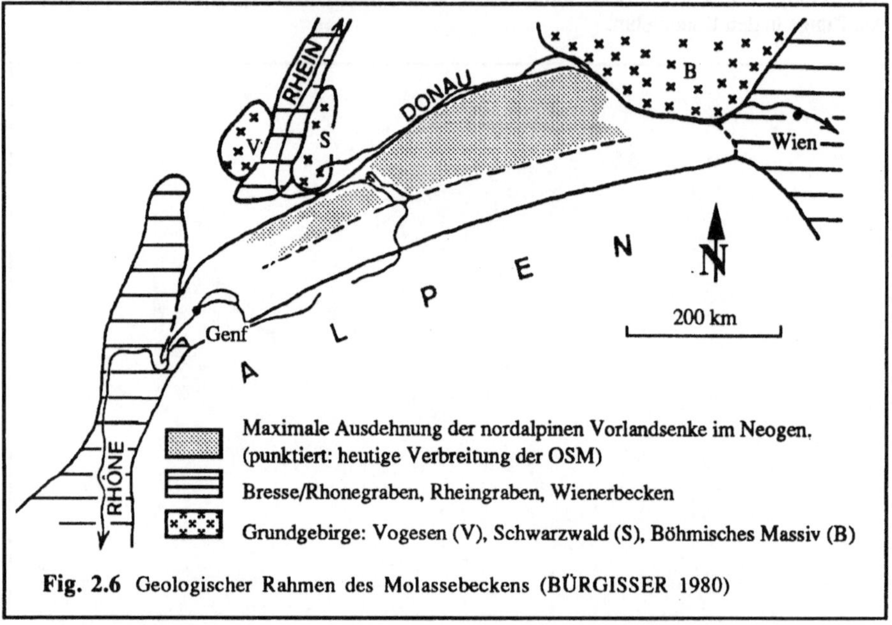

Fig. 2.6 Geologischer Rahmen des Molassebeckens (BÜRGISSER 1980)

Die mittelländische Molasse ist eine Abfolge von tertiären Sedimenten von mehreren km Mächtigkeit am Alpenrand und noch einigen hundert Metern am Jurafuss (Fig.2.7). Die subalpine Molasse besteht vorwiegend aus Konglomeraten, besser bekannt unter dem Begriff "Nagelfluh". Dazu gesellen sich Sandsteine, Siltsteine, Mergel und Tonschiefer, selten Kalke. Sie wurde seit der Zeit BERNHARD STUDERs (1853) in vier Formationen unterteilt:

Obere Süsswassermolasse	(OSM):	mittleres-spätes Miozän
Obere Meeresmolasse	(OMM):	frühes-mittleres Miozän
Untere Süsswassermolasse	(USM):	spätes Oligozän-frühes Miozän
Untere Meeresmolasse	(UMM):	frühes Oligozän

Die jüngsten Molasseschichten sind etwa 10 Ma (Millionen Jahre) alt. Zwischen diesen und den pleistozänen Seesedimenten besteht eine Lücke. Das Vorlandbecken der Molassesedimentation entwickelte sich während des späten Miozäns in ein Tiefland. Erosion der Molasse lieferte Material dem Ur-Rhein und der Ur-Rhone, terrestrische Schotter werden in der Schweiz hie und da gefunden.

Süsswassermolasse

Der Hauptteil dieser Formationen besteht aus Sandsteinen und Nagelfluh (Fig.2.9). Die Gerölle der Nagelfluh können in Alpennähe bis Kopfgrösse und mehr erreichen; der Durchmesser verkleinert sich gegen Nordwesten, weg vom Ursprungsgebiet. Reissende Flüsse brachten die Nagelfluh aus dem Gebiet der sich hebenden Alpen ins Vorland, wo sie abgelagert wurde.

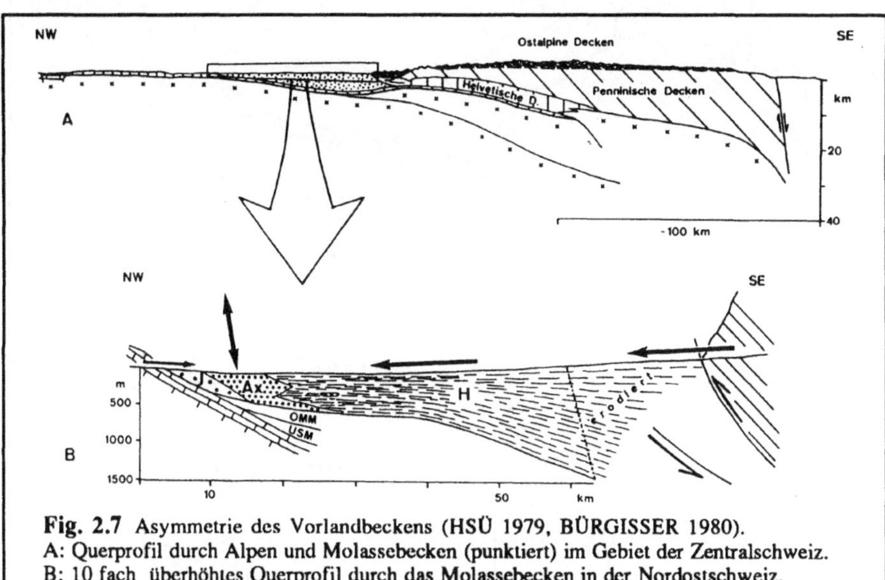

Fig. 2.7 Asymmetrie des Vorlandbeckens (HSÜ 1979, BÜRGISSER 1980).
A: Querprofil durch Alpen und Molassebecken (punktiert) im Gebiet der Zentralschweiz.
B: 10 fach überhöhtes Querprofil durch das Molassebecken in der Nordostschweiz.
Ax: Quarzreiche Sandsteine der axialen Ur-Rhone. H: Hörnli-Ablagerungen.
OMM: Obere Meeresmolasse. USM: Untere Süsswassermolasse. J: Juranagelfluh.

Die Lithologie der Nagelfluh eröffnet einem den Weg zur Paläogeographie. Die Komponenten der USM stammen hauptsächlich aus den ostalpinen Decken und den Ophiolithmélanges. In den OSM-Gesteinen dagegen finden wir Material aus Ostalpin, Penninikum und Helvetikum. Diese Geschichte der Nagelfluhsedimentation widerspiegelt die fortschreitende Erosion des alpinen Deckenstapels (Fig.2.8) und ist das Resultat der Arbeiten vieler Schweizer Geologen.

Trotz der Mächtigkeit einzelner Molasseschichten ist deren Korrelation sehr schwierig, da Leitfossilien äusserst rar sind. Heinz BÜRGISSER (1980) verfolgte einen Leithorizont, den "Appenzellergranit" in der OSM. Seine Arbeit ist hilfreich, wenn man sich ein Bild des Schweizer Mittellandes vor 15 Ma machen möchte. Natürlich ist der "Appenzellergranit" kein Granit, jedoch ein sehr hartes Konglomerat. Diese Formation wurde von St. Gallen bis zum Zürichsee kartiert und in Bohrungen gar westlich der Reuss im Kanton Zug angetroffen. Unter dem "Appenzellergranit" liegt einer der seltenen lakustrinen Kalksteine der Molasse, und dieser dürfte den Zement für das darüberliegende Konglomerat geliefert haben.

Und eben diese Kalklage interessiert uns: Es muss ein riesiger See die Ostschweiz von Liechtenstein bis zur Reuss und womöglich westlich über Zürich hinaus bedeckt haben. Dieser See entstand wahrscheinlich, als ein grosser Bergsturz den Abfluss des Molassebekkens verschüttete. Die Gebirgsbäche erreichten die Ur-Rhone oder den Ur-Rhein nicht mehr und schütteten ihre Fracht in den See. Später wurde das Hindernis wieder durchschnitten, der See lief aus, und die obersten Nagelfluhschichten der OSM legten sich über das Land.

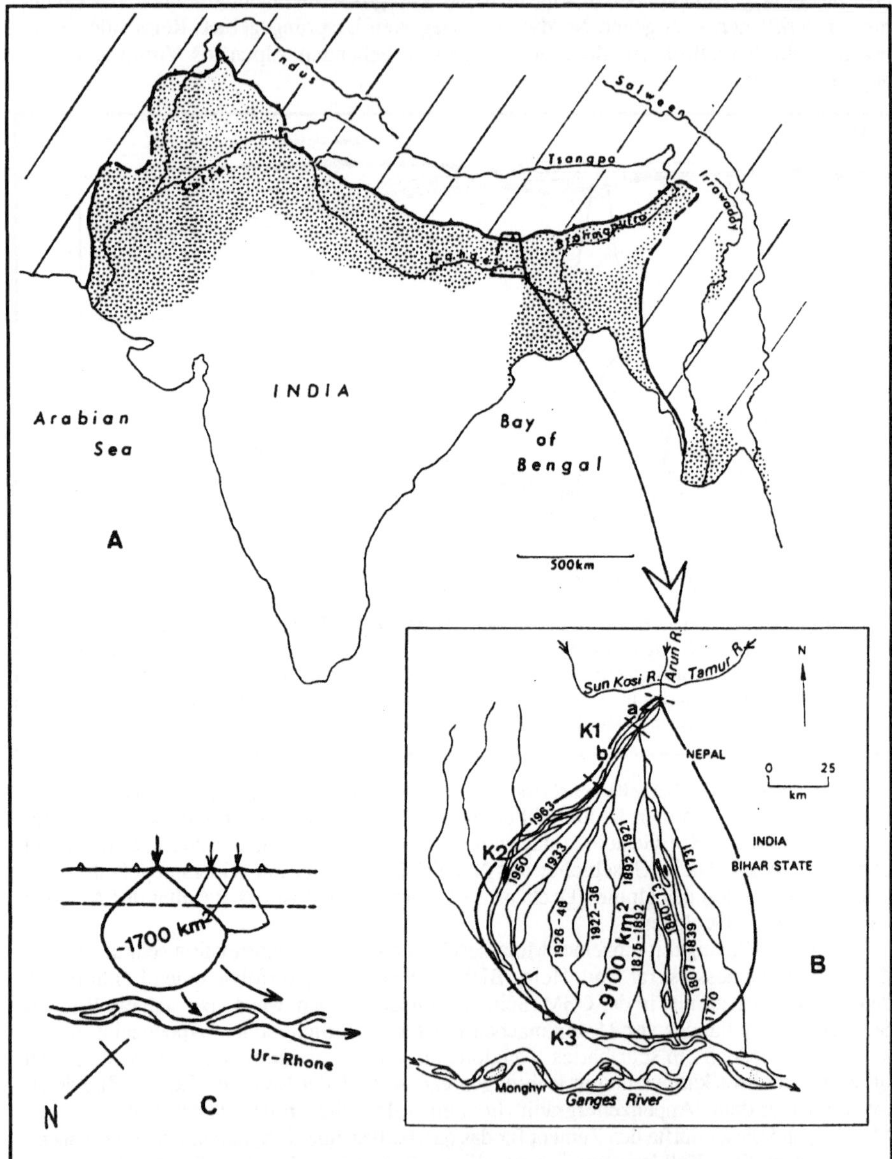

Fig. 2.8 Rezentes Modell für das Schweizer Molassebecken.(BÜRGISSER 1980).
A. Verbreitung der rezenten Molassefazies (punktiert) am Südfuss des Himalaya.
B. Der Schwemmkegel des Kosi mit Jahrzahlen der aktiven Hauptrinne.
C. Der Schotterkegel des miozänen Hörnli-Flusses im gleichen Massstab wie B.

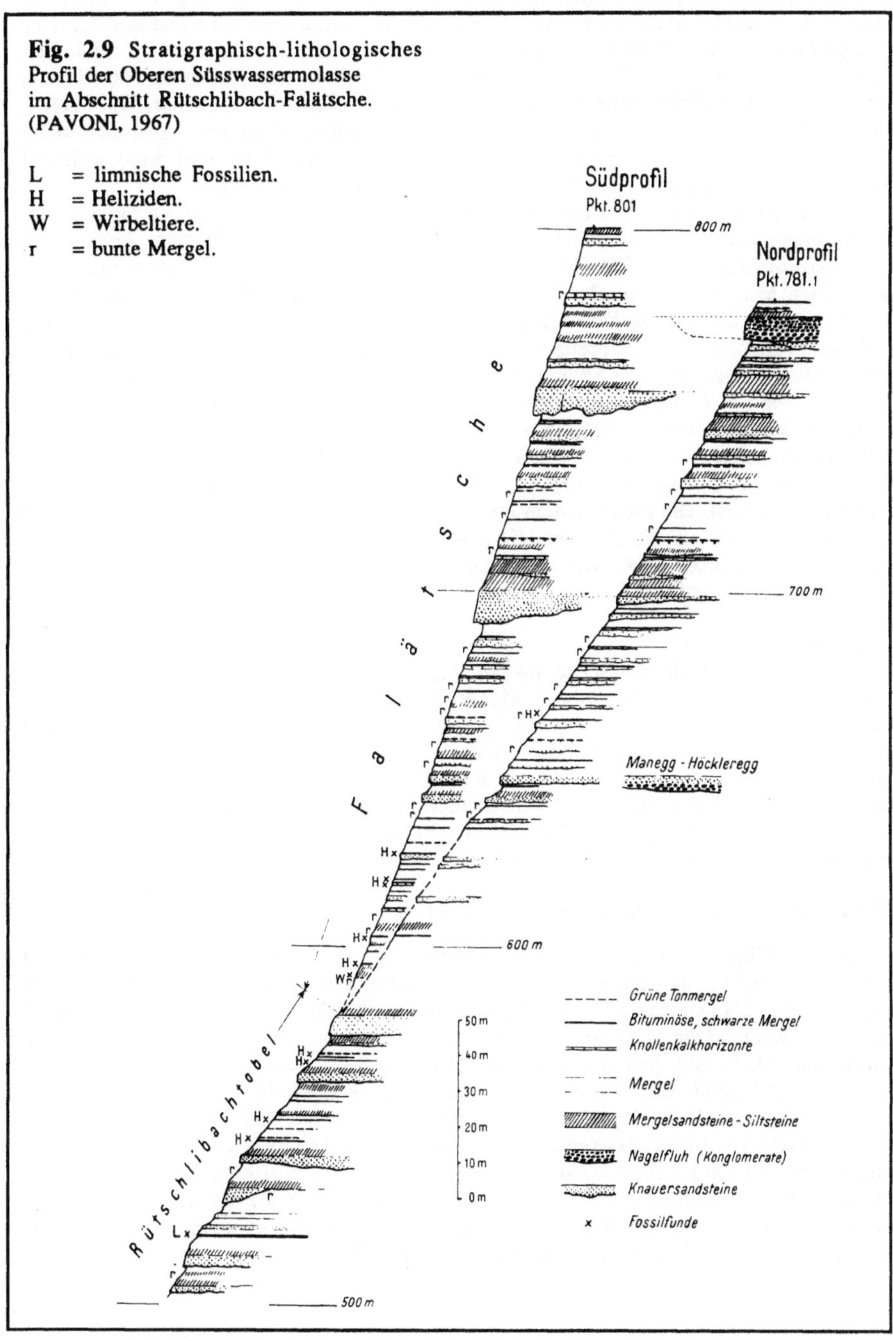

Fig. 2.9 Stratigraphisch-lithologisches Profil der Oberen Süsswassermolasse im Abschnitt Rütschlibach-Falätsche. (PAVONI, 1967)

L = limnische Fossilien.
H = Heliziden.
W = Wirbeltiere.
r = bunte Mergel.

Der "Appenzellergranit" ist nur ein Leithorizont, seine Sedimentationsgeschichte ist für uns nur ein Augenblick, auch wenn diese zehn oder hunderttausend Jahre gedauert hat. Der Grossteil der Süsswasser-Molasse besteht aber nicht aus lakustrinen, sondern aus fluviatilen Sedimenten. Die Schweizer Geologen sind gewohnt, den Ablagerungsraum der Nagelfluh in verschiedene Schuttfächer oder Schwemmkegel zu unterteilen: Hörnli Fächer, Rigi Fächer, Napf Fächer etc. Unseres Erachtens ist der Ausdruck Fächer jedoch nicht glücklich, denn dieser wird oft auf aride Bedingungen bezogen, wo Geröll, Kies und Sand während Sturzfluten am Ausgang von Wadis oder Trockentälern abgelagert werden.

Das Klima des oligozänen oder miozänen Mittellandes wurde hingegen anhand von Pflanzenresten ganz anders rekonstruiert. Man findet häufig fossile Palmen (*Apeibopsis, Chamaeropsi*, etc) in der OSM. René HANTKE (1954) vergleicht das Klima im mitteleren und späten Miozän im Mittelland mit demjenigen der südöstlichen U.S.A. von heute. Wälder, typisch für feuchtes Klima, mit *Tsuga*(Hemlochstanne), *Sciadopitys* (Schirmtanne) und *Abies* (Tanne), waren verbreitet im Schweizer Mittelland während des frühen Miozän und im Oligozän, zur Zeit der Sedimentation der USM, während etwas aridere Kräuter und Sträucher, wie z.B. *Ephedra*, auf Sand- oder Kiesbänken in den Flüssen gedieh.

Ein passenderer Vergleich dürfte im Nordosten von Indien zu finden sein. Die oligozänen und miozänen Zuflüsse des Molassebeckens sind vergleichbar mit den Zuflüssen des Ganges, wie etwa Kosi, Brahmaputra und andere grosse und kleine Flüsse aus dem Himalaya (Fig.2.8). Die Flüsse hatten breite Täler und verzweigte (braided) Rinnen. Die Sedimente wurden auf Fluss- oder Uferbänken während Hochwassern abgelagert. Die Feinfraktionen blieben dabei meist in Suspension und wurden durch Ur-Rhein oder Ur-Rhone weitertransportiert.

Die Meeresmolasse

Diese weniger mächtigen Serien sind am Alpenrand am besten aufgeschlossen (z.B. bei Luzern, RÖSLI 1967). Die obere Meeresmolasse reicht vom Burdigalian (spätes Frühmiozän) bis ins Helvetian (Mittelmiozän) und ist z.B. im Renggbachprofil gut erhalten (Fig.2.10). Die gutgebankten Sandsteine wechsellagern mit Mergeln und Silten. Die UMM ist bei Horw, südlich Luzern, gut aufgeschlossen. Graue Mergel dominieren und werden von wenigen dünnen Sandsteinen unterbrochen. Marine Muscheln wie *Cardium, Cyrena* spp. und andere Fossilien (Haifischzähne) werden in diesen und anderen Formationen der Meeresmolasse gefunden.

Tektonik des Vorlandbeckens (Molasse)

Der alte Glaube, die Molasse sei nach der alpinen Orogenese abgelagert worden ist immer noch nicht ganz ausgerottet. Diese Idee stammt von ARBENZ (1919): Der alpine Flysch wurde als synorogene Ablagerung in der Vorlandtiefe der vorstossenden Alpen betrachtet, während die Molasse als postorogene Füllung des durch Extension entstandenen Mittellandbeckens galt. Jedoch kam die alpine Orogenese am Ende des Eozäns mitnichten zu einem Stillstand, die Theorie der Plattentektonik postuliert eine kontinuierliche Deformation der Alpen, des Mittellandes und des Juras seit 130 Ma, dem Beginn der Kreideperiode. Die Vorlandbecken wie z.B. das Molassebecken (oder Flyschbecken) wurden durch Kompression gebildet, während die Alpen gegen NW vorrückten (HSÜ 1979). Die mächtigsten Molasseschichten liegen in der Synklinale gerade vor der Alpenstirn und die ältesten Molasseeinheiten wurden gestaucht, verfaltet und überkippt und von den helvetischen und präalpinen Decken überfahren (Fig. 2.8).

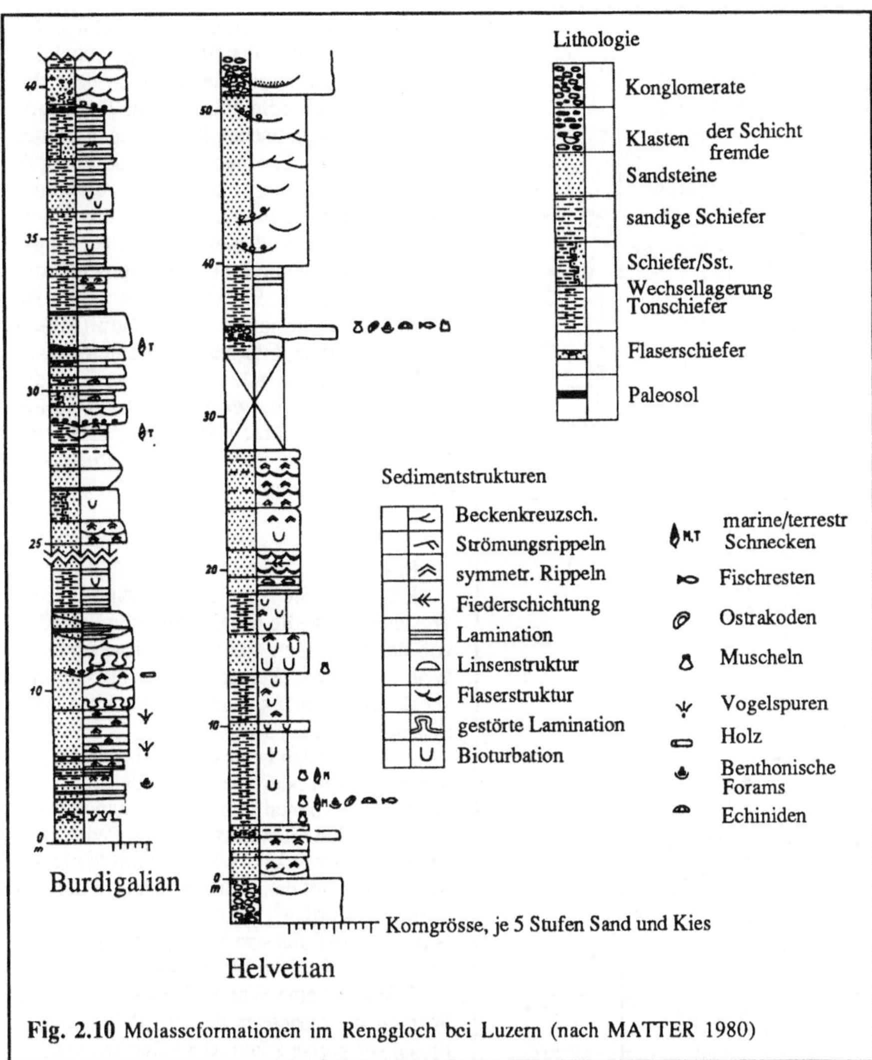

Fig. 2.10 Molasseformationen im Renggloch bei Luzern (nach MATTER 1980)

Die neue Theorie der Entstehung des Molassebeckens löst auch das Paradox der Flysch-Molasse Kontroverse. Die ältesten marinen Sedimente des Oligozäns im Mittelland sind eine monotone Abfolge von Mergeln und Schiefern mit Einschaltungen von Sandstein und Siltstein (Fig.2.8). Im Kanton Bern z.B. liegen sie zwischen der Subalpinen Molasse *sensu stricto* und dem ultrahelvetischen Flysch. Die Zugehörigkeit dieser Schichten war nun sehr kontrovers: gehören sie zum Flysch (BLAU 1966) oder zur UMM (GERBER 1925)? Heute wissen wir, dass dieser Streit vergeblich war, denn der Wechsel von Flyschsedimentation in die Vortiefe zu Molassesedimentation ins Vorlandbecken war ein allmählicher Übergang.

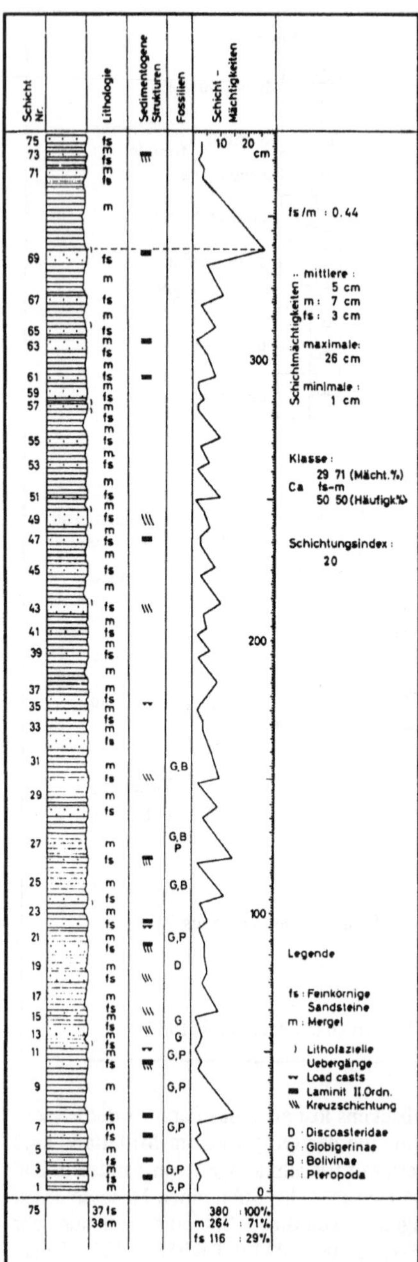

Fig. 2.11. Typusprofil der Jordisbodenmergel, Jordibruch, Bern. (BLAU, 1966).

Mit der fortschreitenden Auffüllung des Tiefseetroges nahm der Böschungswinkel des südlichen Trograndes stetig ab, so dass die typische Flyschsedimentation mit Trübeströmen und subaquatischen Rutschungen immer seltener wurde. Überhand nahm die hemipelagische Schlammsedimentation, welche die monotonen Mergel und Schiefer der Übergangsschichten produzierte. Jene Übergangsschichten, die heute hinter der alpinen Front liegen, werden als Flysch bezeichnet, da sie die alpine Deformation mitmachten (Flysch vom Val d'Illiez, Glarner Dachschiefer etc.). Diejenigen, die gerade vor oder nördlich der Alpenstirn liegen, wurden seit STUDER (1825) zur Subalpinen Molasse gezählt, bis 1966 BLAU die Bezeichnung *subalpiner Randflysch* einführte.

Fragen:

1. Nennen Sie Anzeichen für eine Eiszeit. Weshalb wurde die Möglichkeit von Eiszeiten von den Geologen nicht sogleich akzeptiert? Woraus schloss Penck auf vier Eiszeiten? Weshalb sollen es auch in den USA vier Eiszeiten gewesen sein?

2. Wie werden heute die Klimaänderungen der letzten ein oder zwei Millionen Jahre interpretiert? Können in den pleistozänen Meeressedimenten die 4 Eiszeiten von Penck wiedergefunden werden? Wie kann mit der Isotopengeologie auf den früheren Klimaverlauf geschlossen werden? Warum ist das Sauerstoff-Isotopenverhältnis von marinen Ablagerungen verschieden während Warm- und Kaltzeiten?

3. Was ist eine Warve? Was sagen uns die Warven im Zürichsee des 20. Jh.? Weshalb finden wir vorher kaum oder keine Warven?

4. Was ist "Nagelfluh"? Wann und in welchem sedimentären Umfeld wurde Nagelfluh abgelagert? Gibt es ein aktuelles Beispiel? In der Schweiz ist der Ausdruck "Fächer" (Hörnlifächer etc.) gebräuchlich für mächtige Nagelfluhablagerungen. Präzisieren Sie diesen Ausdruck!

5. Was ist ein Vorlandbecken? Wie entstand das Molassebecken? Sehen Sie einen Zusammenhang zwischen der Deformation des Juras und jener der subalpinen Molasse?

III DIE ALPEN

Vor einigen Jahren lud das Geologische Institut der ETH die Fachwelt zum "Symposium on Mountain-Building" ein. Kollegen aus anderen Disziplinen, wie etwa Chemie oder Physik, waren befremdet über diesen Titel und fragten uns, wie wir denn Berge "machten", sie waren der Ansicht, dass die Berge schon immer da waren!

Auch die alten Geologen dachten so. Abraham Gottlob Werner, der Hohepriester der Neptunisten unter den Geologen, verknüpfte das Relief der Erde mit Sedimentationsprozessen: Der Monte Rosa mit seinen über 4000 m.ü.M. war da, weil an diesem Ort mehr chemischer Ausfall aus dem Ur-Ozean angehäuft wurde. Heute folgen wir jedoch der Theorie von James Hutton: Die Sedimentgesteine des Monte Rosa wurden auf einem Ozeanboden abgelagert, und die Wassermasse der Ozeane auf der Erde hat sich im Laufe der Geschichte nur wenig verändert. Diese Sedimente wurden später durch Prozesse im Erdinnern, die wir heute **Gebirgsbildungsprozesse** nennen, umgewandelt, deformiert und gehoben. Die Geologie der Schweiz, im besonderen die Geologie der Alpen, ist eine Offenbarung einer solchen Gebirgsbildung. Wir versuchen in diesem Kapitel, die Geologie der Schweizer Alpen zusammenzufassen und möchten in den folgenden Kapiteln die vielen Beobachtungen, Interpretationen und Folgerungen einiger Geologen diskutieren und damit den Weg aufzeigen, wie das heutige Bild unserer Berge mit viel Schweiss, viel Kombinationsgabe, aber auch über etliche Irr- und Umwege zustande kam und auch heute noch keineswegs als perfekt zu betrachten ist.

Die Deckentheorie

Die paläontologischen Datierungen erlauben uns eine zeitliche Einordnung der sedimentären Abfolgen auf Grund von Entwicklungstendenzen von Artenreihen, welche gemäss der Evolutionstheorie aus den Fossilfunden abgeleitet werden. Das Gesetz der Überlagerung lehrt uns, dass die jüngeren Sedimente auf den älteren aufliegen, falls keine Deformation stattfand. Unter der Annahme einer statischen Erde und unter Missachtung von orogenen Vorgängen beschrieb George McCready Price ein Beispiel aus den nordwestlichen USA, wo flachliegende kambrische Sedimente über Kreidegesteinen lagern. Price und andere christliche Fundamentalisten wollten damit die Evolutionstheorie widerlegen. Wie war es möglich, dass ursprünglichere Tier- und Pflanzenformen in Schichten gefunden werden, welche höhere Artenformen beinhalten und doch tiefer in der Schichtreihe liegen?

Geologen und Paläontologen entgegnen den Verfechtern der Schöpfung, dass die älteren kambrischen Gesteine der Rocky Mountains auf die Mesozoischen Schichten überschoben wurden. Die Trennfläche ist keine Schichtfuge oder Sedimentationsunterbruch, es ist eine Diskontinuität, die Überschiebungsfläche des *Lewis Overthrust*. Die Existenz dieser Lewis Überschiebung kann mit der Bibel weder erklärt noch widerlegt werden, sie basiert auf dem geologischen Gesetz, dass durch Überschiebung sehr wohl ältere Gesteine auf jüngeren aufliegen können. Wer stellte dieses Gesetz auf und was waren die Grundlagen dazu?

Es war Marcel Bertrand, ein Bergbauingenieur aus Belgien, und die Geologie des Kantons Glarus lieferte die Grundlagen. Bertrand war zwar nie im Glarnerland gewesen, doch bei der Lektüre von Eduard SUESS's Entstehung der Alpen (1875) "erfand" er die Glarner Überschiebung. Suess seinerseits zitierte den grossen Beobachter Escher von der Linth, von dem Heim einmal sagte, er sei der grösste Alpengeologe, den es je gegeben habe und den es je geben werde. Eschers Denkweise war der alten Schule verhaftet, und zur Lösung seines Dilemmas an der Lochsite bei Schwanden (Fig. 3.3) konstruierte er die pilzähnliche Glarner Doppelfalte, die dann von Heim so vehement über Jahrzehnte hinweg verfochten wurde.

Die stratigraphische Monstrosität der Region war den Schweizer Geologen schon seit 1840 bekannt. Das berühmte Martin's Loch bei Elm, durch welches einmal im Jahr die Sonne den Kirchturm bescheint, ist aus Malmkalk herauserodiert worden. Unter dem Loch liegt die tertiäre Formation des Flysches, und über der dort horizontalen Oberfläche des Jurakalkes steht die nochmals ältere konglomeratische Formation des Verrucano aus dem Perm an (Fig. 3.1). Wie gelangte der Jurakalk auf den Eozänflysch und wie die permischen Gesteine auf den Jurakalk?

Ein halbes Jahrhunder nach Hutton waren die Geologen bereit, die Idee von der Deformation der Gesteine anzuerkennen. Ursprünglich flach abgelagerte Sedimente konnten in Antiklinalen und Synklinalen verformt werden. In extremen Fällen konnten solche Falten gar überkippen und im unteren, sogenannten Verkehrtschenkel, findet man dann eben eine verkehrte stratigraphische Abfolge, wie sie Escher beim Martin's Loch zu beobachteten glaubte.

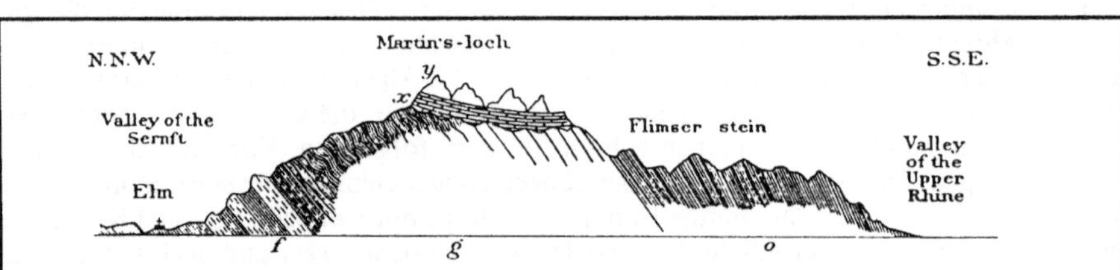

Fig. 3.1 Glarner Überschiebung nach MURCHISON 1849.
Geologisches Profil vom Sernftal über den Segnespass zum Rheintal. Bei der gemeinsamen Begehung der Region konnte Escher, der bereits 1841 diese "kolossale Überschiebung" erkannte, den berühmten Englischen Geologen Murchison überzeugen, dass die jungen Serien nicht seitlich an die Berghänge geklebt sind, sondern wirklich unter den älteren Gesteinen durchziehen. f: Nummulithische Gesteine, g: Glarner Dachschiefer, x: Kalkmylonit, y: Kristalline Schiefer (Sernifit / Verrucano).

Da dieselbe oder ähnliche Situationen an verschiedenen anderen Orten gefunden wurden, postulierte Escher die Doppelfalte (Fig. 3.2). Diese Interpretation war möglich, aber nicht zwingend. Marcel Bertrand jedenfalls fand keinen Gefallen an ihr. Aus seiner durch Suess inspirierten Erfahrung in den belgischen Kohleminen, wo die geologischen Strukturen durch eine Reihe von gleichgerichteten Aufschiebungen charakterisiert sind, postulierte er 1884 eine grosse Überschiebung anstelle der Doppelfalte, obwohl er die Verhältnisse nur aus der Literatur kannte.

Für heutige Geologen ist es ein Leichtes, Eschers Verkehrtschenkel von Bertrands Überschiebungspaket zu unterscheiden, liegen doch die Schichten im ersten Fall verkehrt, im zweiten Fall aber normal. Die Technik der **Geopetal**strukturen, wie z.B. gradierte Schichtung, erlaubt zuverlässig die Ober- oder Unterseite von gewissen Schichten zu bestimmen. Wenn wir also ins Sernftal fahren und die Gradierung der Flyschserie untersuchen, wie wir das jedes Jahr mit den Studenten machen, so stellen wir keine Verkehrtserie fest, d.h. der Flysch liegt normal unter älterem Gestein. Bertrand kannte die Geopetalstrukturen nicht, er betrieb vergleichende Tektonik. Der Ingenieur konnte sich besser vorstellen, wie ein Gesteinspaket über ein anderes geschoben wurde, als wie sich zwei weit ausladende liegende Falten bilden und erst noch mit entgegengesetzter Vergenz. Damit war die Deckentheorie geboren.

Trotz starkem Widerstand von Albert Heim, einem Schüler Eschers, gelang dieser Theorie ein schneller Durchbruch. Bertrands Deckentheorie wurde von SCHARDT (1898) in den Präalpen, von LUGEON und ARGAND (1905) in den penninischen Alpen, von

TERMIER (1905) in den Ostalpen und endlich auch von HEIM (1919-1922) in seiner "Geologie der Schweiz" generell übernommen. Das ganze Gebäude der Alpengeologie von heute besteht generell aus der Verfeinerung und der Ausschmückung der Strukturen, welche auf dem Fundament dieser alten Grossmeister der Geologie errichtet wurden.

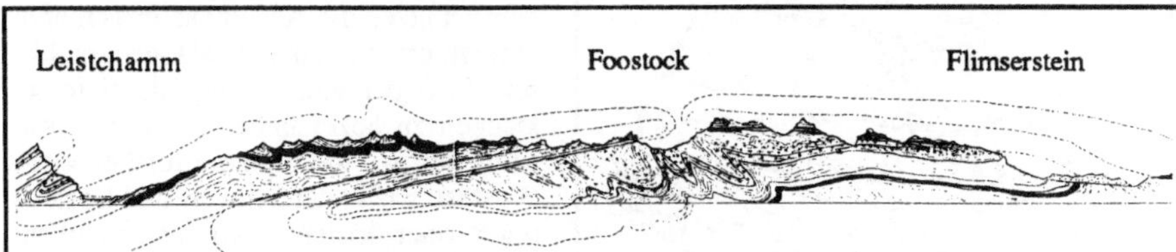

Fig. 3.2 Die Glarner Doppelfalte nach HEIM (1878)
Statt als Überschiebung, wird die startigraphische Abfolge als Verkehrtschenkel einer Falte ausgelegt. Die Monstrosität dieser Interpretation fällt heute jedem Geologen sofort auf, da sein Auge durch eine Vielzahl von tektonischen Profilen geschult wurde. Der fehlende obere Teil der von beiden Falten eingeschlossenen Serie müsste durch das Nadelöhr am Foopass ausgepresst worden sein, wobei die Strukturen im Flysch nicht uniform über den ganzen Querschnitt erhalten wären.

Die guten Aufschlussverhältnisse in den Alpen erlaubten genaue Aufnahmen der Überschiebungen. Dadurch konnten Überschiebungsbeträge von Dutzenden von Kilometern nachgewiesen werden, weit über 100 km werden vermutet. Gemäss den Physikern ist aber in Anbetracht der grossen Reibung an der Basis derartiger Gesteinspakete eine Überschiebung im Sinne Bertrands ganz unmöglich (z.B. SMOLUCHOWSKI 1909). Bereits überschlagsmässige Berechnungen der Reibung lassen auf ein mehrmaliges Zerbrechen einer 100 km Platte schliessen. Neue Studien der Mechanismen von Überschiebungen deuten auf verschiedene Faktoren zur Verminderung der Reibung hin.

Ein gutes Bild des Überschiebungshorizontes bietet der Aufschluss an der Lochsite bei Schwanden (Fig. 3.3). Der mesozoische Kalk unter dem Verrucano (2) ist kein sedimentäres Gestein mehr, es ist ein **Mylonit**. Die Glarner Überschiebungsmasse bewegte sich durch Scherung des Mylonites unter relativ geringer Belastung und nicht entlang einer Bruchfläche als starrer Block über einen anderen starren Block, die Bewegung war nicht Gleitreibung, sondern wurde durch die plastische Verformung des Lochsitenkalkes möglich. Die messerscharfe Fläche (3) entstand erst am Ende der Bewegung, als Überlast und Temperatur (wohl wegen Erosion der Überlagerung) abnahmen und die plastische in eine spröde Verformung überging.

Diesen Prozess nennt man Superplastizität (Hsü 1971, Schmid 1975) und bewirkt eine stete Umkristallisation der nur wenige μ grossen Kalzitkörner. Da die Reibung bei diesem Prozess verschwindend klein ist, kann eine grosse Gesteinsplatte auf einem Mylonit über grosse Distanzen bewegt werden.

Obwohl der Prototyp der alpinen Decke, die Glarner Hauptüberschiebung, ein relativ flaches Überschiebungspaket ist, so wird der Ausdruck **Decke** auch für grössere überkippte Falten, wie sie in den Alpen vorkommen, gebraucht. Uneinigkeit herrscht über die laterale Ausdehnung solcher Falten. Die **Zylindristen** korrelierten liegende Falten von der Ostschweiz bis in die Westschweiz oder gar nach Frankreich. Generell ist ein Vergleich mit Falten oder Decken anderer Regionen gerechtfertigt oder in Einzelfällen sinnvoll, doch nur wenige Geologen bestehen noch heute auf einer durchgehenden Korrelation.

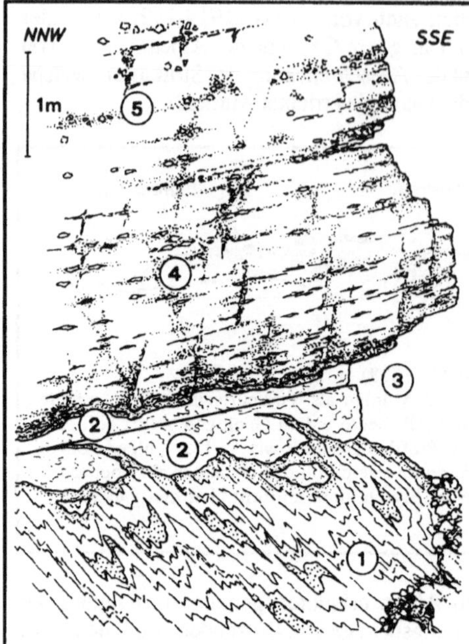

Fig. 3.3 Die Hauptüberschiebung an der Lochsite bei Schwanden (HEIM 1919).
1: Eozäner Flysch, 2: Lochseitenkalkmylonit, 3: "Faultgouge", Verwerfungston 4: Grünes Verrucanokonglomerat mit geplätteten Kom ponenten, 5: Rotes Verrucanokonglomerat mit schwach verformten Komponenten.

Die Deckentheorie beinhaltet einige einfache Regeln. In Decken mit gleichgerichteter Falten-**Vergenz** legten die höchsten Einheiten den weitesten Weg von ihrem Ablagerungsraum zurück. Wir benützen die Ausdrücke **intern** und **extern**, um die relative paläogeographische Lage der höheren, resp. der tieferen Decken zu bezeichnen. Interner heisst südlicher, wo das alpine Streichen Ost-West ist, wie in der Schweiz und Oesterreich, oder östlicher, wo das Streichen Nord-Süd ist, wie in Frankreich.

Diese einfache Beziehung zwischen Struktur und Paläogeographie fällt dahin, sobald wir mehr als eine einzige Scherfläche haben. Das ursprünglich südlichere Ultrahelvetikum z.B. wurde früh über das Helvetikum geschoben, die Überschiebungsfläche wurde auch etwa als Einwicklungsfläche bezeichnet. Später dann wurde ein helvetisches Element entlang einer anderen Überschiebungsfläche, wie etwa der Hauptüberschiebung, auf das Ultrahelvetikum aufgeschoben.

Oft war die Scherung nicht an eine Fläche oder dünne Zone gebunden, sondern sie konnte auch durchdringend (penetrativ) sein, d.h. über eine breitere Zone relativ gleichmässig verteilt. Kohärente sedimentäre Einheiten wurden dadurch in Pakete, Blöcke und Fragmente zerteilt. Durch weitere Bewegung wurden sie chaotisch vermischt und in einer duktil verformbaren Matrix als Einheit weiterverfrachtet. Wenn eine Decke, oder was als solche deklariert wurde, weder ein Überschiebungspacket, noch eine überkippte Falte, sondern ein solches **Mélange** ist, darf unsere einfache Regel der heute höchsten gleich paläogeographisch internsten Einheit auch nicht angewendet werden.

Eine letzte Ausnahme dieser Regel besteht, wenn die Vergenz des tektonischen Transportes wechselt. Wenn Gesteine gegen Süden überschoben werden, sollten die höheren Einheiten eine nördlichere Stellung gehabt haben. Wir werden diese Frage im Kapitel X mit dem Schamser Dilemma wieder aufgreifen.

Gliederung der Schweizer Alpen

Die Entstehung der Decken bedingt einerseits grosse horizontale Verschiebungsbeträge und andrerseits kräftige interne Deformationen der Gesteinspakete. Es sind zwei grundlegende Typen von Gesteinskörpern zu unterscheiden: Die massiven Gesteinskörper, welche das sogenannte Grundgebirge oder Kristallin aufbauen und die geschichteten sedimentären Formationen, die normalerweise dieses Grundgebirge bedecken.

Eine erste grobe tektonische Einteilung unterscheidet einerseits zwischen stark verschobenen (**allochthonen**) und nicht oder kaum verschobenen (**autochthonen**)

Einheiten und andrerseits, ob das Grundgebirge in den Deckenbau miteinbezogen wurde (**Grundgebirgsdecke, Kristallindecke**) oder nicht (**Sedimentdecke**). Ein nächstes Kriterium ist der Grad der Metamorphose und die interne Deformation und unterteilt in **starre Kristallindecken** und **mobilisierte Kristallindecken**.

Eine weitere Gruppe von Kriterien wird durch den paläotektonischen und paläozeanographischen Rahmen bestimmt, in welchem die Deformation dieser Sedimentschichten ablief. **Akretionsprismen**, die Sedimentabfolgen an aktiven Kontinentalrändern, sind Ablagerungen der Gräben zwischen Kontinentalplatte und unter diese subduzierende Ozeanplatte. Das Produkt sind oft **Mélanges**, eine tektonische Mischung von Sedimenten des Kontinentalfusses, des Ozeanbodens und seines balsaltischen Untergrundes. Die Abfolgen des **passiven Kontinentalrandes** sind Sedimente eines Kontinentalrandes innerhalb einer Platte, z.B. der europäisch-atlantische oder der afrikanisch-atlantische Rand. Solche Sedimente können vom Untergrund abgeschert werden und Sedimentdecken bilden, oder sie können zusammen mit einem Teil des Grundgebirges starre Grundgebirgsdecken werden. Neben dem Kontinentalrand können Sedimente auf submarinen Schwellen und Inselbögen, als Füllungen der Becken hinter den Inselbogen (back-arc basins) etc. abgelagert werden. Diese werden bei Kollision meistens zu Sedimentdecken (z.B. Flyschdecken) deformiert.

Die Schweizeralpen wurden folgendermassen gegliedert:

	Einheit	**Paläogeographie**	**Deformation**	**Gliederung**
1	Autochthone und parautochthone Massive	Sockel des passiven Kontinentalrandes	starr deformiert	Massive
2	Helvetische Decken	Sedimente des passiven Kontinentalrandes	abgeschert und deformiert	Sedimentdecken
3	Flyschdecken (diverse Stellungen)	Sedimente des aktiven Kontinentalrandes	abgeschert und deformiert	Flyschdecken Wildflyschmélange
4	Die Präalpen (penninisch)	Sedimente einer sub-mari nen Schwelle: Briançonnais/Subbriançonnais	abgeschert und deformiert	Sedimentdecken
5	Die penninischen Kristallindecken	Sockel des passiven Kontinentalrandes	durchdringend deformiert und metamorph	mobilisierte Kristallindecken
6	Bündnerschiefer (penninisch)	Sedimente des passiven Kontinentalrandes und der Tiefsee	deformiert und metamorph	Trennglieder von Kristallindecken
7	Ophiolithmélanges	Sedimente und Basalte des Ozeanbodens	verschuppt und vermischt	Mélanges
8	Ostalpine Decken und Südalpen	Sedimente und Sockel der überschiebenden Platte	starr deformiert	Kristallin und Sedimentdecken
9	Sesia-Lanzo Zone	Sedimente und Sockel der überschiebenden Platte	deformiert und metamorph	mobilisierte Kristallindecken

Die Verteilung der wichtigsten tektonischen Einheiten ist in Fig. 1.8 dargestellt, ihre Überlagerungsverhältnisse in Fig.3.4.

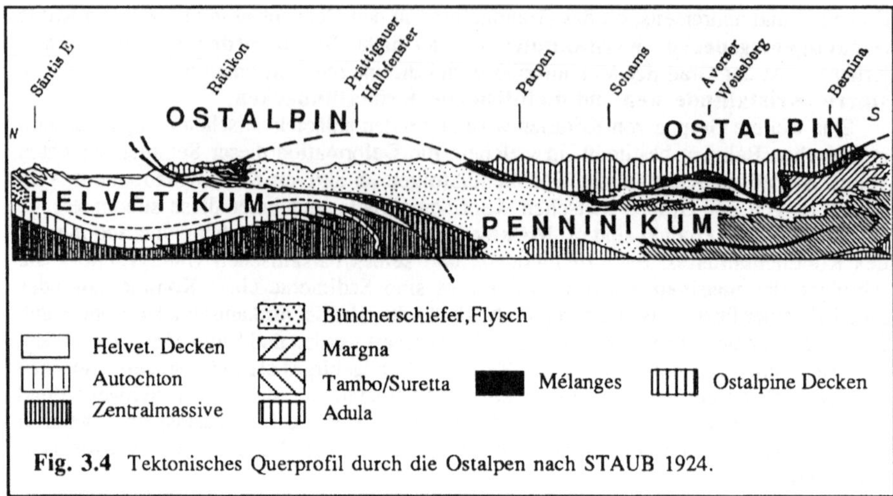

Fig. 3.4 Tektonisches Querprofil durch die Ostalpen nach STAUB 1924.

Autochthone und parautochthone Massive

Das sind grosse Grundgebirgsaufschlüsse der externen Zone der Alpen, welche aus ihren mesozoischen Überdeckungen herausragen. Das grösste ist das Aarmassiv, welches einen Teil der Berner und Urner Alpen ausmacht. Sein Kristallin besteht aus Granit und Gneis und wurde von der alpinen Metamorphose nur unbedeutend erfasst. Radiometrische Altersbestimmungen dieser Gesteine zeigen Paläozoikum an. Die nicht abgescherte autochthone Sedimentbedeckung des Aarmassivs ist relativ dünn. Ein schön aufgeschlossener Kontakt zwischen Grundgebirge und Sedimentbedeckung ist bei Haldenegg in der Nähe von Erstfeld (Fig.3.5). Auf dem zuoberst stark verwitterten Erstfeldergneis liegt ein bis 1 m mächtiger basaler grober Sandstein mit Rippeln und Kreuzschichtung. Dann folgt eine Wechsellagerung von Dolomit, Sandstein und Tonschiefer, welche in den triasischen Rötidolomit der mittleren Trias überleitet.

Südöstlich des Aarmassivs schliesst ein schmaler Rest des Tavetscher Zwischenmassivs an, und dann folgt das Gotthardmassiv. Die Kristallingesteine dieser beiden Massive wurden auf das Aarmassiv aufgeschoben, und sie gelten deshalb als parautochthon. Beide wurden auch von der alpinen Metamorphose überprägt. Das Aarmassiv selbst ist nach neuesten seismischen Untersuchungen auch nicht mehr richtig autochthon!

Die mesozoischen Sedimente auf der Südseite des Gotthards bestehen aus triasischen und jurassischen, hemipelagischen und Flachmeerablagerungen (Fig. 3.6). Die jurassische Fazies ist direkt vergleichbar mit jener der ultrahelvetischen Decken, und man nimmt auch an, dass das Ultrahelvetikum einst auf dem Gotthardmassiv lag. Die Jurasedimente des Helvetikums weisen eine seichtere Fazies auf als jene des Gotthardmassivs, und die helvetischen Serien der Ostschweiz können auch nicht auf dem Aarmassiv beheimatet gewesen sein, da jene Bedeckung ja erhalten geblieben ist. Deshalb nimmt man an, dass die Sedimente der helvetischen Decken hauptsächlich aus dem Gebiet des Tavetscher Massivs und evtl. dem nördlichen Gotthardmassiv stammen (TRÜMPY 1960, p.850).

Die Breite des helvetischen Faziesgürtels muss an die 100 km betragen haben, also viel mehr, als auf dem heutigen Rücken des Tavetscher Massivs Platz hätte. Somit muss ein beträchtlicher Teil des helvetischen Sockels unter das Gotthardmassiv geschoben worden sein. Dieser Vorgang von Annäherung und Unterschiebung von benachbarten Lithosphärenteilen oder Platten wurde **Verschluckung** (AMPFERER und HAMMER 1911), oder

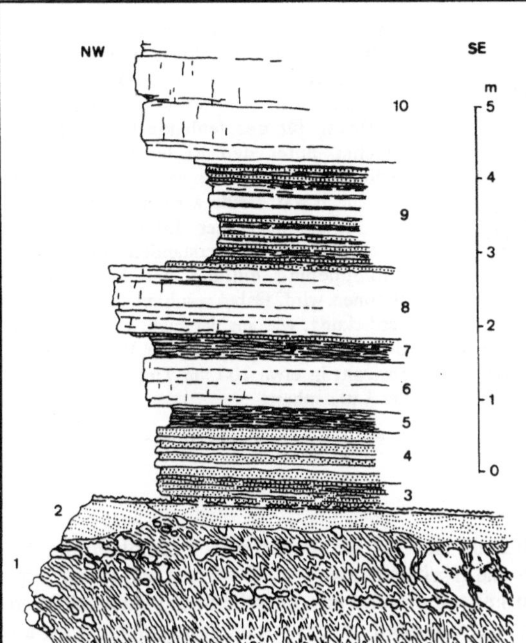

Fig. 3.5 Der Kontakt von Gneis des Aarmassivs und seiner triasischen Bedeckung bei Erstfeld. (HEIM und HEIM 1917).

1: Erstfeldergneiss mit Karbonatknollen. 2: Arkose bis 1m mächtig mit Rippelmarken an der Oberfläche
1-7: Wechsellagerung von Dolomit, Sandstein und Tonschiefer, etwa 5 m dick.
8: Basis des bis 15 m mächtigen Rötidolomits.

Subduktion (AMSTUTZ 1952, WHITE et al. 1971) genannt. Bei der Subduktion, wie z.B. des "verschluckten" helvetischen Grundgebirges, wird kontinentale Lithosphäre unterschoben. Dieser Mechanismus wurde auch Ampferer-Subduktion oder **A-Subduktion** genannt (Fig. 3.7). Im Gegensatz dazu wird bei der **B-Subduktion** ozeanische Lithosphäre entlang einer Benioffzone in den Erdmantel hinuntergeschoben.

Das Grundgebirge des Gotthardmassivs wie auch dessen Sedimenthülle sind in südlicher Richtung stärker deformiert und metamorph, so dass ihre jurassischen Sedimente kaum mehr von den Bündnerschiefern der unteren penninischen Decken unterschieden werden können.

Ganz im Westen, zwischen dem Rhoneknie und der französischen Grenze, sind noch Teile des Aiguille Rouge Massivs und des Mont Blanc Massivs aufgeschlossen. Diese sind in gleicher Stellung wie das Aarmassiv und können als dessen Fortsetzung nach Westen betrachtet werden.

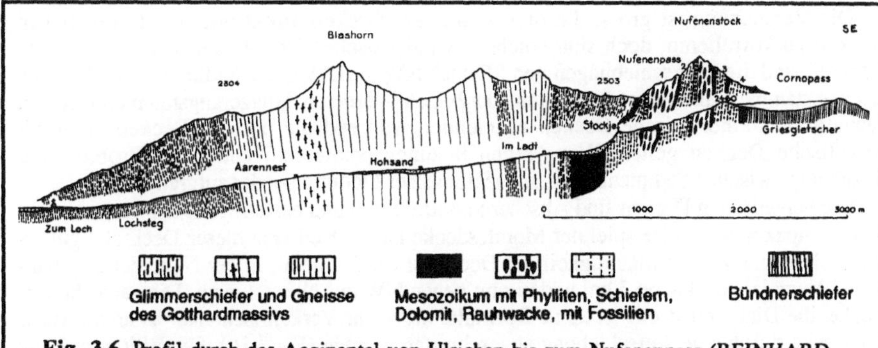

Fig. 3.6 Profil durch das Aeginental von Ulrichen bis zum Nufenenpass (REINHARD und PREISWERK, Geol.Führer 1934)

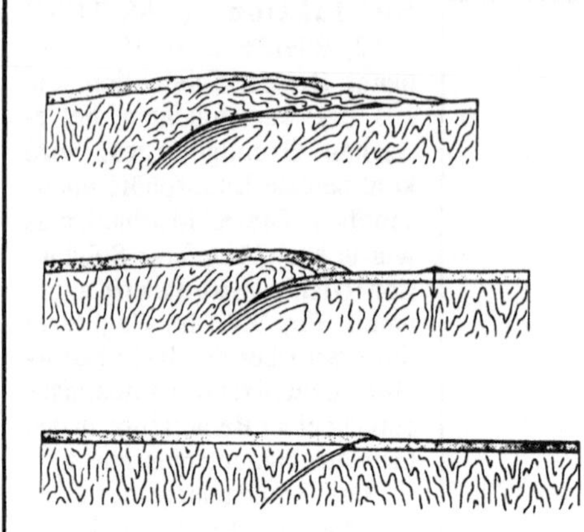

Fig. 3.7 A - Subduktion nach AMPFERER und HAMMER 1911.

Das Konzept der Subduktion wurde erstmals von Ampferer eingeführt als Erklärung für das fehlende Grundgebirge, welches unter den heute aufgestapelten Sedimentdecken, wie etwa dem Helvetikum, vorhanden war. Heute wird unter Subduktion das Abtauchen einer Lithosphärenplatte unter eine andere verstanden, wobei eine Entkoppelung entlang der Moho angenommen wird. Dabei resultiert eine Krustenverdickung, wie aus der Figur ersichtlich ist. Bei der B-Subduktion ist der Entkopplungshorizont in etwa 100 km Tiefe an der Basis der Lithosphäre.

Die helvetischen Decken

Der Name Helvetische Decken bezieht sich auf die überkippten Deckfalten und die Überschiebungen der nördlichen Vor- und Hochalpen zwischen Genfersee und Rhein (Fig. 1.8). Die Schichten in jenen Einheiten sind vorwiegend mesozoische Sedimente, welche an einem passiven Kontinentalrand abgelagert wurden, ihre typische Stratigraphie wird als "helvetisch" bezeichnet, und sie unterscheidet sich deutlich von der Stratigraphie des Ultrahelvetikums, Penninikums oder Ostalpins.

Die mesozoische und tertiäre Bedeckung des Montblanc und westlichen Aarmassivs wurde abgeschält und liegt heute als grosse überkippte Falte vor, bekannt als die Morcles Decke (Fig. 3.8). Weiter gegen Osten fehlt die Evaporitserie der Trias und damit der Abscherungshorizont. Die Sedimenthülle des Aarmassivs ist als nur wenig verfrachtetes Parautochthon erhalten geblieben. Die helvetischen Decken östlich der Dent de Morcles stammen von einem äusseren Teil des Kontinentalrandes, welcher vom Grundgebirge des Tavetscher und teilweise des Gotthardmassivs unterlagert war. Dies betrifft im Westen die Diablerets und Wildhorndecke, in der Zentralschweiz die Axen und Drusbergdecke und im Osten dann noch (immer von unten nach oben) die Glarner-, Mürtschen- und Säntisdecke.

Die Versuchung ist gross, die drei westlichen Decken direkt mit den drei östlichen Decken zu korrelieren, doch sind solche "zylindristische" Überlegungen eine Spielerei. Generell sind die Überschiebungen von SE nach NW gerichtet. Die Sedimente von höheren Decken stammen aus einem südlicheren oder beckeninterneren Ablagerungsraum und werden deshalb als südhelvetische Decken bezeichnet, während die unteren Decken als nordhelvetische Decken gelten. Wir werden in einem späteren Kapitel das Problem der Beziehung zwischen Sedimentfazies und tektonischer Stellung wieder aufgreifen.

Die helvetischen Decken sind Abscherungsstrukturen und bestehen nur aus verfrachteten Sedimentpaketen. Am Beispiel der Morclesdecke ist die Keilform dieser Deckfalte gut ersichtlich (Fig.3.9). Die Mächtigkeit der Decke ist im Rhonetal, in der Nähe der sogenannten "Wurzelzone", knapp 3 km und nimmt gegen NW auf über 6 km zu. Die nächsthöhere Decke, die Diableretsdecke ist keine Deckfalte mehr, ihr Verkehrtschenkel ist an der Basis der Decke durch eine Aufschiebung abgeschnitten worden (Fig.3.10). Die Wildhorndecke zuoberst ist ganz disharmonisch, d.h. verschiedene Stockwerke zeigen nicht dieselbe Faltenstruktur. Zwischen den Falten des Malmkalkes und den ebenfalls kompetenten Falten der unteren Kreide liegt die in sich deformierte Masse der Palfris- und Vitznau Mergel

(Fig.3.11). Verschiedene interne Aufschiebungsbrüche komplizieren das Bild dieser Decke noch mehr.

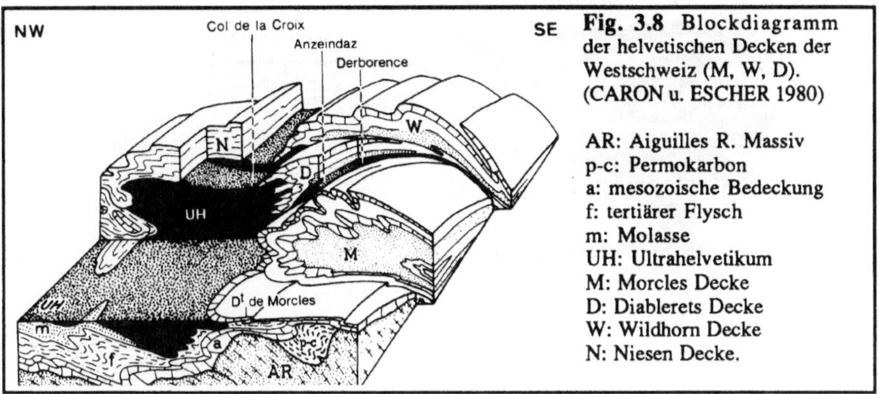

Fig. 3.8 Blockdiagramm der helvetischen Decken der Westschweiz (M, W, D). (CARON u. ESCHER 1980)

AR: Aiguilles R. Massiv
p-c: Permokarbon
a: mesozoische Bedeckung
f: tertiärer Flysch
m: Molasse
UH: Ultrahelvetikum
M: Morcles Decke
D: Diablerets Decke
W: Wildhorn Decke
N: Niesen Decke.

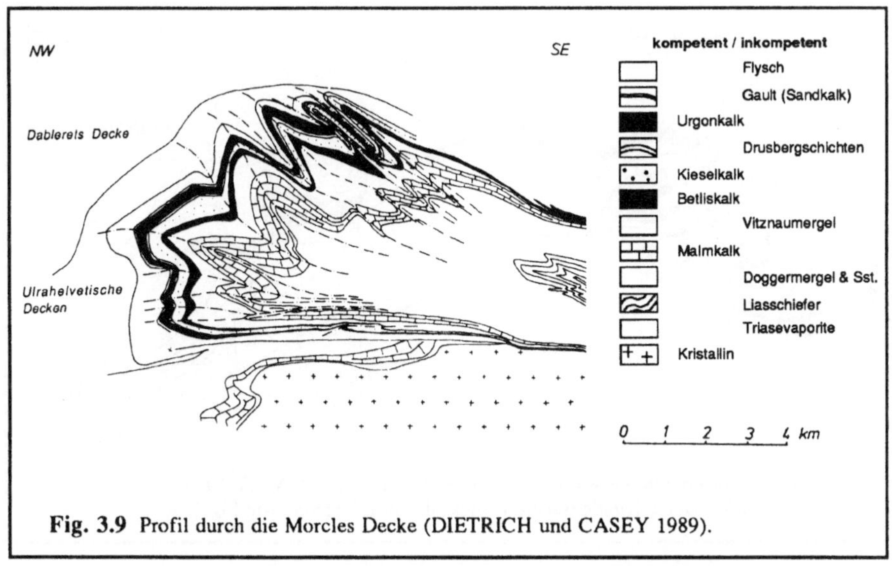

Fig. 3.9 Profil durch die Morcles Decke (DIETRICH und CASEY 1989).

Die interne Deformation dieser Sedimentdecken ist abhängig von der Art und Mächtigkeit der einzelnen Gesteinsschichten. Der massige Malmkalk der Morcles und Diableretsdecke, die dickste der kompetenten Schichten, zeigt infolge der Deformation ausgeprägte Unterschiede in der Mächtigkeit (Normalschenkel, Faltenstirn, Verkehrtschenkel). Seine ursprüngliche sedimentäre Dicke dürfte mehr oder weniger ausgeglichen gewesen sein (Fig. 3.9 und 10). Demgegenüber beobachten wir in der Wildhorndecke frappante Dickenunterschiede in den inkompetenten Serien (Fig. 3.11).

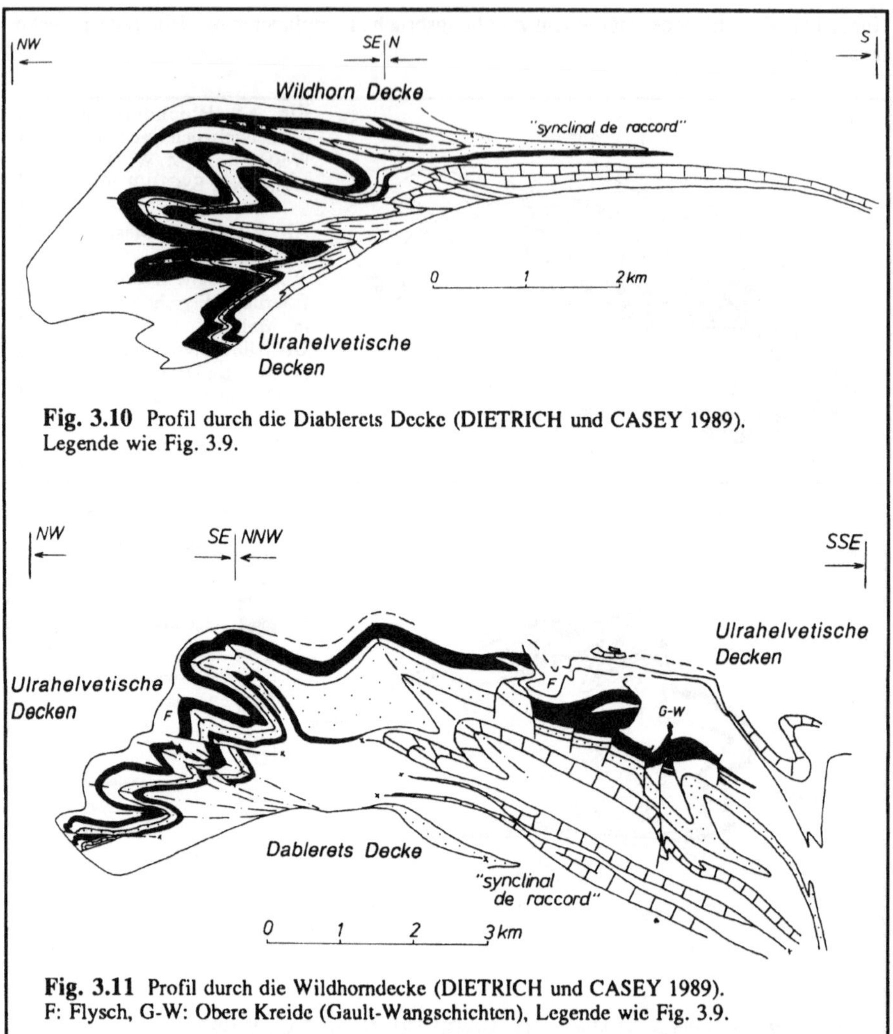

Fig. 3.10 Profil durch die Diablerets Decke (DIETRICH und CASEY 1989). Legende wie Fig. 3.9.

Fig. 3.11 Profil durch die Wildhorndecke (DIETRICH und CASEY 1989). F: Flysch, G-W: Obere Kreide (Gault-Wangschichten), Legende wie Fig. 3.9.

Die ultrahelvetischen Decken und Flysch

Die Sedimente des äusseren Kontinentalrandes, eines Gebietes südöstlich des helvetischen Ablagerungsraumes, sind in tieferem Wasser abgelagert worden. Die höheren Decken sind in den Ostalpen nach Norden, in den Zentralalpen nach Nordwesten und in den Westalpen nach Westen transportiert worden.

Die unmittelbar über den helvetischen Decken liegenden tektonischen Einheiten sind charakterisiert durch mächtige hemipelagische Sedimentabfolgen von Tonschiefern oder Flysch. Um ihre paläogeographische Herkunft jenseits des Helvetikums zu betonen, werden sie als Ultrahelvetisch bezeichnet. Die Sedimente dieser internen Einheiten stammen vom äusseren oder äussersten Kontinentalrand. Diese ultrahelvetischen Schichten bilden selten

Decken. Die mesozoischen Ablagerungen des passiven Kontinentalrandes werden oft als exotische Blöcke in tektonischen Mischungen, genannt *Wildflysch*, gefunden. Andere Schuppen oder Blöcke in solchen Mélanges stammen aus verschiedenen Flyschformationen von noch internerer Herkunft.

Die Überlagerung der ultrahelvetischen Gesteine auf das Helvetikum fand vor dem Abgleiten und der Deformation des letzteren statt. Als Mechanismus für diese frühe Platznahme des Ultrahelvetikums auf ein ungefaltetes noch autochthones helvetisches Vorland wurde gerne gravitatives Abgleiten aufgeführt (z.B. FALLOT 1953). Demgegenüber betont RAMSAY (1989 p.41), dass die Neigung der basalen Überschiebungsfläche über eine Distanz von mindestens 50 km in Transportrichtung praktisch null war, womit gravitatives Gleiten kaum in Frage kommt (HSÜ 1970). Das Auftreten von Wildflysch und aderen tektonischen Mélanges deutet auf eine Unterschiebung des Helvetikums samt Sockel in einer Kollisionszone, wie in Kapitel 6 behandelt wird.

Die Flyschdecken haben keine Wurzeln, es sind Überschiebungspakete mit sehr langen Transportwegen. Die mesozoische Unterlage der spätkretazischen und tertiären Flyschturbidite könnten Ablagerungen auf einem ultrahelvetischen Kontinentalrand, oder einer noch südlicheren Fazies der Tethys gewesen sein, wie z.B. nordpenninisch, südpenninisch etc.

Die präalpinen Decken

Die höchsten Decken nördlich des Aarmassivs enthalten Sedimentserien, die sich von jenen des helvetischen Kontinentalrandes wesentlich unterscheiden. Die Erosionsresten jener Decken in Form der Mythen bei Schwyz und anderer Klippen (Buochserhorn, Stanserhorn etc.) konnten bis in die Westschweiz verfolgt werden. Die Herkunft der Klippen war über ein halbes Jahrhundert umstritten. Die Geologen der deutschen Schweiz, angeführt von Rudolf STAUB (z.B. 1958), plädierten für Ostalpin, d.h. der Ablagerungsraum der Sedimente der Klippendecke wäre südlich des Piemonttroges anzusiedeln. Die französischen Geologen mit ELLENBERGER (1952), LEMOINE (1953) und DEBELMAS (1955) fanden mit den Klippen vergleichbare Sedimente im Briançonnais in Savoyen. Nachdem die Sedimente des Briançonnais mit jenen der Bernharddecke korreliert werden konnten, ist man sich heute einig, dass die Gesteine der Préalpes Médianes ursprünglich das Bernhard-Kristallin bedeckten, welches seinerseits den kontinentalen Sockel der Briançonnaisschwelle mitten in der Tethys bildete. Die Bedeckung wurde während der neo-alpinen Deformation abgeschält und unter den Ostalpinen Decken nach Norden verfrachtet, wo sie heute als präalpine Decken liegt.

Die penninischen Decken

Die wichtigsten Decken mit Kristallinkern des Penninikums sind nach Emile ARGAND (1911) von oben nach unten (Fig.7.2):

VI Dent Blanche Decke
V Monte Rosa Decke
IV Bernhard Decke
III Monte Leone Decke
II Lebendun Decke
I Antigorio Decke

Der Sockel von Antigorio, Lebendun und Monte Leone war die Unterlage des äussersten Kontinentalrandes von Europa. Die Sedimentbedeckung bestand hauptsächlich aus hemipelagischen Schlicken, die durch Metamorphose zu Phylliten und Glimmerschiefern umgewandelt wurden.

Der Kristallinkern der Bernhard Decke war der Sockel einer innerozeanischen Schwelle, genannt Briançonnais, welche im mittleren Jura für kurze Zeit gar als Insel den Meeresspiegel überragte. Dieses Kristallin ist jetzt umhüllt von metamorphen Sedimenten, die mit jenen des Briançonnais/Subbriançonnais der französischen Alpen verbunden werden. Die Briançonnaisschwelle war vom europäischen Kontinentalrand durch einen Tiefseetrog, den Walliser Trog, getrennt. Im Süden der Schwelle war die offene See, der Piemontozean mit einer ozeanischen Kruste im Untergrund.

Auch der Kern der Monte Rosa Einheit war ursprünglich kontinentale Kruste. Ob diese nördlich oder südlich des Piemont Ozeans lag, ist noch heute umstritten. Die Hypothese einer südlichen Herkunft, wie in Kapitel X vorgeschlagen wird, erklärt besser die Genese der Hochdruckmineralien in dieser Decke.

Die Dent Blanche Decke, das höchste Element des penninischen Deckenstapels nach Argand, gilt heute als ostalpine Einheit. Ihre tektonische Entwicklung ist vergleichbar mit jener der unterostalpinen starren Grundgebirgsdecken.

Die duktil deformierten Grundgebirgsdecken der Ostschweiz werden ebenfalls generell als penninisch angesehen, doch tragen sie andere Namen. Die "Zylindristen" versuchten diese Kristallindecken der Ostschweiz mit jenen der Westschweiz zu korrelieren. Die Deformation der Sedimenthülle der östlichen Fortsetzung der Briançonnaisschwelle lehrt uns jedoch etwas anderes: die Schamserdecken sind südwärts aufgeschoben und nicht nordwärts wie die Präalpen. In Kapitel X werden wir das komplexe Schamserproblem näher betrachten.

Bündnerschiefer, Ophiolithe und Mélanges

Die Paläogeographie wird anhand der festgestellten lateralen Fazieswechsel sedimentärer Formationen rekonstruiert. Die Sedimente der Trias wurden in ganz Europa, von der Nordsee bis zum Mittelmeer, in sehr seichtem Wasser abgelagert. Diese terrestrischen oder seichtmarinen Sedimente bedeckten den Kontinent Pangaea. Im frühen Jura begann die tektonische Aktivität und führte zur Trennung von Afrika und Europa. Die Ablagerungen der Jurazeit am helvetischen/ultrahelvetischen Kontinentalrand von Europa wechseln von flachmarin zu tiefmarin in südlicher Richtung. Die entsprechenden Ablagerungen am ostalpinen Kontinentalrand (Afrika) deuten auf ein Abtauchen des Sedimentationsraumes in nördlicher Richtung. Zwischen diesen beiden Rändern entwickelte sich der Tethys-Ozean mit einer mittelozeanischen Hochzone (Briançonnais, Fig. 6.5)), die den Wallisertrog im Norden vom Piemonttrog im Süden trennte. Die Sedimente dieser beiden Tröge sind hauptsächlich feinkörniger Schlick mit Einschaltungen oder Zwischenlagen von dünnbankigen Silten als Zeugen von Trübeströmen. In der Ostschweiz (Graubünden) sind sie nur schwach metamorph und heissen Bündnerschiefer, die etwas stärker umgewandelten Phyllithe der Westschweiz heissen *schistes lustrés*.

Die Ophiolithe sind die basischen und ultrabasischen Kristallingesteine des Ozeanbodens der Tethys. Dazu gehören Basalte, Gabbros, Peridotite und Sepentinite. Ihre Sedimentbedeckung waren pelagische Kalke und Radiolarite, die fast ausschliesslich aus den fossilen Schalen von einzelligen Organismen bestehen, welche seinerzeit in den oberen Wasserschichten der Tethys lebten. Dazu gehören Radiolarien, Tintinniden, Globigeriniden, Nannoplankton etc.

Die Ausdehnung des helvetischen Sedimentationsraumes kann durch "abwickeln" der Decken abgeschätzt werden. Eine solche palinspastische Rekonstruktion versucht, die flach zurückgefalteten Fragmente der Sedimentationshaut in ihre ursprüngliche geographische Lage zu bringen. Auf diese Weise wird für das Helvetikum eine Breite von etwa 100 km berechnet. Die Bündnerschiefer und die Ophiolithe bilden aber keine kohärenten Gesteinsserien wie etwa die charakteristischen Schichtabfolgen der helvetischen Decken. Die kristallinen Gesteine, die Radiolarite und Sandsteine verhalten sich bei der Deformation spröde und zerbrechen in Blöcke und Schuppen, welche in der schiefrigen oder phyllitischen Matrix schwimmen. Diese tektonische Sedimentstruktur wird als Mélange bezeichnet. Eine palinspastische Rekonstruktion dieser "Mischungen" ist unmöglich. Die Breite der Tethys kann deshalb auf diese Weise nicht bestimmt werden.

Erst die Theorie der Plattentektonik eröffnete neue Wege, um dieses Problem anzugehen. Die Breite und die Orientierung der magnetischen Lineationen können zur Berechnung der Richtung und Rate der Plattenbewegungen dienen. Mit geeigneten Computerprogrammen lassen sich die relativen Wege der Kontinente berechnen (z.B. Le PICHON 1968). Auf diese Weise wird die Breite der Tethys auf etwa 1000 km geschätzt (HSÜ 1989).

Wo ist denn heute diese riesige Fläche von Ozeanboden? Er wurde "verschluckt" oder in moderner Terminologie subduziert an einer Benioff-Zone.

Diese Subduktion war nicht etwa eine Episode, es war ein langsamer und langer Prozess, der zu Beginn der Kreide einsetzte und weiterging, bis die ganze Tethys verschluckt war und die Kontinente zu beiden Seiten aufeinander stiessen, kollidierten. Das war die eo-alpine Deformation.

Während ozeanische Lithosphäre an einer Benioff-Zone unter die kontinentale Kruste abtaucht, werden die ozeanischen Sedimente (z.B.Bündnerschiefer) und die ozeanische Kruste (Ophiolithe) zerbrochen und/oder intensiv geschert in dieser Benioff-Zone. Durch diesen Prozess entstehen die Mélanges. Die Anzeichen von Verschuppung, Scherung und Mischung während der eo-alpinen Subduktion und neo-alpinen (postkollision) Deformation werden in Kapitel IX diskutiert. Radiometrische Altersbestimmungen der metamorphen Minerale in den Mélanges bestätigen weitgehend unsere Annahme von kretazischer Subduktion.

Die ostalpinen Decken

Nachdem der Tethys Ozean verschwunden war, kollidierten die Kontinente und die südliche Platte wure auf die nördliche Platte aufgeschoben. Dabei wurde die Front der Südplatte in verschiedene Schichtpakete aufgeteilt. Die ostalpinen Decken der Schweizeralpen sind einige dieser Pakete. Als obere Elemente wurden die ostalpinen Decken nur wenig metamorph. Die metamorphen Minerale und Strukturen der Kristallingesteine sind aus dem Paläozoikum erhalten geblieben, sie wurden während der alpinen Deformation nicht weiter aufgeheizt oder umgewandelt. Solche verfrachtete Gesteinspakete mit Kristallinanteil heissen auch starre Grundgebirgsdecken (rigid-basement nappes). Die Sedimente der ostalpinen Decken sind teils im Verband mit dem Sockel erhalten oder aber abgeschert und bilden heute Sedimentdecken zwischen zwei starren Grundgebirgsdecken. Die sedimentäre Abfolge wurde dabei nicht gestört, so dass hier palinspastische Rekonstruktionen möglich sind.

Der Kontakt zwischen Ostalpin und Penninikum ist nicht leicht zu finden, denn die unterostalpinen Decken waren tief vergraben und sind darum teilweise stark metamorph und mobilisiert worden, so dass sie heute metamorphe Gesteine und Strukturen aufweisen, die sehr ähnlich denjenigen der penninischen Decken sind. Wie schon erwähnt, sind die Dent Blanche und Monte Rosa Decken tektonische Einheiten des südlichen Tethysrandes und sollten deshalb mit den Ostalpen korrelierbar sein. Unser grosser Meister Emile Argand reihte sie aber unter die übrigen penninischen Decken des Wallis ein. Eine ebenbürtige Kontroverse rankte für Jahre um die Margna Decke: Sie wurde als penninisch angesehen, da sie tektonisch unter einer penninischen Ophiolithmélange liegt. Heute wird sie ins Ostalpin gestellt, da ihre Sedimentabfolge auf eine paläogeographische Lage am Südrand der Tethys hindeutet.

Der Metamorphosegrad der Gesteine in der Monte Rosa Decke verrät eine Entstehungstiefe von etwa 100 km. Dasselbe gilt für die Gesteine der Sesia-Lanzo Zone. Kontinentales Grundgebirge beider Einheiten wurde entlang einer Benioff Zone während der Frühen Kreide hinuntergeschoben. Später, als die ozeanische Lithosphäre schon verschluckt war, stieg diese tief subduzierte kontinentale Lithosphäre wieder auf. Dabei fanden tektonisches Zerbrechen und Vermischen statt, und es bildeten sich die Mélanges, die heute die Monte Rosa Decke einhüllen. Wie im Osten die ostalpinen Decken das Penninikum überfahren haben, so sind im Westen diese südlichen Grundgebirgspakete auf und über die penninischen Kristallindecken geschoben worden.

Subduktion von kontinentaler oder ozeanischer Lithosphäre kann silikatische Gesteine in Tiefen bringen, wo partielles Schmelzen möglich ist. Vulkanismus und Granitintrusionen sind darum häufige Phänomene in der geologischen Entwicklung der Überfahrenden Platte am aktiven Kontinentalrand. In der Geschichte der Alpen finden wir aber sehr wenig Anzeichen solcher Aktivität. Der Bergeller Batholith ist eine solche Intrusion, und es macht den Anschein, als sei er über die unteren penninischen Decken geschoben worden, gleichzeitig aber hat er in seinem Dach die überlagernden Gesteine injiziert.

Südlich der wichtigen tertiären Bruch- und Scherzone (Tonale Linie etc.) liegen die Südalpen. Die Stratigraphie ihrer Sedimente ist nahe verwandt mit jener der Ostalpinen Decken. Beide stammen also vom Südkontinent. Da die Südalpen die Schweiz nur im südlichsten Tessinerzipfel berühren, werden sie in diesem Buch nicht weiter erwähnt.

Fragen:

1. Welche geologischen Befunde erlaubten Marcel Bertrand die Deckentheorie vorzuschlagen? Was war die Hypothese von Escher und Heim? Weshalb ist heute die Deckentheorie anerkannt?

2. Was impliziert die Deckentheorie bei der Auslegung der Paläogeographie? Was bedeuten "intern" und "extern" in der geologischen Literatur der Alpen? Unter welchen Umständen bedarf die einfache Regel von paläogeographischer Position und Stellung im Deckenstapel einer sorgfältigen Prüfung und weshalb?

3. Helvetikum, Penninikum und Ostalpin sind die drei wichtigsten tektonischen Einheiten in den Schweizer Alpen. Welches ist deren paläogeographische und tektonische Bedeutung?

4. Was für Decken gibt es, und was sind die Unterscheidungsmerkmale?

5. Welches sind die strukturellen Deformationsstile der Morcles, Diablerets und Wildhorndecken? Ziehen Sie Vergleiche zur Glarner Hauptüberschiebung.

IV Das Helvetikum

Regression und **Transgression** sind geologische Ausdrücke für einen Rückzug, respektive Vorstoss, der Küstenlinie. Wenn durch Sedimentation aufgelandet wird, wandert die Küste meerwärts, sie zieht sich zurück. Diesen Prozess nennt man Regression. Wenn dagegen ein Küstenstrich langsam überflutet wird, wandert die Küstenlinie landwärts, man spricht von einer Transgression. Ursachen für diese Bewegungen kann eine Meeresspiegelschwankung (Eishaushalt der Polkappen durch Klimaänderungen), eine Vertikalbewegung der Küstenregion oder eine Änderung der angelieferten Sedimentmenge sein. Die Ablagerung von Küstensand oder seichten Kalksedimenten auf eine erodierte Oberfläche sind typische Anzeichen von Transgression. Als Resultat einer solchen Transgression überlagert ein Flachwassergestein ältere Serien verschiedenen Alters. Der Kontakt dieser zwei Gesteinskomplexe stellt eine Schichtlücke dar, d.h. es fehlen Gesteinsäquivalente für eine bestimmte Zeit. Wir reden von einer **Diskordanz** oder einem **Hiatus**. Falls die obere Einheit kontinuierlich tiefere Elemente anschneidet, die durch die vorangegangene Verwitterung und Erosion eingeebnet wurden, entsteht eine **Winkeldiskordanz** (angular unconformity).

Dieses Kapitel handelt von zwei ungleichen Diskordanzen: Die vortertiäre Diskordanz als Zeugnis einer marinen Transgression; und die Diskordanz unter der obersten Kreideformation (Wangschichten), welche uns eine ganz andere Geschichte, nämlich von submariner Erosion, erzählt.

Die Einsiedler Schuppenzone.

Die Sihl fliesst parallel zum Zürichsee und vereint sich mit der Limmat hinter dem Landesmuseum in Zürich. Der heutige Lauf dieses Flusses kann mit dem Rückzug der letzten Gletscher in Verbindung gebracht werden. Der Limmatgletscher bedeckte einst das ganze Zürichseebecken inklusive der Stadt Zürich, und die Sihl war eine Entwässerungsrinne zwischen dem Gletscher und seiner Seitenmoräne. Fahren wir heute das Sihltal hinauf, so durchqueren wir die mittelländische Molasse, die subalpine Molasse und den subalpinen Flysch und gelangen zum Sihlsee bei Einsiedeln. Nordwestlich Euthal am Ufer des Sihlsees sind vier auffällige Felsrippen erkennbar, gegen das Sattelchöpfli hinauf ziehend. Diese **Nummuliten**-Kalkbänke sind schon Arnold Escher, dem ersten Geologieprofessor an der ETH, aufgefallen. Seine geologische Skizze (Fig. 4.1) wurde später von Franz Joseph Kaufmann, einem weiteren Pionier der Alpengeologie, publiziert. Die meist überwachsenen weichen Gesteinspakete zwischen den Nummulitenkalkbänken bestehen aus dunkelgrauen Mergeln. Die Nummuliten sind eine Gruppe von grossen Foraminiferen, d.h. Einzellern. Ihre Kalkschalen sind scheibenförmig und haben einen Durchmesser von bis zu mehreren cm. Sie entwickelten sich im Tertiär.

Im Jahre 1848 besuchte der schottische Geologe Murchison, Begründer der modernen Stratigraphie, zusammen mit Escher das Sihltal. MURCHISON (1849) nahm an, dass diese Mergel zwischen den Kalkbänken eingelagert sind und deshalb ebenfalls dem Tertär angehörten. Wie wir im nächsten Kapitel sehen werden, wurden aber tertiäre Mergelserien von Bernhard Studer als Flysch bezeichnet. Obwohl Escher, mit der Gegend vertraut, an Komplikationen dachte (vgl. KAUFMANN 1877, p.113), respektierte er die Ansicht des auswärtigen Experten.

Nummuliten sind verbreitete Fossilien in diesen Kalksteinen. MAYER-EYMAR (1877) korrelierte die Nummulitenfauna von Einsiedeln mit dem "Parisien" (*Lutetian*) des Pariser Beckens, welches als Mitteleozän datiert wurde. Daraus folgerten die Geologen des letzten

Jahrhunderts, dass die "Einsiedler Schichten" eben Mitteleozän sind (KAUFMANN 1877; HEIM 1908).

Als dann später eine Kreidefauna in den Mergellagen gefunden wurde, widersprach das der stratigraphischen Paläontologie. Wenn die Kalk- und Mergelbänke eine kontinuierliche Ablagerungssequenz darstellen, muss die ganze Serie entweder Kreide- oder Tertiär-Alter haben. Das Kreide Alter schien unzweifelhaft, konnte doch ein Ammonit gefunden werden, und die Ammoniten starben ja bekanntlich am Ende der Kreidezeit aus. Deshalb postulierte Louis Rollier, Stratigraphieprofessor an der ETH, an der Zürcher Tagung der Schweizerischen Naturforschenden Gesellschaft 1918, dass die Einsiedler Nummuliten sich in der späten Kreide entwickelt hätten. Dieser allzu simplen Erklärung widersprachen sogleich die anwesenden Geologen wie Hans Schardt und Maurice Lugeon und zogen eine Überschiebung von Kreidemergeln auf Tertiärkalke in Erwägung.

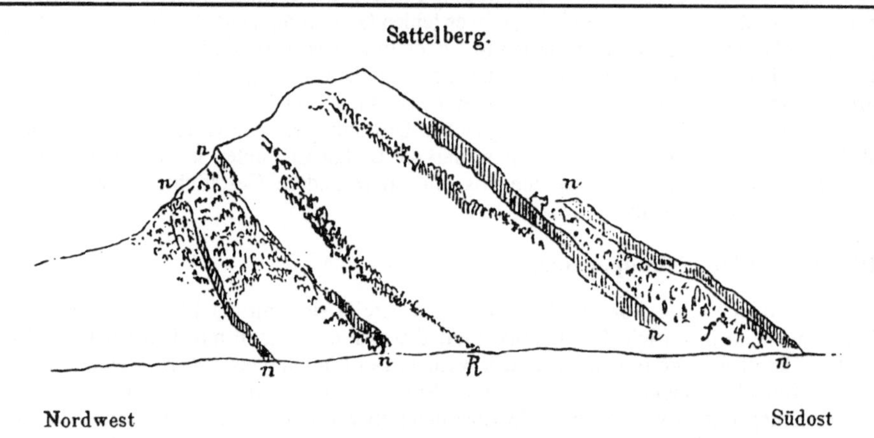

Fig.4.1 Einsiedler Schuppenzone zwischen Steinbach und Euthal (KAUFMANN 1877). f: Foraminiferenschiefer, n: Nummulitenkalk, R: Runse, in f eingeschnitten.Die vier Rippen von Nummulitenkalk gehören zu vier verschiedenen Schuppen. Die merge ligen Zwischenlagen bestehen nicht nur aus Globigerinenschiefern, auch Amdener mergel der Oberkreide stehen an (Erklärung im Text)

Obwohl Arnold Heim eine tektonische Erklärung bevorzugte, konnte er doch keine Überschiebungsflächen zwischen Mergel und Kalk erkennen. Zusammen mit Rollier schrieb er die Monographie über "kretazische Nummuliten" (1923) und die irrige Annahme, Mergel und Kalke gehörten zu ein und derselben Formation, wurde für weitere 10 Jahre verteidigt. Übrigens wurden nirgendwo, ausser in den tektonisch sehr komplizierten Alpen, je Nummuliten in möglicherweise kretazischen Gesteinen gefunden.

Die Situation wurde noch wirrer, als in den Mergeln eine **Globigerinen** Fauna aus dem späten Eozän gefunden wurde. Die Mergel sind also mindestens teilweise Eozänen Alters, nur wenig jünger als die Kalkbänke (Leupold, 1937). Gibt es dann doch tertiäre Ammoniten? Nein, das Paradox konnte endlich gelöst werden, als JEANNET, LEUPOLD und BUCK (1935) die Idee von Escher, Schardt, Lugeon und Heim wieder aufnahmen und die Möglichkeit von tektonischen Komplikationen in Betracht zogen. Eine genaue Studie der Nummulitenfauna in den 4 Kalkbänken zeigte, dass diese identisch sind und keine Entwicklungsstadien der Fauna andeuten, was ja bei sukzessiver Ablagerung zu erwarten wäre. Die identische Fauna in den 4 scheinbar sukzessiv abgelagerten Kalkbänken ist ein deutliches Zeichen, dass eine einzige Kalkbank tektonisch verschuppt wurde. Murchison irrte also, die "Einsiedler Schichten" sind keine Formation.

Wolfgang Leupold benannte die Serie 1937 Einsiedler Flysch, da dieser Begriff in den Schweizer Alpen schon anderweitig als tektonische Einheit verwendet wurde (Wildflysch). Leupold erkannte, dass der Einsiedler Flysch eine tektonische Mischung ist. Die drei dazugehörenden Formationen sind von oben nach unten:

Obereozäne Globigerinenmergel
Mittel und Untereozäne Nummulitenkalke
Oberkretazische Amdenermergel (Senonian).

Der fossile Ammonit wurde in den Amdener Mergeln gefunden, und die Eozänen Gesteine am Ufer des Sihlsees überlagern diese mit einem zeitlichen Abstand, die Schichtlücke ist im Aufschluss kaum wahrnehmbar. Das Auftreten der 4 Kalkbänke innerhalb der Mergel verrät ein mehrfaches Überschieben der Kreidemergel auf die Eozänformationen. Solche kleinräumige tektonisch bedingte Repetitionen werden **Schuppenzonen** genannt.

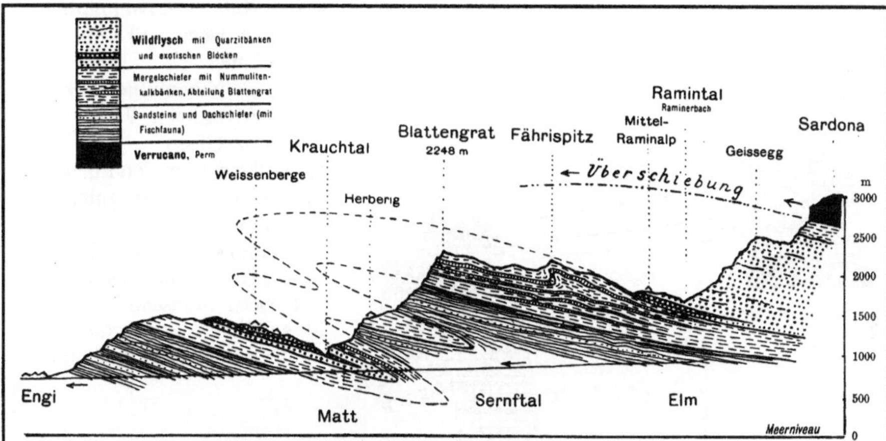

Fig. 4.2 Blattengrat Schuppenzone auf der Rechten Talseite der Sernf. (OBERHOLZER 1933)
Die vier Nummulitenkalkbänke am Blattengrat, wie jene bei Einsiedeln in Fig. 4.1, gehören zu verschiedenen Schuppen. Der Wildflysch unter dem Piz Sardona wird heute als tektonische Mischung von Formationen der Kreide betrachtet. Diese ultrahelvetische Einheit wurde auf das Helvetikum überschoben bevor, dieses gefaltet wurde (vgl. Kapitel V). Am Gipfel des Sardona findet sich die höchste tektonische Einheit, der permische Verrucano der Glarner Decke (vgl. Kapitel III).

In den 50er Jahren wurde Flysch lediglich als **lithostratigraphische,** nicht aber als tektonische Einheit aufgefasst, und in der Folge musste der "Einsiedler Flysch" erneut umgetauft werden. Die Einsiedler Schichten sind keine Formation, sie sind verschuppte Pakete von drei verschiedenen Formationen. Darum heisst diese gestörte Zone am rechten Ufer des Sihlsees die "Einsiedler Schuppenzone". Solche verschuppten oder dachziegelartig aufgestauten Zonen sind recht häufig in der Stirnregion von Abscherungsdecken. Diese voralpine Schuppenzone kann gegen Osten weiterverfolgt werden ins Glarner Sernftal, wo am Blattengrat ebenfalls 4 Nummulitenkalkbänke aufgeschlossen sind (Fig. 4.2). Diese "Blattengratschichten", von Leupold (1937) "Blattengrat Flysch" genannt, heissen heute ebenfalls "Blattengrat Schuppenzone".

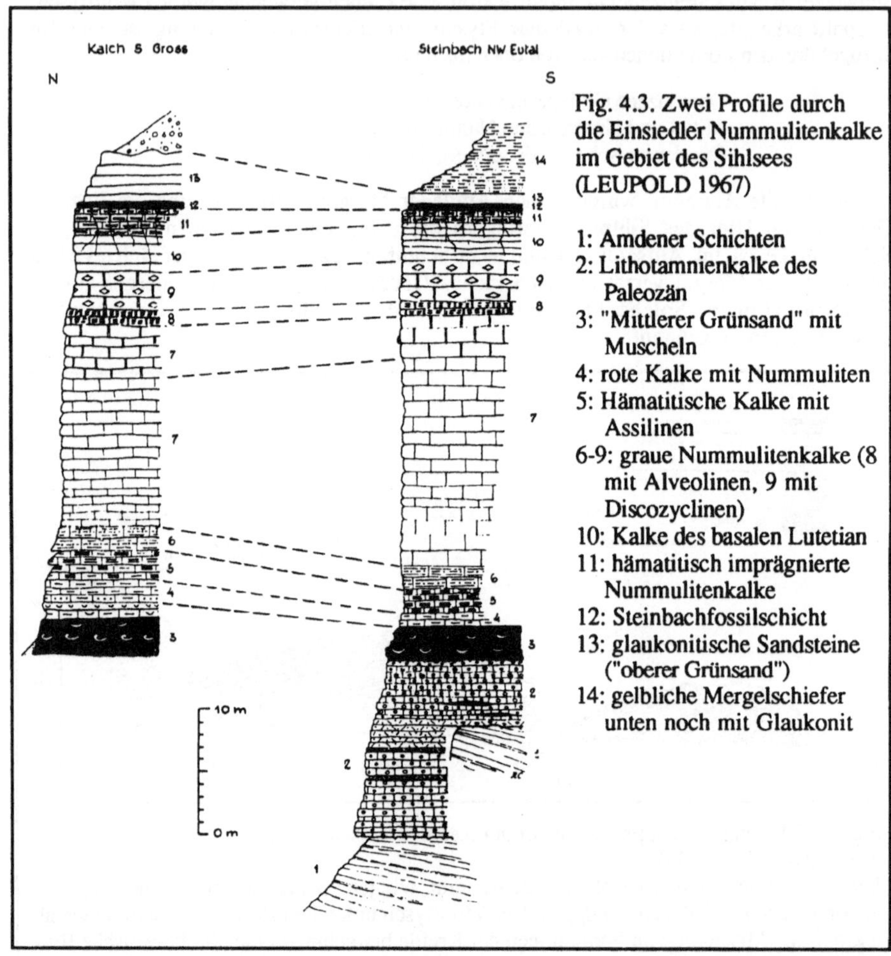

Fig. 4.3. Zwei Profile durch die Einsiedler Nummulitenkalke im Gebiet des Sihlsees (LEUPOLD 1967)

1: Amdener Schichten
2: Lithotamnienkalke des Paleozän
3: "Mittlerer Grünsand" mit Muscheln
4: rote Kalke mit Nummuliten
5: Hämatitische Kalke mit Assilinen
6-9: graue Nummulitenkalke (8 mit Alveolinen, 9 mit Discozyclinen)
10: Kalke des basalen Lutetian
11: hämatitisch imprägnierte Nummulitenkalke
12: Steinbachfossilschicht
13: glaukonitische Sandsteine ("oberer Grünsand")
14: gelbliche Mergelschiefer unten noch mit Glaukonit

Eingeschaltet in diese Kalksteinbänke ist ein grüner Sandstein (Fig. 4.3), schon 1851 von Bernhard Studer erkannt, und er hat auch vor Verwechslungen mit dem verbreiteten Kretazischen Grünsand, "Gault" (heute: Garschella Formation), in den Helvetischen Decken gewarnt. Die Farbe stammt bei beiden Gesteinen vom tiefgrünen Mineral **Glaukonit**. Der "Gault" hat eine Ammonitenfauna der mittleren Kreide geliefert, sowohl unterhalb wie auch oberhalb befinden sich Formationen mit Ammoniten. Der Grünsand der Einsiedler und Blattengrat Schuppenzonen enthalten jedoch nur Grossforaminiferen der Gattung *Assilina*, einer Verwandten der Gattung *Nummulites*. Das Alter ist frühes Tertiär. Diese Nummulitenkalk-Grünsand Formation ist im östlichen Helvetikum überall leicht erkennbar, jedoch nicht durchwegs gleichen Alters und nicht immer von Amdener Mergeln unterlagert.

Es ist Arnold Heim schon 1908 aufgefallen, dass diese tertiäre Kalk/Sand Formation in einer tektonisch tieferen Einheit jünger ist, die dazugehörende Kreide aber älter als hier bei Einsiedeln. Bekanntlich stammen ja die Gesteine von tektonisch höheren Einheiten aus einem südlicheren Ablagerungsraum, wie auch die paläogeographische Rekonstruktion (Fig.4.4) verdeutlicht. Im Kettenjura liegen Eozäne Quarzsande und bauxitische Tone direkt auf Jura-Gesteinen. Im tieferen Helvetikum (Wagetenkette und Mürtschen-Decke) ist unsere Nummuliten/Grünsandformation mittleres Eozän und überlagert den Seewerkalk, eine Formation der späten Kreide (Cenomanian, Turonian, Coniacian),(HEIM 1908, p.:61/65). Nachdem das Alter der Amdener Mergel innerhalb der Schuppenzone festgelegt war, konnte auch die vortertiäre Diskordanz besser verstanden werden. In der Axen-Decke, der nächsthöheren Einheit im Helvetikum, transgrediert der Nummulitenkalk auf bedeutend später abgelagerte Amdener Mergel des Santonian/Campanian (HERB 1988). In der Einsiedler Schuppenzone überlagert ein Nummulitenkalk des frühen Eozäns die Amdener Mergel. In der höchsten helvetischen Einheit, der Drusberg-Säntis-Decke, finden wir paläozäne Grünsande diskordant über Amdener Mergel oder über der höchsten Kreideformation (Maastrichtian), den Wang-Schichten (LEUPOLD 1967, STACHER 1980).

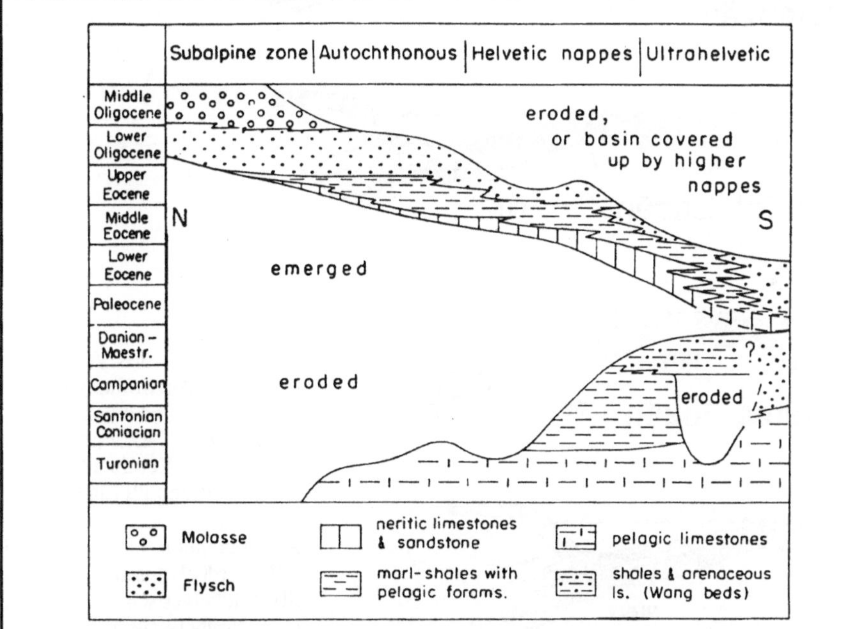

Fig. 4.4. Transgressive Diskordanz an der Basis des Tertiärs (aus TRÜMPY 1960) Der basale Nummulitenkalk und/oder Grünsande über der Erosionsfläche sind im Ultrahelvetikum Paleozän und werden gegen das Autochthon jünger, bis spätes Eozän. Die Kreideserie unter der Diskordanz hingegen wird in derselben Richtung immer älter.

Über der Nummulitenkalkbank befindet sich die Formation der Globigerinen Mergel. Es handelt sich um ein **hemipelagisches** Sediment, d.h. mindestens die Hälfte der Sedimentpartikel besteht aus Schwebestoffen und Fossilresten schwimmender oder driftender Organismen. Es hat eine Vertiefung des Meeres stattgefunden, für die Flachwassertiere wie

Nummuliten und Assilinen war der Lebensraum zu tief geworden. Die Sedimentation von Quarzsand und Karbonaten wurde abgelöst durch Ablagerung von Silt und Ton-Partikeln und Fossilschalen von treibenden Einzellern, eben den *Globigerinen*. Im Gegensatz zu den Nummuliten sind die einzelligen Globigerinen viel kleiner, ihre Schalen überschreiten selten die Grösse von 1mm, und sie sind nicht Bodenbewohner, also **benthisch**, sondern schwimmen oder besser treiben im Oberflächenwasser, sie leben also **planktonisch**. Auch die Globigerinen Mergel sind nicht überall gleich alt. Derselbe Trend kann beobachtet werden: Die Mergel der höchsten Deckeneinheiten sind die Ältesten (Fig.4.4).

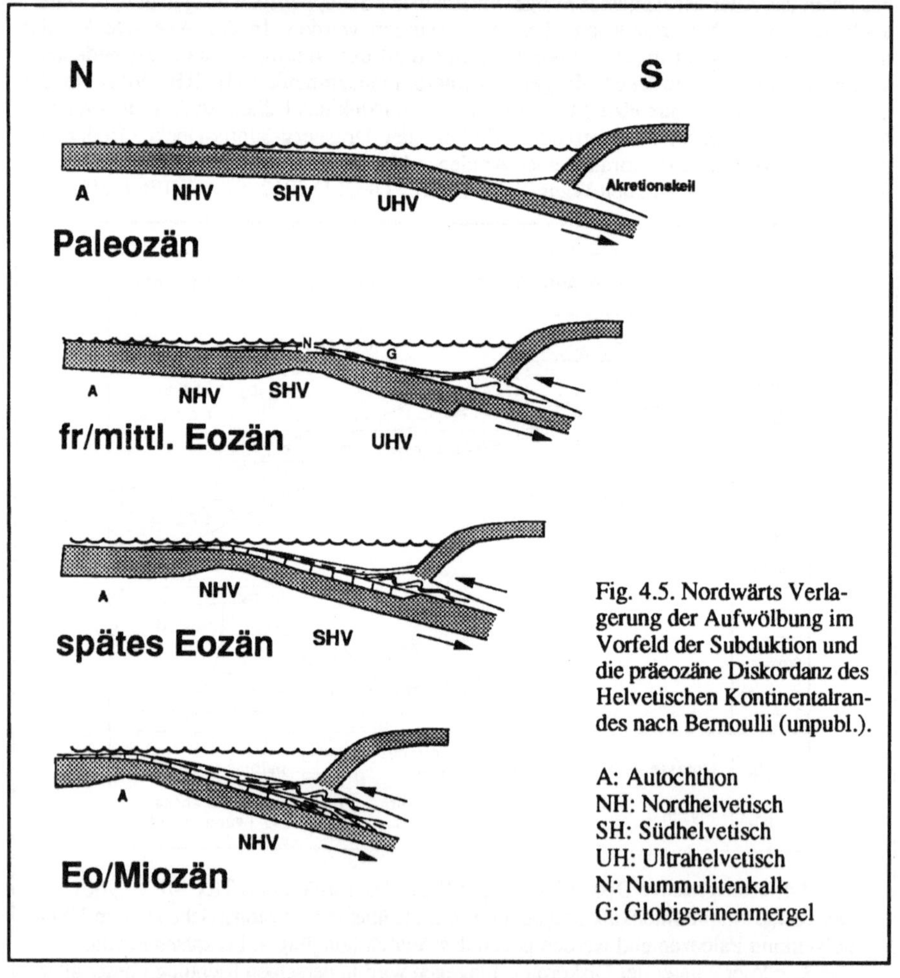

Fig. 4.5. Nordwärts Verlagerung der Aufwölbung im Vorfeld der Subduktion und die präeozäne Diskordanz des Helvetischen Kontinentalrandes nach Bernoulli (unpubl.).

A: Autochthon
NH: Nordhelvetisch
SH: Südhelvetisch
UH: Ultrahelvetisch
N: Nummulitenkalk
G: Globigerinenmergel

Die stratigraphische Abfolge am Nordrand dieses frühtertiären Tethys Ozeans erzählt von einer Hebung mit Erosion, bevor eine kontinuierliche Absenkung die Ablagerung der Kalke und Sandsteine und endlich der Globigerinen Mergel erlaubte. Dieser Unterbruch der seit der frühen Kreide anhaltenden Subsidenz wurde von Rudolf Trümpy (1973) die "Paläozäne Restauration" genannt. Die Restauration erfolgte nicht überall gleichzeitig. Der nördlichste

Teil des Kontinentalrandes blieb vorerst über dem Meeresspiegel und wurde erst etwa 15 Mio Jahre nach der Erosion und Transgression im südlichen Helvetikum überschwemmt.

Unser Kollege Daniel Bernoulli hat eine Erklärung dieser "Paleozänen Restauration" im Rahmen der Plattentektonik vorgeschlagen. Die Erosionsdiskordanz (Fig.4.4) deutet auf eine Hebung des helvetischen Raumes zu Beginn des Tertiärs. Bernoulli führt die Hebung auf eine Aufwölbung des europäischen Kontinentalrandes zurück, als die europäische Platte unter die mediterrane (adriatische) Platte geschoben wurde.

Wir glauben heute, dass der Tethys-Ozean seit der frühesten Kreide unter einen südlichen Kontinent subduziert wurde (vgl. Kapitel XII). Gegen das Ende der Kreide war die Ozeanplatte praktisch verschluckt, und der europäische Kontinentalrand näherte sich dem südlichen Tethysrand. Da die kontinentale Lithosphäre eine erhöhte Festigkeit aufweist, kam es im helvetischen Bereich zu dieser Aufwölbung der untertauchenden Platte. Während die letzten Reste des Ozeans im Paleozän in der Subduktionszone verschwanden, wurde ein Gebiet nördlich des äusseren Randes nach oben gebogen (Fig. 4.5a). Die Küstenlinie lag im Bereich der ultrahelvetischen Sedimentation, wobei paleozäne neritische Kalke und Flachwassersande geschüttet wurden. Mit der Annäherung an die Benioffzone im frühen Eozän wurde dieser ultrahelvetische Bereich wieder nach unten gebogen und am aktiven Kontinentalrand stellte sich eine Flyschsedimentation der Tiefsee ein. Die Aufwölbung und mit ihr die Küstenlinie wanderte nordwärts in den südhelvetischen Bereich, wo die unter- und mitteleozänen Nummulitenkalke und Grünsande abgelagert wurden Fig. 4.5b). Durch die fortwährende Subduktion wanderte die Aufwölbung im späten Eozän bis gegen die autochthonen Gebiete (Fig. 4.5c, d). Gleichzeitig wurden in tieferem Wasser Globigerinenmergel und Flysch auf die alten Küstensedimente des Südhelvetikums abgelagert. Der autochthone Raum wurde zuletzt subduziert und war deshalb am längsten der Erosion ausgesetzt. Dadurch sind hier am meisten ältere Sedimente wegerodiert worden, bevor die eozäne Transgression einsetzte. Somit wurde ein halbes Jahrhundert nach den Beobachtungen der klassischen Alpengeologen durch die neue Generation eine befriedigende Erklärung im Rahmen der neuen Theorien gefunden.

Die Wang "Transgression".

Wir kennen nicht nur die Diskordanz an der Kreide-Tertiär Grenze, sondern eine weitere innerhalb der späten Kreide, wie bereits 1886 von KAUFMANN und 1908 von HEIM beschrieben. Die Wang Formation (Maastrichtian) überlagert Gesteine verschiedenster Alter, von der späten Kreide bis zum mittleren Jura (Fig.4.6). Im Gegensatz zur Tertiärtransgression sind die Wangschichten aber keine Küstenablagerungen. Die Kalkschiefer enthalten nämlich planktonische Foraminiferen, recht häufig jene der Gattung *Globotruncana*. Mikropaläontologen haben anhand der Verteilung von bodenbewohnenden und schwimmenden Formen, d.h. dem Verhältnis Benthoniker zu Planktoniker, festgestellt, dass es sich hier um Tiefseesedimente handeln muss, mindestens mehrere hundert Meter tief abgelagert (OBERHÄNSLI 1978, STACHER 1980). Dasselbe Resultat liefert die Analyse der benthonischen Formen, welche grösstenteils als Tiefseebewohner bestimmt wurden. In Anbetracht ihres hohen Ton- und Siltgehaltes wurden die Sedimente wahrscheinlich nicht sehr weit vom Ufer deponiert, und das terrigene Material wurde offenbar auch nicht weit von der Küste weg transportiert.

Man beachte, dass die Formationen der Oberkreide gegen Süden ausdünnen und im Ultrahelvetikum ganz fehlen. Die Vor-Wangerosion wird durch submarine Erosion des Kontinentalrandes während der späten Kreide erklärt (vgl. Figs. 4.6/7).

Eine weitere Besonderheit der Sedimentation auf dem helvetischen passiven Kontinentalrand ist die Ausdünnung der Oberkreide-Formationen gegen Süden (Fig. 4.6).

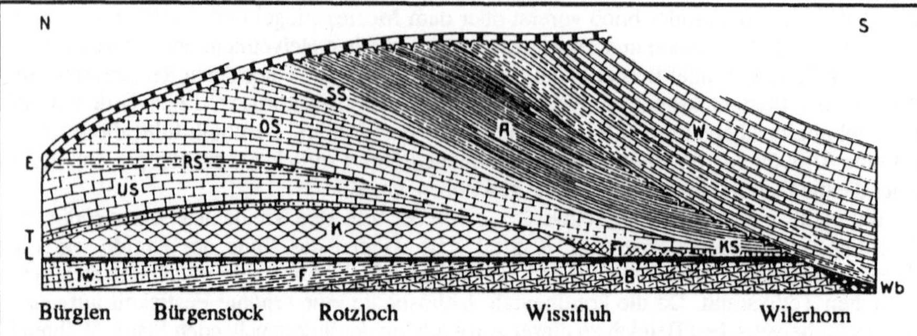

Fig. 4.6. Vorknollenschichten-, Vorwangschichten- und Voreozäne Diskontinuität. Nicht massstäblich (BOLLI 1944).
E: Eozän, W: Wangschichten, Wb: Wangbrekzie, A: Amdenerschichten,
SS–US: Seewerschichten (KS: Konglomeratischer Seewerkalk), T: Turrilitenschichten,
KS: Knollenschichten, Fi: Fidersbergschichten, L: Lochwaldschicht,
Tw: Twirrenschichten, F: Fluhbrigschichten, B: Brisibrekzie.

Wie im letzten Kapitel bereits diskutiert, erwarten wir bei normaler Schelf-Sedimentation eine gegen aussen vollständigere und demzufolge auch mächtigere Schichtreihe, da dort mit einer erhöhten Subsidenzrate zu rechnen ist. Die Mächtigkeiten der Jura und Unterkreide-Formationen im Helvetikum gehorchen mehrheitlich dieser Regel (Fig. 4.7). Gegen Ende der frühen Kreide (spätes Aptian/Cenomanian) setzte eine verstärkte Subsidenz am Kontinentalrand ein, so dass die Sedimentation mit der Absenkung nicht mehr Schritt halten konnte. Die Karbonatplattform (Schrattenkalk) versank, glaukonitische Mergel und Sande (Knollenschichten und Turrilitenschichten in Fig. 4.6) wurden abgelagert, gefolgt von pelagischen Kalken (Seewerkalk) und hemipelagischen Mergeln (Seewerschiefer, Amdener Mergel, Wang Formation). Wo früher Schelf war, entstand Kontinentalabhang oder gar Tiefsee. Die Mächtigkeiten dieser Tiefsee-Sedimente nehmen aber gegen das Becken hin ab, weshalb wir heute in den höheren helvetischen Decken weniger mächtige Serien haben. Zudem wird die Kreideserie gegen Süden zunehmend lückenhafter. In der höchsten Decke, der Drusberg–Wildhorn–Decke in der Region Wilerhorn, fehlt die Oberkreide grösstenteils und die Wangformation liegt auf Unterkreide (Fig. 4.6, HEIM, 1908, BOLLI, 1944). Die Schichtlücke ist noch grösser im **Ultrahelvetikum** der *Zone des Cols*. "Ultrahelvetisch" bezeichnet man Sedimente aus dem südlichsten Bereich des helvetischen Kontinentalrandes, wo die Wang Formation direkt auf Malm oder Dogger aufliegt.

Wiewohl der Ausdruck "Wang Transgression" in der Literatur verschiedentlich auftaucht (z.B. STAEGER 1944, BADOUX 1945), sollte man ihn vermeiden, denn es handelt sich keinesfalls um eine Küsten-Überschwemmung. Die älteren Sedimente wurden nicht an Land verwittert und erodiert. An der Basis der Wang Formation, wie auch zwischen drin, findet man Breccien, aber nicht vom Typ grobe Klastika, wie üblich bei Küstentransgressionen, es sind also keine "Transgressions-Breccien". Heidi DIEFFENBACH (1988) konnte schlüssig zeigen, dass die Breccen als Resultat von submarinen Rutschungen an einem steilen Kontinentalabhang zu betrachten sind.

Die Ansicht, dass Erosions-Diskordanzen durchwegs mit Hebung und subaerischer Erosion in Zusammenhang stehen, ist allzu einfach. Aus Tiefseebohrungen am Kontinentalrand weiss man heute, dass auch submarine Erosion zu Diskordanzen führen kann. So liegen z.B. am westafrikanischen Kontinentalrand hemipelagische Sedimente miozänen Alters, die faziell ganz ähnlich jenen der Wangformation sind und diskordant über älteren

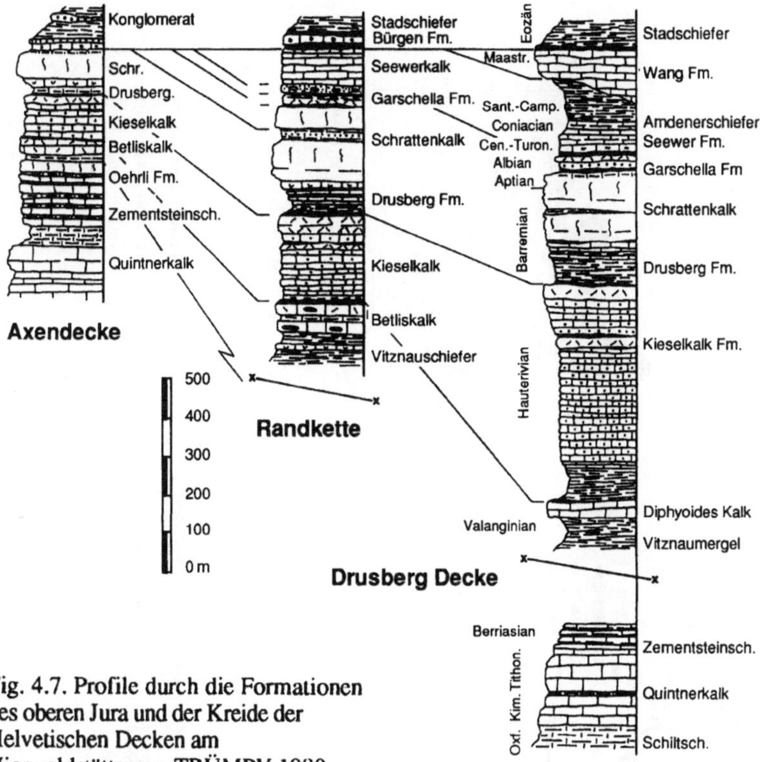

Fig. 4.7. Profile durch die Formationen des oberen Jura und der Kreide der Helvetischen Decken am Vierwaldstättersee, TRÜMPY 1980.

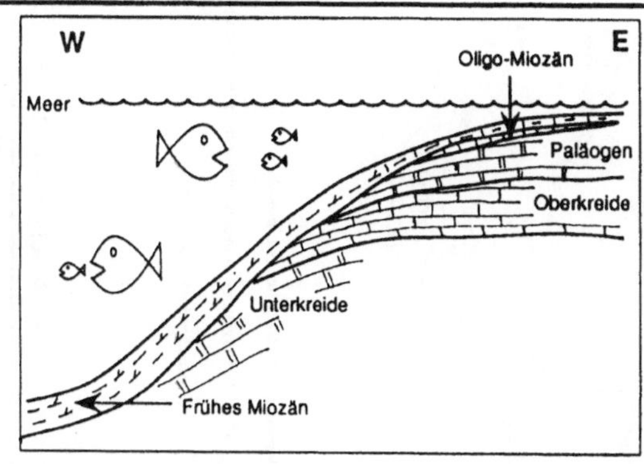

Fig. 4.8. Submarine Erosion am afrikanischen Kontinentalhang.

Die Bodenströmung am Fusse des Kontinentalhanges war zur Zeit des Frühtertiärs stark genug, um tief in die Kreide hinein zu erodieren. Als die Strömung im frühen Miozän etwas nachliess, wurden hemipelagische Sedimente auf dem bis in die frühe Kreide entblössten Boden deponiert. Diese Vormiozäne Diskordanz wird als aktualistisches Analogon zur Diskordanz der sogenannten "Wangtransgression" angesehen.

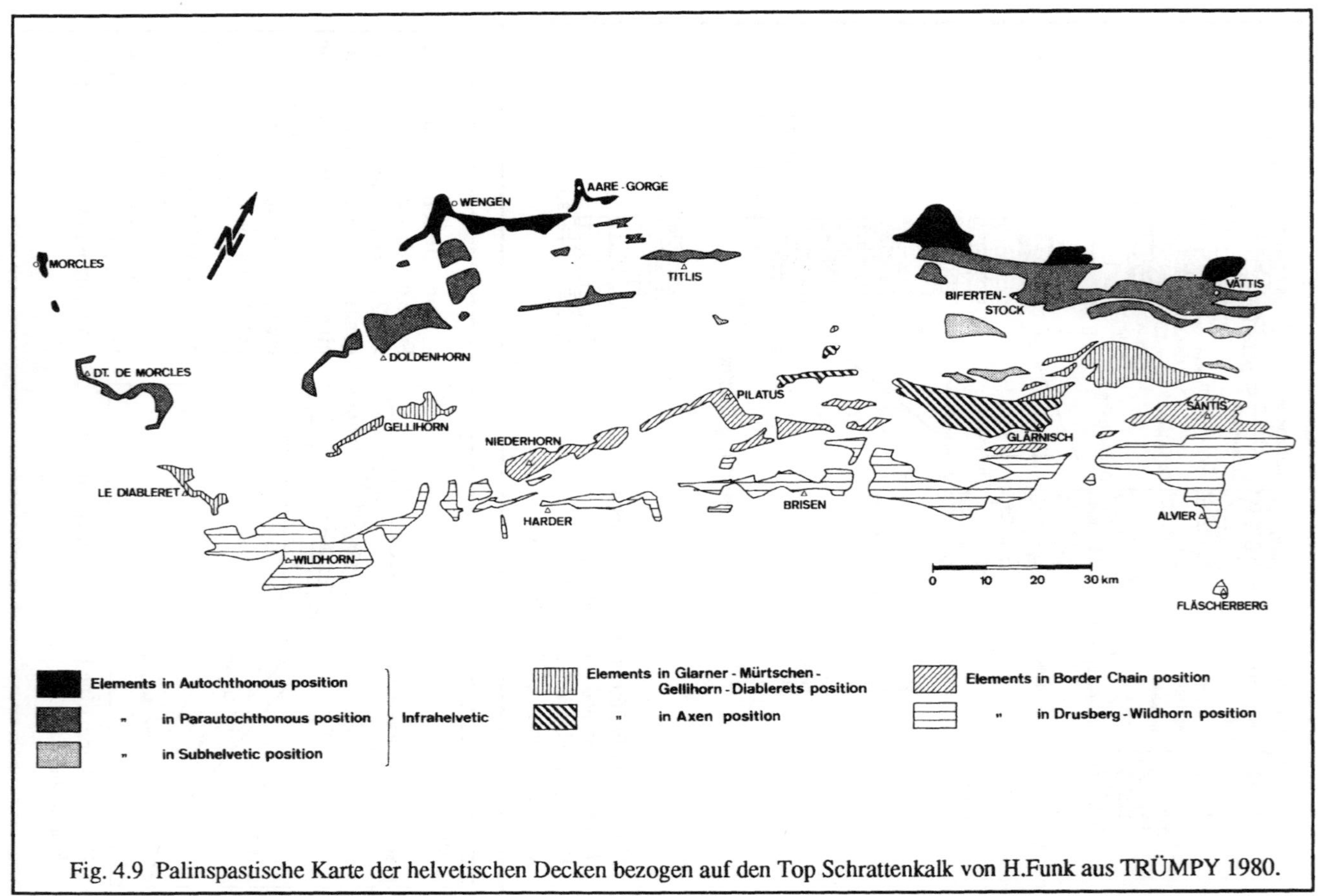

Fig. 4.9 Palinspastische Karte der helvetischen Decken bezogen auf den Top Schrattenkalk von H.Funk aus TRÜMPY 1980.

Tiefseeablagerungen (frühes Tertiär bis Jura, Fig. 4.8) liegen. Jener Kontinentalrand war aber nie über die Meeresoberfläche aufgetaucht und erodiert worden. Die vormiozäne Erosion muss durch starke Bodenströmungen am Fusse des steilen Kontinentalabhanges entstanden sein (Hsü, 1982). Solche Strömungen werden auch "**contour currents**" geannnt, da sie parallel zu den Tiefenkurven fliessen. Sie sind stark genug, ältere Tiefseesedimente aufzuschlämmen und wegzutragen. Erst als die Strömungen im Miozän etwas nachliessen, konnte hemipelagisches Material auf Sedimente verschiedenen Alters wieder abgesetzt werden. Wir glauben, dass die Wang Formation unter ähnlichen Bedingungen sedimentiert wurde, wie sie im Miozän am westafrikanischen Kontinentalrand geherrscht haben müssen.

Das Übersteilen des Kontinentalabhanges als Folge von submariner Erosion führte zu vermehrtem gravitativem Abgleiten von unkonsolidierten Sedimentpaketen (slumping). Bereits verfestigtes Material wird zerbrechen und als grobe eckige Fragmente weiter unten deponiert, weicheres Material gleitet unter Ausbildung von Fliessstrukturen langsam hangabwärts, und frische Sedimente werden wie eine Lawine, einen Trübestrom bildend, weit ins Becken hinaus transportiert. Die Mischung solcher Fragmente mit Schlamm aus dem Trübestrom ergibt submarine Breccien, wie sie vor West-Afrika erbohrt wurden. Analog dürften die Wangschichten gebildet worden sein.

Die palinspastische Rekonstruktion der helvetischen Paläogeographie.

Das Wort **palinspastisch** wurde 1937 von Marshal Kay geprägt, abgeleitet vom griechischen mit der Bedeutung "zurückgedehnt". Es ist die Darstellung einer früheren Geographie auf der Basis von Geometrie und Stratigraphie derselben Formationen in verschiedenen tektonischen Stockwerken in einem Deckengebirge. Nachdem Marcel Bertrand die vorwiegend nordwestliche Vergenz der Schweizer Alpen festgestellt hatte, gilt für palinspastische Rekonstruktionen folgende einfache Regel: Der Ablagerungsraum von Sedimenten in höheren Decken muss weiter südöstlich angesiedelt werden. Doch ganz so einfach ist es auch wieder nicht. Auch wenn wir alle Komplikationen der Geometrie innerhalb eines Kettengebirges erkennen könnten, und ebenso die Verfrachtungsrichtungen jeder einzelnen tektonischen Einheit, so werden wir wegen der vielen fehlenden (erodierten) Gesteinskörper in grosse Probleme geraten. Eine solche geometrische Rekonstruktion von Decken kann mit einem blinden Puzzle-Spiel verglichen werden. Falls nur wenige Teilchen fehlen, so lässt sich doch der Rest anhand der individuellen Formen noch recht gut zusammensetzen. Sollten jedoch die Hälfte oder gar mehr Teile fehlen, so wird es unmöglich, die vorhandenen Teile zu plazieren, ausser wir hätten eine Vorlage und die Teilchen wären darauf identifizierbar. Angenommen das Gesamtbild würde ein gewisses natürliches Objekt (z.B. einen Ablagerungsraum) darstellen, so bietet das kleine Fragment, wenn nicht von der Form, so doch vom Bild her, genügend Anhaltspunkte, um es ungefähr zu plazieren, und wir sind in der Lage, mit relativ wenig Teilchen ein unbekanntes Gesamtbild zu rekonstruieren. Für uns heisst der Rahmen oder die Vorlage, in welche wir unsere grösseren und kleineren Teilchen einzupassen versuchen: der Ablagerungsraum der Sedimente, d.h. der weitere Kontinentalrand im Nordwesten des damaligen Tethys Ozeans mit seinen vielfältigen **Fazies**-Räumen von der Küste bis zur Tiefsee.

Den Ausdruck Fazies findet man in keinem Sprachwörterbuch, es ist ein spezifisch geologisches Konzept, eigeführt durch Amanz Gressly, wie bereits in Kapitel I erwähnt. Er schrieb 1837:

" ... Ainsi les divers terrains superposés les uns aux autres offrent suivant les diverses régions des ***facies divers bien distincts et bien déterminés*** *qui montrent des particularités constantes et dans la composition des roches et dans les caractères de*

l'ensemble des fossiles, souvent même en opposition directe .... avec les caractères des autres facies du même niveau géologique.

Ces divers facies paraissent résulter des différentes stations de l'Océan qui a déposé les roches de notre Jura. J'ai cru reconnaître ainsi des dépôts littoraux ou de bas-fonds et des dépôts de haute-mer caractérisés dans chaque terrain successif d'une manière particulière et constante."

Und 1838:

"...Je suis parvenu, de cette manière, à reconnaître, dans la dimension horizontale de chaque terrain, des modifications diverses, bien déterminées, qui offrent des particularités constantes dans leur constitution pétrographique aussi bien que dans les caractères paléontologiques de l'ensemble de leurs fossiles, et qui sont assujetties à des lois propres et peu variables.

*Et d'abord il est deux faits principaux, qui caractérisent partout les ensembles de modifications que j'apelle **facies** ou aspects de terrain: l'un consiste en ce que tel ou tel aspect pétrographique d'un terrain quelconque suppose nécessairement, partout où il se rencontre, le même ensemble paléontologique; l'autre, en ce que tel ou tel ensemble paléontologique exclut rigoureusement des genres et des espèces de fossiles fréquents dans d'autres facies..."*

Spätere Autoren versuchten, den lithologischen Aspekt vom paläontologischen Aspekt zu trennen und statuierten die **Lithofazies** und die **Biofazies**. Uns interessiert im Moment die Lithofazies, oder "...the rock record of any sedimentary environment" (MOORE, 1949). Da zu jeder Zeit verschiedene sedimentäre Umwelten stattfinden, widerspiegeln die verschiedenen Fazies jeder Zeit eben solche sedimentären Ablagerungen. So ist z.B. das frühe Eozän des helvetischen Kontinentalrandes gekennzeichnet durch die Fazies des Nummulitenkalkes, welcher über Flachwasserkalken mit Algenfossilien liegt und der Grünsandfazies mit Assilinen, der in küstennahen Untiefen oder Sandbänken abgelagert wurde.

Die Bestimmung der Lithofazies eines Sedimentes von bestimmtem Alter ist Voraussetzung für die palinspastische Rekonstruktion. Wo das mittlere Eozän sandig ausgebildet ist, muss diese tektonische Einheit aus dem nördlicheren Teil des Küstenraumes stammen (Autochthon, Nordhelvetikum), wo es aber kalkig ist, muss die tektonische Einheit weiter südlich angesiedelt werden (Südhelvetikum). Wenn dasselbe gar als hemipelagischer Mergel vorliegt, gehört die Einheit zum Ultrahelvetikum.

Die beiden Diskordanzen innerhalb der stratigraphischen Abfolge derselben tektonischen Einheit helfen zusätzlich zu deren Einordnung im ursprünglichen Ablagerungsraum. Endlich kann dann die palinspastische Rekonstruktion überprüft werden, indem man die rekonstruierte helvetische Paläogeographie mit aktualistischen Modellen der Sedimentation an passiven Kontinentalrändern vergleicht.

Seit der Jahrhundertwende versuchten sich Geologen in den Alpen an solchen Rekontsruktionen; so z.B. HEIM (1908). Trotz der sehr ähnlichen Stellung von Wagetenkette und Aubrig, beide von weit her an den Alpenrand verfrachtet, erkannten sie anhand der Sedimentfazies von Kreide und Tertiär, dass erstere vom Parautochthon stammt, letzterer aber zu den höchsten helvetischen Decken gehört.

Die Lage der wichtigsten tektonischen Einheiten des Helvetikums geht aus Fig. 4.10 hervor.Eine palinspastische Synthese der helvetischen Paläogeographie der Ost- und Zentralschweiz (Fig. 4.9) wurde von TRÜMPY (1969) publiziert. Für die Westschweiz haben FERRAZZINI und SCHULER (1979) eine solche erstellt. Eine verbesserte und über die ganzen Schweizer Alpen kompilierte Rekonstruktion stammt von HERB (1988). Der Fazieswechsel am helvetischen Kontinentalrand kommt sehr schön in palinspastischen Profilen zur Geltung (TRÜMPY 1969,1980).

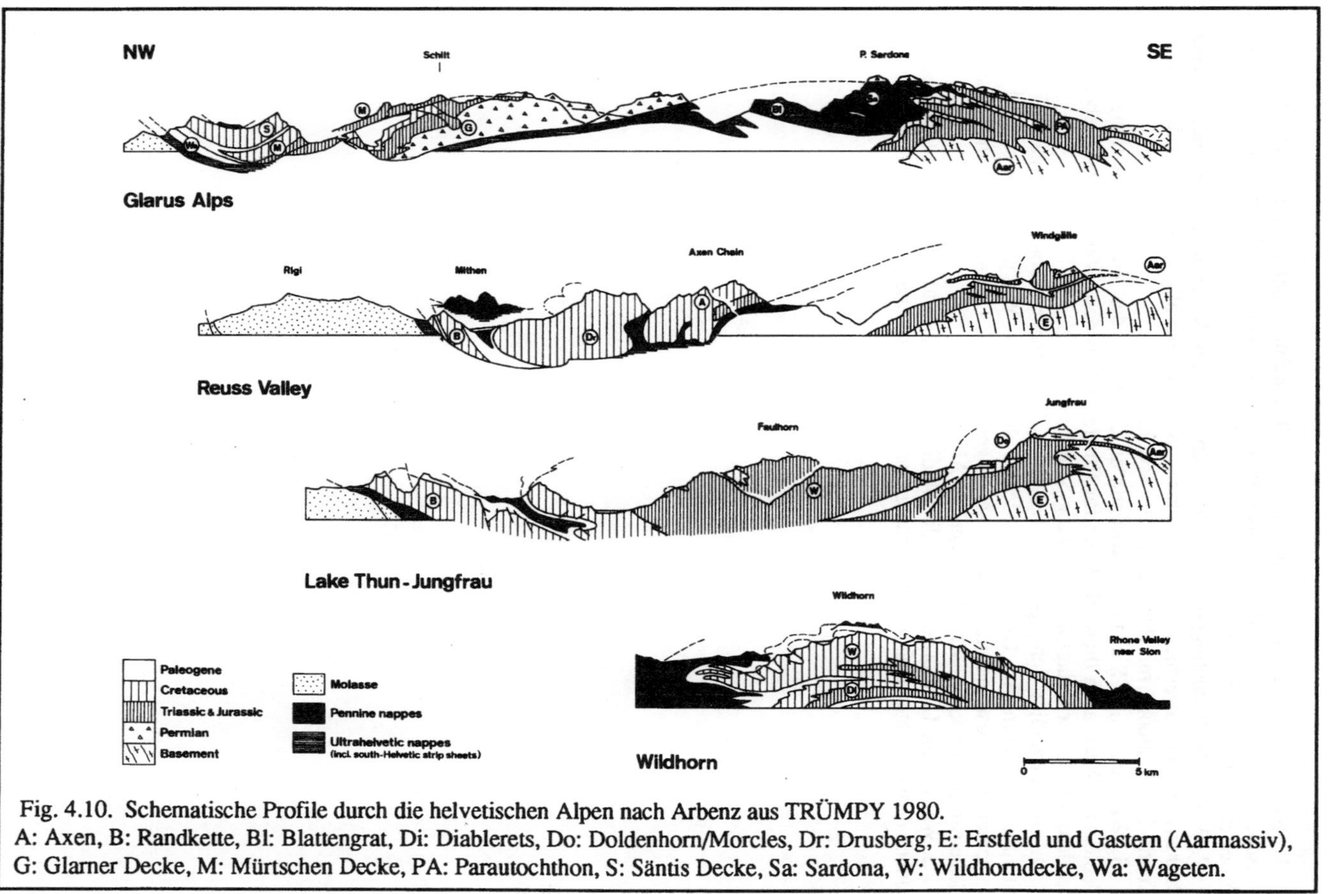

Fig. 4.10. Schematische Profile durch die helvetischen Alpen nach Arbenz aus TRÜMPY 1980.
A: Axen, B: Randkette, Bl: Blattengrat, Di: Diablerets, Do: Doldenhorn/Morcles, Dr: Drusberg, E: Erstfeld und Gastern (Aarmassiv), G: Glarner Decke, M: Mürtschen Decke, PA: Parautochthon, S: Säntis Decke, Sa: Sardona, W: Wildhorndecke, Wa: Wageten.

Fragen:

1. Worauf basiert die Feststellung, die 4 Nummulitenkalkbänke und Mergelzwischenlagen am Ostufer des Sihlsees stellten keine kontinuierliche Ablagerung mit Faziesrepetition , sondern eine Schuppenzone dar?

2. Was ist die Bedeutung der Diskordanz an der Basis des Tertiärs in den helvetischen Decken? Welche Anzeichen deuten auf einen Unterbruch der allgemeinen Subsidenz an der Kreide-Tertiär-Wende, mit Hebung und Erosion, hin?

3. Wie beurteilen Sie die Diskordanz an der Basis der Wang-Formation? Einige Geologen zählten auch diese als Indiz für Emersion (aus dem Wasser herausheben) und Landerosion vor der Ablagerung der Wang-Schichten.

4. Die Einsiedler Schuppenzone besteht aus Amdener-Mergel der späten Kreide, Nummulitenkalken und Globigerina-Mergel des Eozän. Wo glauben Sie, sind diese verschiedenen Gesteine ursprünglich abgelagert worden? (Ablagerungsraum relativ zu Gesteinen anderer tektonischer Einheiten der Alpen.)

5. Was ist eine Lithofazies? Weshalb soll die Analyse der Lithofazies einer tektonischen Einheit dem Geologen eine paläogeographische Interpretation erlauben?

V DER FLYSCH

Was heisst Flysch?

Der Ausdruck Flysch wurde von Bernhard STUDER in seinen beiden Memoiren von 1827 eingeführt, um eine Formation von dunkelgrauen Schiefern mit Sandstein-Zwischenlagen im Simmental zu beschreiben, welche auf einer Oberjura-Einheit auflagert. Später erwähnt er (STUDER 1872), dass "Flysch" im Simmentaler Dialekt für schiefrige Gesteine gebraucht wird. Damit war eine petrografische Beschreibung gemeint, typisch für das 19. Jahrhundert, wo verschiedentlich mit petrografischen Ausdrücken sedimentologische Einheiten gekennzeichnet wurden. Mehrere derartige Gesteinsnamen geistern noch heute herum, wie z.B.: Grünsand, "Coal Measure", Zementsteinschichten etc. Effektiv aber hatte der Begriff Flysch für STUDER (1827) die Bedeutung einer Formation. So schrieb er:

"... *Le fond de la vallée, depuis Erlenbach jusqu'à Zweisimmen, tout le Hundsrücken et le fond de la vallée d'Ablantschen, les Saanenmooser, le fond de la vallée de Rougemont et de Chateau d'Oex, la vallée élevée des Mosses jusqu'à Sepey, toute cette ligne parallèle à la direction des Alpes est occupée par une formation qui se montre en général sous la forme de schistes et de grès gris noiratres.*"–" *Les roches où la structure schisteuse prédomine sont appelées Flysch dans le pays, et nous pouvons sans inconvénient étendre cette dénomination à toute la formation.*"

Es sind zwei Gründe, die den universellen Gebrauch des Namens Flysch ermöglichten:

1. Flyschähnliche Formationen sind weit verbreitet in den Alpen, im Apennin und in den Karpathen. Sie gleichen sich in lithologischer, biologischer und tektonischer Hinsicht, so dass sie noch heute ohne weiteres als eine Übereinheit von Formationen ähnlichen Alters (lithostratigraphisch: Gruppe oder Übergruppe) zusammengefasst werden könnten.

2. Das Fehlen von Grossfossilien, das wichtigste Datierungsmittel des letzten Jahrhunderts, verhinderte eine Differenzierung zwischen verschiedenen Flysch-Formationen, welche deshalb alle in denselben Topf gelangten.

Solange dieser Zustand herrschte, war die Welt in Ordnung. Die erste Unsicherheit entstand, als Arnold Escher mit Erfolg Bernhard Studer überzeugen konnte, dass der alpine Flysch nicht eine petrographische Einheit, sondern eine stratigraphische Formation mit einem bestimmten Alter war. STUDER (1848) beschrieb, wie er mit Escher im Herbst 1833 das Entlebuch besuchte und dort Gesteine fand, die scheinbar identisch waren mit dem Flysch des Simmentales, aber auf Nummulitenkalk auflagerten, gemäss Escher konkordant. Dieser Ansicht war auch MURCHISON (1850), und fortan wurde Flysch als spätes Eozän eingestuft. STUDER (1853) verwendet in seiner Monographie *Geologie der Schweiz* den Ausdruck Flysch zur Bezeichnung von Obereozän-Formationen in den Alpen.

Die obereozäne Flysch Formation lebte weiter bis 1908. Sie basierte ja auf der Annahme, dass der Flysch normal auf dem Nummulitenkalk liegt. Durch die Geburt der Deckentheorie geriet diese Annahme ins Wanken. SCHARDT fand 1898 exotische Elemente von mesozoischem Alter im **Wildflysch** der Zentralschweiz. Wenig später wurden ebenda in einem Paket Leimeren-Schichten *Inoceramus* gefunden (BECK 1911). Diese Entwicklung veranlasste BUXTORF 1908 eine tektonische Platznahme des Habkern-Wildflyschs und des Schlieren-Flyschs auf dem helvetischen Nummulitenkalk zu postulieren.

Der Durchbruch in der Flyschtektonik gelang einem Spezialisten für Eozäne Mikrofossilien. Jean BOUSSAC (z.B. 1909) arbeitete mit Foraminiferen im tektonisch ungestörten Pariser-Becken und erarbeitete eine neue Datierungsmethode. Nun war die

Grundlage für eine Datierung der Flysch-Formationen geschaffen. Sehr schnell realisierte Boussacs Freund Arnold Heim, dass ein beträchtlicher Teil des alpinen Flysches älter sein musste als der Nummulitenkalk und demzufolge einer höheren tektonischen Einheit angehören musste. 1911 formulierte HEIM seine *Deckeneinwicklungs-Theorie*, in welcher er vorschlägt, dass Flysch vor dem Spätcozän als flaches Überschiebungspaket über die helvetischen Sedimente verfrachtet wurde, und er bezeichnete diese Einheiten als Ultrahelvetischen Flysch. Ultrahelvetikum und Helvetikum wurden später gemeinsam verfaltet und überschoben, wo sie heute als einheitlicher Deckenstapel die helvetischen Alpen aufbauen.

Mit dem Fortschritt der Schweizer Geologie in der ersten Hälfte dieses Jahrhunderts konnte die recht komplizierte Flysch-Geologie vor allem durch mikropaläontologische Studien ziemlich gut erfasst werden. Dabei wurden Flysch-Formationen von der frühen Kreide bis ins Oligozän und unterschiedlichster tektonischer und paläogeographischer Stellung unterschieden. Flysch wurde zur lithologischen Bezeichnung in der binominalen litho-stratigraphischen Nomenklatur, meist mit einer geographischen Ortsbezeichnung: Niesen–Flysch, Gurnigel–Flysch, Schlieren–Flysch, Sardona–Flysch, Wägital–Flysch, Prätigau–Flysch, Vorarlberger–Flysch, etc. Einige sind nach ihrer tektonischen Stellung gekennzeichnet, wie Subalpiner–Flysch, Nordhelvetischer–Flysch, Klippen–Flysch, Simmen–Flysch, etc; und wenige Namen beziehen sich auf spezielle Eigenschaften wie Wildflysch, Helminthoiden–Flysch etc. Weiter gibt es noch einige Flysch-Formationen, welche als Sandsteine deklariert sind, da diese relativ wenig oder kaum Schieferlagen enthalten, z.B. Taveyannaz–Sandstein, Matter Sandstein oder Altorfer Sandstein. Trotzdem zeigen alle diese Gesteine einige typische Flyscheigenschaften.

Flysch als wiederkehrende Fazies

Flysch ist eine ganz spezifische Sediment-Fazies. Auch wenn Studer anfänglich versuchte, Flysch als Synonym für graue Schiefer zu benützen, so finden wir zum Teil mächtige derartige Formationen im Helvetikum, die aber nicht als Flysch angesehen werden, wie z.B. im mittleren Jura die Schiefer des Aalenian, in der frühen Kreide die Palfries–Mergel oder im Eozän die Globigerinenmergel. Ebensowenig gehören die mächtigen Bündnerschiefer oder Schistes lustrés des Penninikums zum Flysch. SUJKOWSKI (1957) definierte vor ausländischen Geologen den Flysch als "Faziesbegriff für marine Ablagerungen mit unzähligen, scharf begrenzten Wechsellagen von pelitischen und psammitischen Lagen". Diese einzelnen Schichten können mehr oder weniger mächtig sein, bezeichnend ist aber die Konstanz dieser Mächtigkeit über weite Gebiete und die scharfe Untergrenze der Psammite. Das Erscheinungsbild des Flysches ist so typisch, dass ein Geologe denselben in einem Geländeeinschnitt vom fahrenden Zug oder Auto aus problemlos erkennen kann. Ausnahme dieser Regel: der Wildflysch. Allerdings konnte Andreas BAYER (1982), ein ehemaliger Doktorand der ETH, zeigen, dass Wildflysch meistens eine tektonische Mischung von verschiedenen exotischen Blöcken und Gesteinspaketen in einer schiefrigen Matrix darstellt und gar keine sedimentäre Bildung ist. Wild wurde früher ein Gestein genannt, wenn es nicht plattig bricht. Die unregelmässig verwalzte Matrix des Wildflysch mit den wirr verlaufenden Scherflächen bedingt dieses Verhalten. Der grosse Anteil an charakteristischen Flyschschmitzen und Blöcken in dieser Formation und eben der "wilde" Bruch des Gesteins führten zur Bezeichnung Wildflysch.

Die Gradierung der Psammite oder Sandsteinbänke (graded bedding) ist ebenso charakteristisch wie Schichtflächenmarken (sole marks), welche allerlei Aktivitäten an der Sediment-Oberfläche anzeigen, wie z.B. Strömungs-Erosion, Bioturbation etc..Aus der Sedimentologie wissen wir, dass Flyschschiefer und -mergel hemipelagische Sedimente, die gröberen Silt und Sandsteinbänke aber **Turbidite** darstellen. Solche Turbidite sind oft derart zahlreich im Flysch, dass die Studenten geneigt sind, Flysch und Turbidit als Synonym zu betrachten. Nun deutet der Ausdruck Turbidit aber auf die Bildungsbedingungen einer einzelnen Bank hin, nämlich dass diese das Resultat eines Turbiditäts-Stromes (Trübestrom, Suspensions-Strom) ist, wogegen Flysch eine Fazies oder eine Formation bezeichnet.

Ein Trübestrom ist ein Unterwasser-Strom, eine Mischung von Detritus und Wasser. Die erhöhte Dichte ermöglicht ein gravitatives Abwärtsfliessen. Auch eine Staubwolke ist ein Suspensions-Strom, da die Luft-Staub Mischung eine grössere Dichte hat als Luft. Trübeströme selbst sind nicht vergleichbar mit Lawinen (es sei denn mit Staublawinen), es sind aber Suspensionsströme, die sehr oft aus lawinenartigen Rutschungen hervorgehen. Auch die Schneelawinen sind sogenannte gravitative Sedimentströme, da ihre treibende Kraft nicht die Gravitation einer Flüssigkeit ist, sondern jene der Schneeklumpen. Wie bei Fliesslawinen gleitet die Suspension bergab, und die Bruchstücke der abgleitenden Masse kollidieren ständig miteinander, beschleunigt durch Stösse von nachfolgenden Partikeln. Bei Staublawinen bildet sich aber eine Suspension von Schnee in Luft. Der Dichteunterschied zu Luft bewirkt ein eigentliches Fliessen dieser Suspension. Submarine "Lawinen" deponieren grobe Breccien am Fuss des Kontinentalhanges, wie z.B. die im letzten Kapitel erwähnte Wang-Breccie, dabei kann das feine Material in Suspension gehen und als Turbiditätsstrom Sand und Silt mehrere km weiter in die Tiefsee-Ebene hinaustragen.

Dass die groben Flyschbänke Tiefseeturbidite sind, ist nicht nur das Resultat sedimentologischer Betrachtungen, sondern kann auch mittels paläontologischer wie auch tektonischer Interpretationen bestätigt werden. Solche Tiefsee-Ablagerungen sind natürlich nicht nur aus den Alpen bekannt, in vielen anderen Kettengebirgen kommen Flysch-Sedimente vor. Es drängt sich deshalb auf, den Ausdruck Flysch für alle diese Ablagerungen zu benützen, welche in der geologischen Geschichte wieder und wieder in derselben sedimentären Fazies auftreten. Es wurde deshalb von HSÜ (1970) vorgeschlagen, den Ausdruck **flysch** (klein geschrieben) für derartige wiederkehrende Fazies zu benützen. Definition: **Flysch-Fazies ist eine gutgebankte, mächtige Sequenz von marinen Tonschiefern und Sandsteinen, eventuell mit einigen mergeligen Kalkbänken in einem alpinotypen Kettengebirge, in einem tektonischen Rahmen und mit sedimentologischen Eigenschaften entsprechend dem typisch alpinen Flysch.**

Der Nordhelvetische Flysch.

Die jüngsten Flysch Formationen mit Mächtigkeiten bis 2000 m sind im Autochthon, Parautochthon und den tiefsten helvetischen Decken zu finden. Sie überlagern Nummuliten-Kalk und Globigerinen-Schiefer und sind zwischen spätem Eozän und frühem Oligozän datiert. Die allerjüngsten Flyschgesteine sind pelitisch und gehen gegen oben allmählich in Molasse über (z.B. im Val d'Illiez). Die unterste Einheit des nordhelvetischen Flysches ist die Formation des Taveyannaz-Sandsteins mit der Typlokalität Alp Taveyannaz, im Westen der Diablerets-Gruppe. An dieser Lokalität gehört sie zum mitgefalteten Flysch der Diablerets-Decke, doch kann die Taveyannaz-Formation gegen Südosten ins Parautochthon und Autochthon verfolgt werden. Diese sehr interessante Einheit weist einen beträchtlichen Gehalt an vulkanischem Material (im Westen mit Komponenten bis 10 cm) auf und ist an seiner grünlichen Farbe von der Rhône bis zum Rhein sehr gut erkennbar.

Wir haben im letzten Kapitel erwähnt, dass die Sedimentation im Tertiär mit im Flachwasser gebildeten Nummulitenkalken und Grünsanden begann. Im späten Eozän begann der Schelf rasch abzusinken, und die hemipelagischen Globigerinenmergel wurden gebildet. Die europäische Platte wurde unter die adriatische Platte unterschoben, wobei der nordhelvetische Sedimentationsraum während des späten Eozäns und frühen Oligozäns zur

Vorlandsenke wurde (Fig. 4.5). Erosionsfracht von südlichen Hochzonen wurde längs den steilen Küsten deponiert und glitt dann periodisch in Lawinen und Trübeströmen ab, um in der Tiefsee sedimentiert zu werden.

Flysch als Sediment einer Vorlandtiefe wurde schon von den Pionieren der Alpengeologie in Betracht gezogen. So hat ARGAND (1916) in seiner klassischen Theorie der "Embryonaltektonik" den Flysch als Ablagerung der Vorlandtiefe betrachtet. SCHARDT (1898) und ARBENZ (1919) bezeichneten Flysch als **orogene Sedimente**, welche unmittelbar vor den sich vorwärts und aufwärts bewegenden Decken deponiert wurden. Sedimentologische Erkenntnisse, vor allem die südliche Herkunft des Flysch-Detritus, unterstützen diese klassische Interpretation (z.B. RADOMSKI 1961). Die Existenz eines Küstengebirges südlich dieser Vortiefe ist wohl unbestritten, dagegen haben wir noch Mühe mit dem Hinterland, welches den andesitischen Detritus lieferte. Wir finden in keiner höheren helvetischen Decke und hinauf bis zum Ostalpin keine bedeutende vulkanische Formation. Die komplizierte Tektonik und Paläogeographie des eozänen Flysches sollte nicht ohne dieses Problem, und deshalb nur in einem grösseren regionalen Rahmen interpretiert weden. Wir kommen am Ende dieses Kapitels nochmals darauf zurück.

Über dem Taveyannaz-Sandstein finden wir in der Westschweiz den oligozänen Turbiditsandstein Grès du Val d'Illiez, in der Zentralschweiz entsprechend dem Altdorfer-Sandstein und weiter östlich der Elm-Formation (CADISCH 1953). Die darüberliegenden Schieferformationen (Flysch du Val d'Illiez im Westen, übergehend in die "Molasse rouge") und die Glarner Dachschiefer (Engi-Dachschiefer mit der berühmten oligozänen Fischfauna) zeigen einen deutlichen Trend zu geringerer Korngrösse des Detritus, was eine Verflachung des Beckenrandes durch allmähliches Auffüllen andeutet und gleichzeig das Ende der Flyschsedimentation bewirkt (Fig. 5.1). Nun beginnt die Ablagerung der unteren Meeresmolasse.

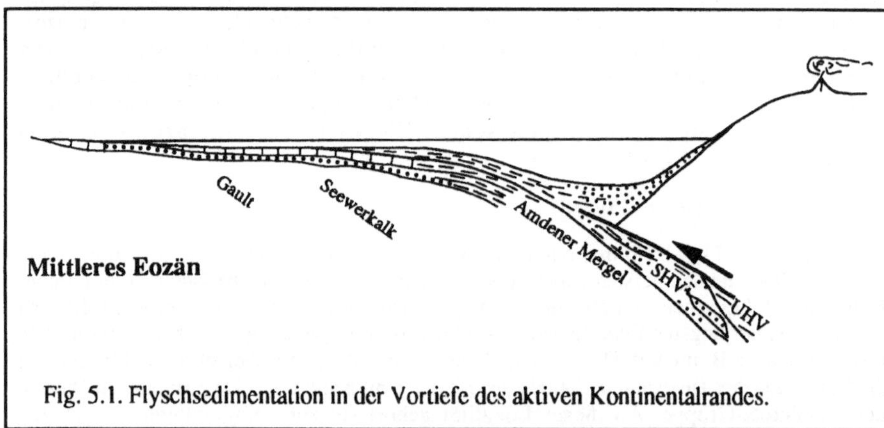

Fig. 5.1. Flyschsedimentation in der Vortiefe des aktiven Kontinentalrandes.

Die frühtertiäre Subduktion der europäischen Platte unter die adriatische Platte bewirkte die Bildung eines Tiefseetroges entlang des aktiven Kontinentalrandes (Fig. 4.5). Der Nordhelvetische Flysch wurde in einem derartigen Trog, in der alpinen Literatur auch als Vortiefe bezeichnet, abgelagert. Der Detritus stammte vom südlichen Hochland. Die älteren Flyschserien, im ultrahelvetischen (UHV) und südhelvetischen (SHV) Raum abgelagert, wurden unter die adriatische Platte subduziert, und es bildete sich ein Akkretionskeil unter dem aktiven Kontinentalrand. Der verbreitete andesitische Detritus im Taveyannaz Sandstein deutet auf aktiven Vulkanismus hinter der Küste hin. In den helvetischen Decken kann keine vulkanische Formation nachgewiesen werden, das Vulkangebiet muss unter den penninischen Decken verborgen sein.

Der südhelvetische Flysch

Der Name "südhelvetischer Flysch" wurde von HERB (1962) eingeführt. Er bezeichnete damit eine Turbidit-Sandstein und Schiefer Wechsellagerung im Dach der Globigerinschiefer in der Nordostschweiz (Amdener-Mulde). Da die Globigerinenschiefer dem späten Mitteleozän angehören, dürfte die folgende Flysch-Formation dem späten Eozän angehören.

Viele der sogenannten Flysche, wie "Einsiedler Flysch", "Blattengrat Flysch", "Ragazer Flysch" etc. sind eigentlich gar keine Flysche (vgl. Kapitel IV), sondern Schuppenzonen mit einem grossen Anteil an normal-pelagischen und hemipelagischen Gesteinen, wie Amdener-Mergel, Wang-Schichten, Nummulitenkalk, Globigerinenschiefer. Es sollen also nur die stratigraphisch über den Globigerinenschiefern einsetzenden, oft allein in der obersten Schuppe einer Schuppenzone erhaltenen sandigen Turbidite zum südhelvetischen Flysch zählen (LEUPOLD 1966, BAYER 1982). In der Zentralschweiz gehören gemäss BAYER auch die Lielibach-Serie der Region Luzern und die Südelbach-Serie zwischen Engelberg und Thunersee dazu.

Zu den Turbiditsanden im südhelvetischen Flysch gesellen sich noch Schlammbreccien und polygene Breccien. Die Schlammbreccien entstehen bei submarinen Rutschungen, und die Komponenten bestehen hier aus halbverfestigten Globigerinenschiefern, was auf eine Herkunft aus dem helvetischen Sedimentationsraum schliessen lässt. Die Komponenten der polygenen Breccien sind **Lithothamnien** (rote Kalkalgen)-Bruchstücke, Granitgerölle, Arkosen (Quarz- und Feldspat-Sandsteine), wie auch aufgearbeitete Foraminiferen-Schalen und Glaukonitkörner. Auch dieses Material stammt aus dem Helvetikum. Aus der Faziesverteilung im späten Eozän des Helvetikums wird geschlossen, dass der Nordrand des Flyschbeckens von mächtigen Sedimenten bedeckt war. Daraus folgt, dass die Granitkomponenten nur von einem steilen Südrand stammen können. BAYER (1982) postulierte eine "Schwelle" oder einen Inselbogen im Süden des helvetischen Raumes. Das Konzept der Vorlandtiefe als Ablagerungsraum kann demnach für die Entstehung sowohl des nordhelvetischen, wie auch des südhelvetischen Flysches herangezogen werden, wiewohl das Hinterland des südhelvetischen Flysches einen granitischen Unterbau hatte und dasjenige des nordhelvetischen Flysches ein Gebiet mit aktivem andesitischem Vulkanismus war. Die kontinuierliche Verschiebung der Vortiefe mit Flyschsedimentation gegen Norden ist eine Folge des nach Norden wandernden südlichen Kontinentes (Fig.4.6). Das Alter des Flysches nimmt daher in den höheren tektonischen Einheiten zu.

Der südhelvetische Flysch ist zwischen Aare und Rhein verschiedenenorts das jüngste Element in den helvetischen Decken. Es wurde während der alpinen Deformation meistens schon beim Vorschub der Penninischen Decken abgeschert und überfahren. So finden wir heute "exotische" Gesteinspakete von Flysch in einer Mergelmatrix mit mittel- bis obereozäner Globigerinenfauna, was die Geologen bewog, diese Serie als obereozänen Wildflysch zu kartieren. BAYER (1982) leistete einen grossen Beitrag zur Klärung des Wildflysch-Problems. Er erkannte, dass dieser stellenweise bis 1000m mächtige Wildflysch zwischen Aare und Rhein keine sedimentäre Formation, sondern eine tektonische Einheit darstellt. Sie besteht hauptsächlich aus aufeinandergeschuppten Paketen von eozänen südhelvetischen Gesteinen wie Globigerinen-Mergel und Flysch. Daneben trifft man auf tektonische Schürflinge von Nummulitenkalk, Amdener Mergel oder Wangschichten aus dem Südhelvetikum, aber auch Blöcke von Habkern-Granit, Leimern-Mergel und -kalk aus dem penninischen Raum. Da unser Wildflysch keine lithostratigraphische Einheit darstellt, nannte BAYER diese tektonische Mélange der Zentralschweiz **Habkern–Mélange**.

Die Interpretation von BAYER erlaubt uns, die Habkern–Mélange mit der Einsiedler-Schuppenzone zu vergleichen. Beide Einheiten bestehen aus übereinander geschuppten Gesteinspaketen, erstere vorwiegend aus exotischen Blöcken von südhelvetischem Flysch in einer Matrix von Globigerinenmergel, letztere aus Amdenermergel, Nummulitenkalk und Globigerinenmergel. Diese tektonische Vermischung geschieht jeweilen in Scherzonen zwischen grösseren Deckeneinheiten. Wir werden auf dieses Problem noch zurückkommen.

Der "ultrahelvetische" Flysch

Diese Bezeichnung vereint heute mehrere Flysch-Formationen, welche auf den obersten helvetischen Decken liegen. Einige sind wildflyschartige Mélanges, andere sind Flysch-Formationen unsicherer paläogeographischer Herkunft. Der Einfachheit halber werden wir all jene Flysch Formationen, welche in der geologischen Literatur als ultrahelvetisch beschrieben sind, in Anführungszeichen setzen. Flysch-Formationen, deren Herkunft jedoch schlüssig zwischen Südhelvetikum und Nordpenninikum erwiesen ist, soll als **ultrahelvetischer Flysch s.s.** bezeichnet werden (HOMEWOOD 1977). "Ultrahelvetische" Flysch Einheiten mit nicht gesicherter Herkunft werden mit den gebräuchlichen Lokalnamen bezeichnet, wie Gurnigel Flysch, Schlieren Flysch etc.

Der ultrahelvetische Flysch s.s.

Ultrahelvetische Flysch Formationen findet man generell als tektonisierte Einheiten in Scherzonen zwischen den helvetischen und penninischen Hauptdecken. Die mesozoischen Gesteine ähnlicher tektonischer Stellung in Nachbargebieten konnten als süd- oder ultrahelvetisch bestimmt werden (TERCIER 1925, BADOUX 1945, GUILLAUME 1957). Andrerseits gibt es "ultrahelvetische" Flysch Einheiten, die nach Fazies und Alter und gemäss unserem jetzigen Wissensstand unwahrscheinlich oder unmöglich aus dem ultrahelvetischen Raum stammen können. Darunter fallen unter anderem Gurnigel Flysch, Schlieren Flysch, Wägital Flysch, Sardona "Flysch" etc. (CARON 1976, 1980, HOMEWOOD 1977).

Zum ultrahelvetischen Flysch s.s. gehören der Meilleret Flysch der Zône des Cols, der Adelbodner Flysch und der Leissigen Flysch südlich des Thunersees. Sie alle stehen im Zusammenhang mit der Deformation der internen Voralpen (Préalpes internes) und ihre Ähnlichkeit mit dem Sandstein-Flysch der externen Voralpen führte zur Bezeichnung "ultrahelvetischer Flysch des Schlieren-Gurnigel Typs". Das Alter dieses Sandstein-Flysches ist aber deutlich verschieden, nämlich Maastrichtian bis frühes Eozän, wogegen der ultrahelvetische Flysch s.s. im Alter zwischen Schlieren Flysch und südhelvetischem Flysch liegt, nämlich im mittleren Eozän (HOMEWOOD 1974, BAYER 1982).

Die Sandsteinlagen im ultrahelvetischen Flysch s.s. bestehen aus frisch erodiertem subaerischem oder küstennahem Detritus, welcher mittels Trübeströmen in der Tiefsee wieder abgesetzt wurde (HSÜ 1960, HOMEWOOD 1977). Die distaleren Turbidite wechsellagern mit den südhelvetischen Globigerinenmergeln.

Folglich wurde der ultrahelvetische Flysch s.s. im tiefen Becken eines Randmeeres im Süden von Europa abgelagert. Im Norden war der passive helvetische Kontinentalrand mit einem breiten Schelf und einem sanften Kontinentalabhang. Im Süden lag eine bergige Insel, welche den Detritus für die Trübeströme der Flysch-Sedimentation lieferte. Dieses "Süd-Land" wurde von HOMEWOOD (1977) als "randliche Kristallin-Schwelle" (maginal basement high) bezeichnet. Der Rahmen der Sedimentation während des Mitteleozäns im Ultrahelvetikum s.s. ist somit vergleichbar mit jenem während des Späteozäns im Südhelvetikum und des Oligozäns im Nordhelvetikum.

Sardona "Flysch" oder Sardona Mélange

In den Anfängen der Schweizer Geologie, als der Flysch als normalstratigraphisch über den helvetischen Decken betrachtet wurde, hiessen alle Flyschformationen im Glarnerland "Glarner Flysch". Auf Grund der Feldarbeiten von J.Oberholzer führte Arnold HEIM 1908 eine Dreiteilung ein. Seit der Arbeit von BOUSSAC (1909) ist anerkannt, dass nur der untere Teil des "Glarner Flyschs", der Sandstein-Dachschieferkomplex (OBERHOLZER 1933), zum nordhelvetischen Flysch gehört und die alttertiären Gesteine des Helvetikums normal überlagert. LEUPOLD (1943) nannte diesen Teil "Autochthoner Flysch". Der mittlere Teil des Glarner Flyschs, die Blattengrat Schichten von LEUPOLD (1966), ist die Blattengrat Schuppenzone. Der obere Teil, der "Wildflysch" von HEIM (1911) oder "Sardona Flysch" von LEUPOLD (1966), ist eine Scherzone mit tektonisch vermischten Gesteinen, darunter wohl eine Sandstein-Formation, die eventuell als ultrahelvetisch s.s. gelten könnte. Trotzdem folgen wir BAYER (1966), der vorschlug, solche tektonische Mischungen als Mélanges zu bezeichnen. Deshalb soll der Sardona "Flysch" fortan Sardona Mélange heissen (vgl. Tabelle 5.1).

HEIM 1908	LEUPOLD 1966	dieses Buch
Oberer Glarner Flysch	"Sardona Flysch"	Sardona Mélange inkl. ultrahelvet. Flysch s.s.
Mittlerer Glarner Flysch	"Blattengrat Schichten"	Blattengrat Schuppenzone inkl. südhelvetischer Flysch
Unterer Glarner Flysch	Sandstein-Dachschiefer Komplex	nordhelvetischer Flysch

Tabelle 5.1 Entwicklung der Flysch Terminologie im Glarnerland

Die flyschartigen Schichten über dem Nummulitenkalk unter dem Piz Sardona im Glarnerland wurden früher als eine obereozäne Abfolge angesehen und mit "Glarner Flysch" bezeichnet. Dieser wurde in drei Untereinheiten aufgeteilt. Heute wissen wir, dass diese "Untereinheiten" zu drei verschiedenen tektonischen Einheiten gehören. Über den Globigerinenmergeln liegt der autochthone Flysch des späten Eozäns und frühen Oligozäns. Die mittlere Einheit ist gar kein Flysch, es ist die Blattengrat Schuppenzone, und ebensowenig ist die oberste Einheit Flysch, es ist ein tektonisches Mélange, die Sardona Mélange (Fig. 5.2).

Der Sardona "Flysch" wurde von LEUPOLD (1943) und seinen Studenten untersucht. Obwohl die Verscherung während der Überschiebung eine stratigraphische Einordnung nicht mehr ermöglicht, konnten doch einzelne Gesteinspakete des Mélange anhand von Mikrofossilien datiert werden. Dabei wurden vier verschiedene stratigraphische Einheiten ausgeschieden:

1) Flysch Formationen (Mörderhorn Schichten, Plattenkalksandsteine, oberster sandsteinreicher Flysch). Diese spätpaleozänen bis mitteleozänen Gesteine wurden mittels aufgearbeiteter Nummuliten-Vergesellschaftungen datiert, welche mit solchen des Schlieren Flysches der Zentralschweiz korreliert werden konnten (WEGMANN 1962). Offenbar sind sie das Faziesäquivalent des ultrahelvetischen Flysches s.s. und des südhelvetischen Flysches, aber nicht gleich alt. Die Sardona Mélange ist Spätpaläozän bis Früheozän, letztere aber Mittel- bis Späteozän. Dies ist mit der Idee vereinbar, dass der äussere Kontinentalrand von Europa früher abtauchte (Fig. 4.5): Das Alter der Flyschsedimentation nimmt systematisch ab von den internen oder südlicheren Räumen zu den externen, autochthonen Räumen. Der ältere Flysch der Sardona Mélange ist darum als tektonisch höher einzustufen, als der ultrahelvetische Flysch der Zentral- und Westschweiz.

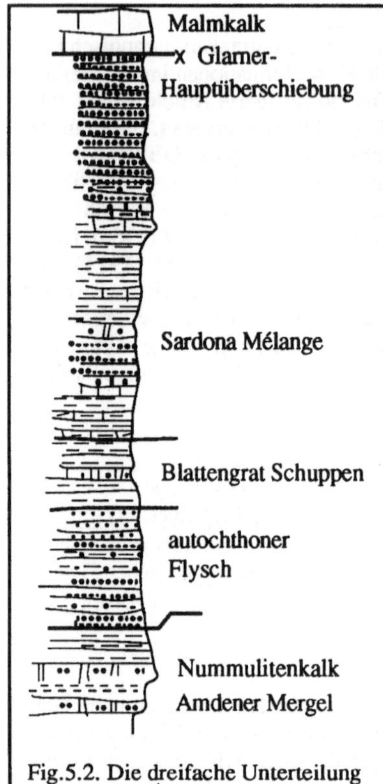

Fig.5.2. Die dreifache Unterteilung des "Glarner Flyschs".

2) Quarzsandsteine (Oelquarzit, Sardona Quarzit). Diese paläozänen Gesteine sind offenbar als Faziesäquivalent des untereozänen Assilinensandes in den höheren helvetischen Decken anzusehen. Auch dies bestärkt die Idee einer älteren Subsidenz des äusseren europäischen Kontinentalrandes, was zu einer gegen Norden progressiven Transgression des helvetischen Raumes während des frühen Tertiärs führte (HERB 1988).

3) Schwarze Schiefer und "Siderolithkomplex". Die obersten Kreideelemente (Maastrichtian) der Sardona Mélange bestehen aus schwarzen Schiefern, dünnbankigen Kalksandsteinen, aber auch dicken, groben Sandsteinen und Breccien mit Sediment- und Kristallinkomponenten. Diese Gesteine stellen das laterale Äquivalent der Wang-Formation in den höchsten helvetischen Decken dar. Das Vorkommen von Turbiditen in dieser Serie deutet auf eine Sedimentation weiter unten am Abhang hin, eventuell bereits in der Tiefsee. Die Zeitlücke der Kreide-Tertiär Diskordanz ist hier kürzer als im helvetischen Raum, was erneut die Ansiedlung der Sardona Sedimente weiter intern bestätigt (vgl. Fig. 4.4).

4) Hemipelagische Mergel und pelagische Kalke. Diese Oberkreide-Gesteine sind mit planktonischen Foraminiferen als Cenomanian bis Campanian datiert worden. Dass diese Sardona Äquivalente kalkiger ausgebildet sind als ihre entsprechenden Formationen, die Amdener Mergel, Seewer Schiefer und Seewer Kalk der höheren helvetischen Decken, lässt erneut auf eine gegenüber dem Helvetikum küstenfernere, also internere Ablagerung schliessen.

Bei der Diskussion der Diskordanz unterhalb der Wang Formation erwähnten wir, dass die Zeitlücke im Ultrahelvetikum der Westschweiz am grössten war. LEUPOLD (1943) erklärte diese Diskordanz mit einer Hebung und Erosion vor der Sedimentation der Wang-Schichten, und nannte dieses Hoch zwischen Helvetikum und Ultrahelvetikum die "Südhelvetische Schwelle". Da wir heute aber vom Konzept der submarinen Erosion ausgehen, ist für uns eine Schwelle nicht zwingend. Wir wissen heute, dass erosive Contourströme (Strömungen parallel den Tiefenkurven) am Fuss des Kontinentalabhangs am stärksten sind (Fig. 4.8), und dass dort die grösste Schichtlücke erwartet werden kann. Eine Tiefseeablagerung weiter entfernt vom Kontinentalrand müsste also wieder eine vollständigere Schichtreihe aufweisen. Damit wäre unsere obige Interpretation aus der Verschiedenheit der Flyschalter erneut bekräftigt: Der Sedimentationsraum der Sardona Elemente ist **interner** als jener des Ultrahelvetikums der Westschweiz. Andrerseits kann die fehlende Erosion vor der Wang Ablagerung im Sardona Raum mit eher schwachen spätkretazischen Contourströmen in der Ostschweiz erklärt werden.

Die Vielfalt der Gesteine in der Sardona Mélange war den Geologen schon früh aufgefallen. HEIM (1908) und OBERHOLZER (1933) nannten diese deshalb "Wildflysch". Sie erkannten die zahlreichen "Einschaltungen" von kretazischen Kalksteinen im Flysch, vergleichbar mit der Seewer Kalk Formation im Helvetikum, aber auch mit den Leimern

Kalken im Habkern "Wildflysch" der Zentralschweiz. Gemäss den Arbeiten von WEGMANN (1962) und LEUPOLD (1966) können jedoch all die verschiedenen Komponenten der Sardona Mélange aus einem ultrahelvetischen Sedimentationsraum stammen. HSÜ (1968) hat vorgeschlagen, tektonisch stark durchgearbeitete (gescherte und deformierte) Gesteinsmischungen ohne exotische Elemente **gebrochene Formationen** zu nennen. Dazu zählt eben auch die Sardona Mélange.

HEIM (1908) nahm an, dass eine riesige "Wildflysch Decke" aus ihrem ultrahelvetischen Stammraum im frühen Tertiär gegen Norden abgeglitten war und sich auf dem Helvetikum niederliess, bevor beide zusammen durch Faltung und Überschiebung den helvetischen Deckenstoss aufbauten. Das war seine Theorie der Deckeneinwicklung.

Die Einwicklung der helvetischen Decken (und Klippen) durch das Ultrahelvetikum ist auf Querprofilen durch die Präalpen gut ersichtlich (Fig.5.3). Die ultrahelvetischen Decken wurden auf das Helvetikum aufgeschoben und bis über das Autochthon oder gar die subalpine Molasse verfrachtet. Dann wurden das Helvetikum mitsamt seiner Bedeckung abgeschert, verfaltet und zu Morcles, Diablerets und Wildhorn Decke geformt. Diese helvetischen Decken mit ihrer ultrahelvetischen Hülle fuhren dann nordwärts und kamen auf jenes Ultrahelvetikum zu liegen, das schon auf dem Autochthon lag. Wir werden später auf die Frage der ultrahelvetischen Deformation zurückkommen.

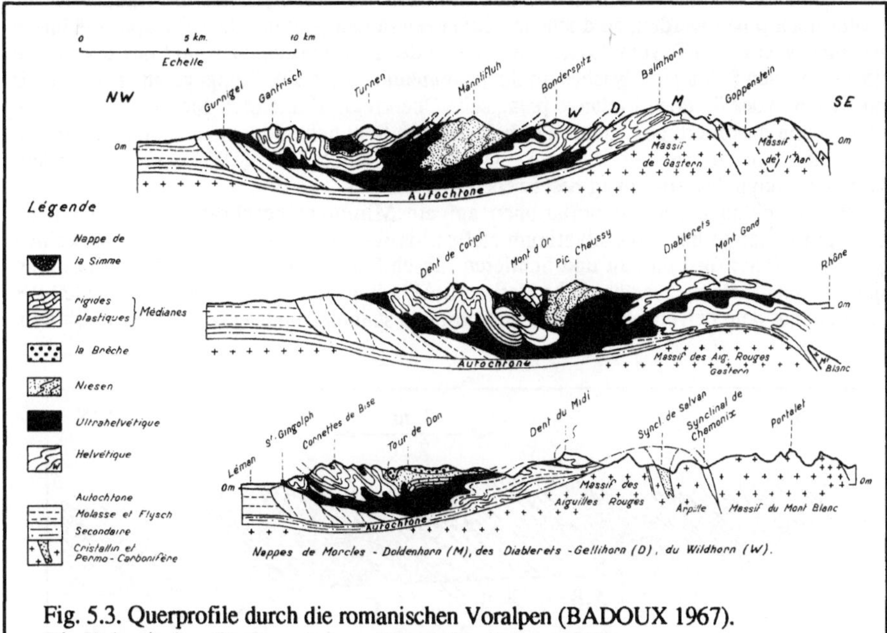

Fig. 5.3. Querprofile durch die romanischen Voralpen (BADOUX 1967).
Die Helvetischen Decken sind von Ultrahelvetikum umhüllt.

Der Wildflysch der Zentralschweiz, oder die Habkern Mélange

Die häufigen Linsen und Blöcke von pelagischen Kalken und Mergeln im Wildflysch wurden erstmals von KAUFMANN (1886) beschrieben, der diese Gesteine nach der Typlokalität Leimern benannte. Die pelagischen Sedimente sind innig vergesellschaftet mit

Flysch von mittel- bis späteozänem Alter (LEUPOLD 1966, BAYER 1982). Als das Kreide-Alter der Kalke feststand, postulierte BECK (1912), dass der Wildflysch eine tektonische Mischung sei. Diese Ansicht wurde durch BUXTORF (1918) untermauert, indem er schrieb:

" Die Verknüpfung der hellen Leimernschichten mit dunklen Wildflyschschiefern ist dabei oft eine so ausserordentlich enge, dass wir entweder eine intensive mechanische Verwalzung und Ineinanderschiebung von Kreide und Flyschschiefer annehmen müssen, wenn wir nicht die Hypothese vorziehen, es gehöre ein Teil der schwarzen gequälten Wildflyschschiefer mit zur oberen Kreide."

Nachdem heute das Eozän Alter des Flysches anerkannt ist, bleibt nur noch die Möglichkeit der tektonischen Durchmischung, wie sie BAYER (1982) auch bestätigte und mit dem Namen Habkern Mélange unterstrich, dass es sich nicht um eine lithostratigraphische Einheit handelt. Wir dürfen also davon ausgehen, dass der Wildflysch in der Zentral- wie in der Ostschweiz grösstenteils eine tektonische Mélange ist.

Anhand der exotischen Blöcke in der Habkern Mélange konnte diese in drei Teile unterteilt werden: Leimern Mélange, Sörenberg Mélange und Iberg Mélange.

Die pelagischen Leimern Schichten sind vorwiegend späte Kreide. Herb fand in einigen Mergeln paläozäne planktonische Foraminiferen, was für die Leimern ursprünglich eine durchgehende pelagische Sequenz vom Cenomanian bis ins Paläozän andeutet. Wie wir später noch sehen werden, sind solche Sequenzen in den penninischen Préalpes médianes bekannt, was BAYER veranlasste, die Heimat der Leimernschichten und des über diese überschobenen Schlieren Flysches im Südpenninikum zu suchen. Demgegenüber finden wir aber auch in der Sardona Mélange pelagische Oberkreide-Kalke und -Mergel, welche, wie oben schon diskutiert, aus einem ultrahelvetischen Sedimentationsraum stammen dürften. Eine ähnliche pelagische Sequenz wurde von RICHTER (1957) auch aus dem Ultrahelvetikum des Vorarlberg beschrieben.

Wir möchten unsere Spekulationen auf ein Minimum beschränken und auch die Leimern Mélange ins Ultrahelvetikum stellen, da wir im südpenninischen Raum keinen plausiblen Platz für Leimern und Schlieren Flysch finden können. Somit hätten Leimern und Sardona Mélange eine ähnliche Herkunft. Allerdings müsste dann der Flyschanteil der Leimern aus dem helvetischen Sedimentationsraum stammen und demzufolge exotisch sein.

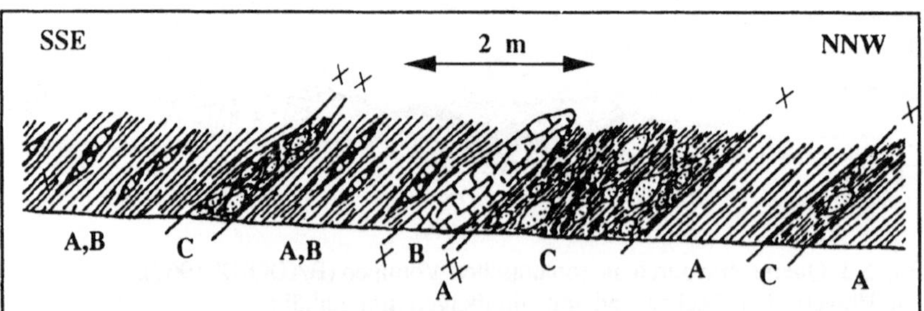

Fig. 5.4. Die Sörenberg Mélange. Ein Aufschluss im Bärselbach (BAYER 1982). Sie ist eine tektonische Verschuppung von Globigerinenmergeln (A), Kalken und Mergeln der Leimern Serie (B) und Schlieren Flysch (C).

Neben dem Flysch und Paketen von pelagischem Kalk beinhaltet der zentralschweizerische Wildflysch noch andere exotische Elemente. In den Globigerinenmergeln des Mitteleozäns als Matrix schwimmen noch Blöcke von paläozänem Schlierenflysch und auch Granit. Eine derartige Mélange ist bei Sörenberg aufgeschlossen und wurde deshalb von Bayer auch Sörenberg–Mélange genannt (Fig. 5.4). Diese Einheit liegt unter der Schlieren-Flysch Decke.

Die Herkunft der Granitkomponenten, meist Habkerngranit genannt, ist noch ein grosses Rätsel. Die grössten Blöcke dieses rosaroten Granites, bis 13000 m^3, wurden bei Habkern gefunden. Die radiometrische Altersbestimmung von 270 Ma deutet auf **herzynischen** Ursprung hin und hat demzufolge mit der spätpaläozoischen Gebirgsbildung zu tun. Leider ist aber diese Granitvarietät mit keinem andern Granit ähnlichen Alters in den Schweizer Alpen vergleichbar und somit liegt sein Liefergebiet im Dunkeln. Habkerngranit Komponenten sind im Schlieren Flysch recht zahlreich. Daraus könnte man vermuten, dass auch die grossen exotischen Blöcke als submarine Rutschung deponiert wurden, bevor sie dann tektonisch der Mélange einverleibt wurden.

Die Iberger Mélange liegt tektonisch unter der Klippen Decke und besteht aus einer tektonischen Mischung von Klippenmaterial und helvetischem Flysch. Sie sollte darum nicht zum Ultrahelvetikum gezählt werden.

Der Schlieren Flysch

Die Flyschformation zwischen Sarner Aa und Kleiner Emme wurde 1886 durch KAUFMANN als Schlieren Flysch bezeichnet, nach der Typlokalität im Tal der grossen Schliere westlich Alpnach, Obwalden. SCHAUB (1951) hat anhand der aufgearbeiteten Foraminferen in diesen über 1500m mächtigen Turbiditsandsteinen ein Alter von Maastrichtian bis frühes Eozän (spätes Yprésian) nachgewiesen.

Wir haben es hier mit einer sehr typischen Flyschformation zu tun. Eine mächtige Abfolge von gleichmässig gebankten Sandsteinen mit schöner Gradierung und Mergeln und Tonen mit viel Feldspat-Detritus und Grossforaminiferen könnte als Liefergebiet ein granitisches Hochland mit vorgelagerten, weiten, seichten Deltas gehabt haben.

Die Schichtunterseiten der Sandsteinbänke mit ihren Fliessmarken sind besonders in der grossen Schliere schön herausgearbeitet. Die bevorzugten Strömungsrichtungen liegen zwischen SW–NE und W–E und sind grosso modo parallel zum Alpenrand in der Zentralschweiz. Angenommen, die Schlieren Sedimente seien in einem WSW–ENE gerichteten Trog abgelagert worden, wären die Strömungen trogparallel verlaufen und hätten die Sedimente longitudinal transportiert und abgelagert (TRÜMPY 1960). Die Liefergebiete wären sowohl im Norden, wie auch im Süden zu suchen.

HSÜ postulierte 1960 ein südliches Liefergebiet für den Schlieren Flysch, und seine paläogeographische Rekonstruktion deutet auf eine vergleichbare Konfiguration hin, wie sie zur Zeit der helvetischen und ultrahelvetischen (s.s.) Flyschablagerung vorzufinden war, nämlich ein randliches Tiefseebecken südlich des helvetischen Schelfes. Demnach könnten wir den Schlieren Flysch als ultrahelvetisch *sensu lato*, wenn nicht gar *sensu stricto* betrachten. Diese Betrachtungsweise würde es erlauben, den Schlieren Flysch mit dem oberen Teil, dem paläozänen/untereozänen Flysch, der Sardona Mélange und die pelagischen Kalke der Leimern Mélange mit dem hauptsächlich mesozoischen unteren Teil der Sardona Mélange zu korrelieren. Das Liefergebiet des Habkerngranites, genannt Habkern Insel in HSÜ 1960, wäre das paläozäne Aequivalent des eozänen kristallinen Randhochs von HOMEWOOD (1977). WINKLER (1981) erkannte eine bimodale Verteilung des Detritus im Schlieren Flysch. Er ordnete die rosa Granite einer westlichen Quelle zu, die andesitisch-tonalitischen Komponenten aber einer südlichen Quelle, welche gemäss seiner Rekonstruktion zu einem vulkanischen Inselbogen gehörte.

BAYER (1982), CARON (1973) und HOMEWOOD (1977) folgend, bevorzugte Winkler für die Leimern Sedimente im Habkern Wildflysch eine süd- bis mittelpenninische Herkunft, und entsprechend eine noch weiter südlichere für den Schlieren Flysch. Eine solche Annahme ist aber überflüssig, wenn wir die Leimern Pakete als ultrahelvetisch gelten lassen. Zudem finden wir im Schlieren Flysch keine Ophiolith Komponenten, wie sie im südpenninischen Flysch der Ostschweiz oder teilweise auch im Simmen Flysch üblich sind. Somit ist eine südpenninische Herkunft unwahrscheinlich.

Der Gurnigel Flysch

Diese Flyschformation des Bernbietes und der Westschweiz wird dermassen von Sandsteinen dominiert, dass STUDER (1827) ihr den Namen Gurnigel Sandstein gab. Später ordnete er dann diese Gesteine dem Wildflysch zu und nannte sie Gurnigel Flysch. Die Ähnlichkeit in Alter und Lithologie zum Schlieren Flysch verleitete mehrere Autoren dazu, diese beiden Formationen zu vereinen (TRÜMPY 1960, LEUPOLD 1966). Neuere Arbeiten jedoch stellen den jüngsten Gurnigel Flysch ins Lutetian (mittleres Eozän), er soll also jünger sein als der jüngste Schlieren Flysch (spätestes Früheozän).

Der Gurnigel Flysch ist in den externen präalpinen Decken aufgeschlossen. Die tektonische Position innerhalb des Deckenstapels ist wegen der undifferenzierten Lithologie nur schwer bestimmbar. Der Gurnigel Flysch wurde zum Ultrahelvetikum gezählt, da die mesozoischen Gesteine, welche im Wildflysch unterhalb des Gurnigel eingebettet sind, eine sehr ähnliche Fazies aufweisen, wie ihre Altersgenossen in den obersten helvetischen Decken (GUILLAUME 1957, van STUIJVENBERG 1979, vgl. auch Fig. 5.5).
Genauere Untersuchungen von Struktur und Kornverteilung in diesen Flysch Sedimenten (CROWELL 1955, HSÜ 1960) deuten aber auf einen Nord-Süd Transport der granitischen Komponenten hin, d.h. die Richtung der Trübeströme war gerade entgegengesetzt zu jenen des Helvetikums und Ultrahelvetikums, für welche HSÜ (1960) die Habkern Insel südlich des Schlieren Flyschbeckens als Liefergebiet postulierte. Auch wenn der Flysch nicht als Ultrahelvetisch s.s. betrachtet werden darf, so sind die mesozoischen Blöcke im Wildflysch des Montsalvens durchaus ultrahelvetisch (GUILLAUME 1953). Dabei handelt es sich nur scheinbar um ein Paradoxon, da der Wildflysch unter der Gurnigeldecke eine tektonische Mélange ist mit mesozoischen Blöcken, die in einer Matrix von späteozänen Globigerinenmergeln schwimmen (CARON 1976).

Die frappante Ähnlichkeit in Alter und Lithologie von Gurnigel- und Saane-Flysch (unterste Einheit der Simmen Decke) veranlasste CARON (1976) den Gurnigel Flysch aus dem südpenninischen Raum zu holen. Gleichzeitig zitiert er ältere Ansichten, wonach der Habkern Granit wohl die Unterlage des Ostalpins darstellt. Dabei übersah er die Tatsache, dass gleichaltrige Flyschsedimente wohl ähnliche Lithologien aufweisen können, obschon sie in verschiedenen Becken abgelagert wurden, wie z.B.die Mio-/Pliozänen Turbiditformationen in Flyschfazies in verschiedenen Becken von Südkalifornien (HSÜ 1958). Mit dem Ostalpin als Liefergebiet für den Gurnigel Flysch widerspricht er auch der sedimentologischen Evidenz einer nördlichen Quelle, und letzlich spricht auch das Fehlen von Ophiolithklasten, wie wir sie aus der gröberen Fraktion der Simmendecke kennen, gegen eine Korrelation mit dem südpenninischen Flysch.

HSÜ und SCHLANGER postulierten 1973 einen Tiefseegraben im Süden eines Inselbogens als Ablagerungsraum für den Gurnigel Flysch. Dieser Graben entstand bei der Subduktion des nördlichen penninischen Ozeanbodens während der späten Kreide. Die nordvergente Subduktionszone verursachte das Aufbrechen eines Segmentes des europäischen Kontinentalrandes und damit die Bildung unseres Habkern Inselbogens mit dem Becken des Schlieren Flysches dahinter. Diese Arbeitshypothese konnte bis heute nicht widerlegt werden.

Dieser Inselbogen, identisch mit dem randlichen Horst von HOMEWOOD (1977), lieferte gemäss HSÜ und SCHLANGER (1973) den Gurnigel Flysch auf seiner Südseite, wo Homewood den nordpenninischen Niesen Flysch beheimatet. Obwohl der Niesen Flysch

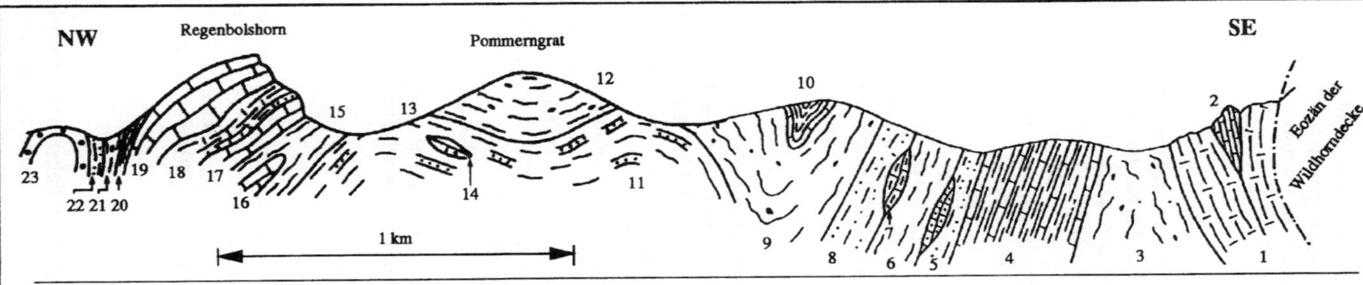

Fig. 5.5. Profil durch eine Ultrahelvetische "Decke" (BADOUX 1945).
Dieser Schnitt durch den Pommerngrat im Simmental zeigt deutlich, dass die mesozoischen Serien des Ultrahelvetikums in Platten und Blöcke zerbrochen wurden und in einer stark zerscherten Matrix eingebettet sind. Badoux schied folgende Einheiten aus:

1: Wangschichten mit
2: Linse von hellem Kalk mit Aptychus (Valanginian?),
3: Schwarze Schiefer (Aalénian),
4: Kalk und Mergel Wechsellagerung (Bajocian),
5: Dunkle sandige Glimmerschiefer mit Linse von Sandkalk mit Discocyclinen (Flysch),
6: Mergelschiefer des Oxfordian mit Ammoniten,
7: Malmkalk mit Calpionellen,
8: Flysch mit Sandsteinlinsen,
9: Aalénian Schiefer wie 3, mit
10: einem Synklinalkern von Bajocian (wie 4),
11: Wildflysch,
12: Aalénian Schiefer,
13: wie 11, mit
14: einer grossen Malmlinse,
15: Mergel des Oxfordian mit einer Linse von Malmkalk (16),
17: Knollenkalk des "Sequanien" mit Ammoniten,
18: Wangschichten,
19: Malmkalk,
20: Kalke des Maastrichtian und des Barremian,
21: Aalénian,
22: Flysch,
23: Dolomitkalk und Rauhwacke der Trias
(das Profil geht noch 2km weiter bis zum Hahnenmoos).

mehr hemipelagisches Material und mehr kalkige Turbidite enthält, könnte man annehmen, dass die obersten Schichten von Niesen und Gurnigel gleichaltrige Sedimente aus demselben Becken, aber mit verschiedener Fazies, sind. Eine weitere Möglichkeit ist aber die Südpenninische Herkunft des Niesen Flyschs (STAUB 1937).

Der Wägital Flysch

Die Abfolge von Flysch über der Einsiedler Schuppenzone und unter der Klippen Decke im Kanton Schwyz hat LEUPOLD (1966) als Wägital Flysch bezeichnet und mit dem Schlieren Flysch und Gurnigel Flysch der Zentralschweiz verglichen. Wie diese, besteht auch der Wägital Flysch aus zwei tektonischen Einheiten: Eine Turbidit-Sandstein Formation (Wägital Flysch s.s.) ist auf den Wägital Wildflysch (KRAUS 1932) aufgeschoben. Die obere Einheit, Campanian bis Maastrichtian, ist teilweise gleich alt und teilweise älter als der Schlieren und Gurnigel Flysch (KUHN 1972). Der Wildflysch ist eine Mélange mit Sedimenten aus dem Campan bis mittleren Eozän.

Strömungsmarken auf der Unterseite der Sandsteine zeigen deutlich eine Nord-Süd Richtung für die Turbiditätsströme an (HSÜ 1960). Diese Tatsache bekräftigt die nordpenninische Herkunft des Flysches (Gurnigel und Wägital) aus einem Tiefseebecken südlich eines Inselbogens am Südrand des Ultrahelvetikums, wie es 1973 HSÜ und SCHLANGER vorschlugen.

Der Niesen Flysch

Von der Rhône bis zum Thunersee kann der Niesen Flysch über eine Distanz von 55 km entlang der romanischen Voralpen verfolgt werden. Er liegt zwischen den Ultrahelvetischen Decken und den Médianes rigides. Diese bis 1.3 km mächtige Serie wurde von DE RAAF (1934), McCONNELL (1951), von LOMBARD (1971) und zuletzt von ACKERMANN (1986) studiert.

Der Niesen Flysch s.s. beinhaltet terrigene Konglomerate, turbiditische Sandsteine und Mergel, sowie hemipelagische Pelite (ACKERMANN 1986). **Biostratigraphische** Untersuchungen von Ackermann ergaben für die unteren drei Abteilungen (Frutigen, Niesenkulm und Seron) Maastrichtian-Alter, und nur der oberste Teil des Chesselbach Flysch beinhaltet einen Tertiärfauna, so dass eine Kontinuität über den ganzen Niesen Flysch nicht ausgeschlossen werden kann. Demnach ist der Hauptteil gleichaltrig wie der Wägital Flysch.

Die z.T. leicht metamorphe Basis der Niesen Decke, unterhalb des Niesen Flysches s.s., besteht aus einer Mélange oder Wildflysch mit Komponenten aus der Trias bis Kreide, nach LUGEON (1938) eventuell ultrahelvetischer Herkunft.

Weitere Flysch Formationen

Mächtige Sedimentserien in Flysch Fazies sind nicht nur am Nordrand der Tethys während der späten Kreide und dem frühen Tertiär abgelagert worden. Wir kennen solche aus anderen Ozeanbecken und auch aus früheren Zeiten. Als Beispiele seien die Lokalnamen Prättigau Flysch, Simmen Flysch etc. erwähnt. Wir werden später auf einige von ihnen zurückkommen.

Flysch Tektonik

Der ultrahelvetische Flysch sensu lato hüllt die liegenden Falten des Helvetikums ein, als ob er bereits früh als flaches Brett auf undeformiertes Helvetikum zu liegen kam, bevor beide Einheiten zusammen verfaltet und überschoben wurden, um den komplizierten

Deckenstapel der helvetischen/ultrahelvetischen Alpen zu bilden (HEIM 1908). Da aber dünne Flyschpakete kaum von hinten auf das Helvetikum gestossen werden konnten, kam nur noch gravitatives Gleiten in Frage. LUGEON (1943) und BADOUX (1967) reden von Divertikeln. Als "Divertikulation" bezeichnet man einen Prozess, bei dem nach und nach von ihrem Untergrund entlang schwacher Zonen abgetrennte Pakete dank ihrer Schwerkraft eine geneigte Fläche hinabgleiten und sich dort wieder aufstapeln. Mit diesem Mechanismus wurde versucht, die umgekehrte Stratigraphie der dünnen Einheiten in den ultrahelvetischen Decken zu erklären. Uns scheint dieser Prozess eher spekulativ zu sein, es sind keine rezenten Analoga bekannt.

Plausibler ist die Erklärung durch Mélange- oder Wildflyschbildungen, welche in den Scherzonen zwischen verschiedenen Decken entstehen, als Folge der riesigen Scherkräfte bei der Unterschiebung von Platten oder Blöcken der Erdkruste. Solche Subduktionszonen oder Unterschiebungszonen sind weit verbreitet.

Die Subduktionszone entlang der nordamerikanischen Westküste soll als Beispiel dienen. Weit draussen im Pazifik, in der Nähe der Plattengrenze zwischen pazifischer und nordamerikanischer Platte, werden Tiefseesedimente, darunter mächtige Turbiditabfolgen, unterschoben und bilden sogenannte **accretionary prisms**, oder etwa: "angelagerte Sedimentkeile". Wenn diese jungen Sedimentkeile dann von älteren Plattenrändern überfahren werden, spricht man von **underplating**. Falls dieser tektonische Prozess andauert, so werden ältere angelagerte Sedimentkeile angehoben und bilden dann das Küstengebirge. Die spätkänozoischen Flysch Formationen und Mélanges, heute auf der Halbinsel Olympic (Washington State) aufgeschlossen, sind ein anschauliches Beispiel. Figur 5.6 ist eine daraus abgeleitete schematische Skizze eines Akkretionskeiles an einem aktiven Kontinentalrand zur Illustration eines möglichen Mechanismus der helvetischen Unterschiebung.

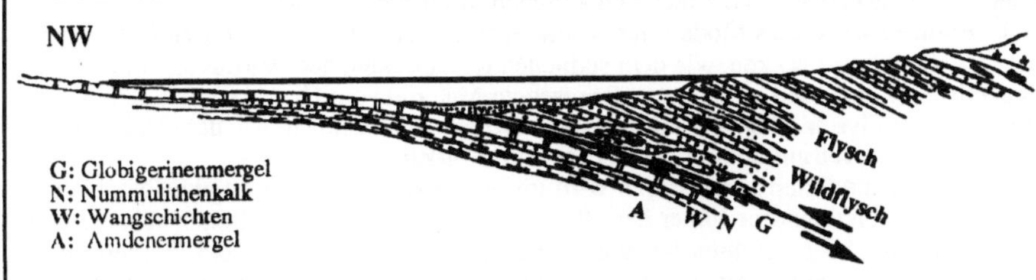

Fig. 5.6. Unterschiebung der helvetischen Abfolge unter den Wildflysch.
Die tektonische Stellung von ultrahelvetischem Flysch und Wildflysch über dem Helvetikum könnte durch eine Unterschiebung an einem aktiven Kontinentalrand erklärt werden. Mélanges, Flysch und Wildflysch bilden ein Akkretionsprisma (vgl. Fig. 4.5 oder 5.1) und werden später gehoben. Es entsteht ein Küstengebirge. Gleichzeitig werden die Sedimente des passiven europäischen Randes unter den Wildflysch subduziert. Damit werden jüngere Gesteine unter ältere geschoben. Diese verschuppte Serie wird später von ihrer Unterlage abgeschert und überschoben, und dabei wird das Helvetikum vom Ultrahelvetikum umhüllt.

Wenn wir dieses plattentektonische Modell auf unseren Flysch anwenden, so glauben wir nicht an eine gravitative Platznahme auf dem Helvetikum. Stattdessen sehen wir den helvetischen und ultrahelvetischen Flysch als Akkretionsprismen, entstanden bei der Unterschiebung des helvetischen Blockes unter den ultrahelvetischen Flysch s.l. (z.B. Sardona, Schlieren). Zeitlich muss das im mittleren und späten Eozän passiert sein. Das

Resultat der kräftigen Scherung solcher Akkretionsprismen in Unterschiebungszonen ist eine Mélange, früher als Wildflysch bezeichnet. Letztlich wurden sowohl die Mélange, wie auch der mächtige ultrahelvetische Flysch und der nordpenninische Flysch von den penninischen Decken überfahren. Somit müssen wir nicht erklären, weshalb der ultrahelvetische Flysch durch den Schub von hinten nicht deformiert wurde, noch müssen wir uns mit der Divertikulation auseinandersetzen.

Flysch Paläogeographie

Die Ägäis wird schon längere Zeit als Modell für die paläozäne Paläogeographie des helvetisch/ultrahelvetischen Bereiches betrachtet (HSÜ und SCHLANGER 1973). Im Norden sehen wir den passiven Kontinentalrand, der bei der Abtrennung eines Krustenteiles vom Hauptkontinent entstand. Der abgetrennte Teil bildet heute den hellenischen Bogen, vom Peloponnes über Kreta und Rhodos (HSÜ und RYAN 1973). Nördlich des Bogens befindet sich das Hinterbogen-Becken (back-arc basin), das südliche Kreta Becken. Dieses steht unter extensionaler Belastung wie üblich im Bereich des "back-arc sea floor spreading"(Ozeanverbreiterung im Becken zwischen Inselbogen und Küste). Typisch ist auch der aktive Vulkanismus in der Region, wie z.B. die Insel Santorin. Das Liefergebiet für die Sedimente im südlichen Kretabecken ist hauptsächlich die Insel Kreta; die vulkanischen Inseln tragen nur untergeordnet Material zur Sedimentation bei. Im Süden des Bogens finden wir den aktiven Plattenrand, wo der hellenische Tiefseegraben die Subduktionszone anzeigt (Fig. 5.7). Der innere Abhang des Inselbogens ist mit annähernd 40° sehr steil, und die Schutthalde am Hangfuss deutet auf wiederholte submarine Rutschungen hin. Flysch-Turbidite werden auf beiden Seiten des hellenischen Bogens angehäuft. Vulkanische Komponenten sind nur auf der Bogeninnenseite anzutreffen, da die Turbidite im hellenischen Graben gänzlich von der nichtvulkanischen Inselkette stammen.

Übertragen wir dieses Modell nun in die Schweiz, so sehen wir den Schlieren Flysch etwa im Hinterbogenbecken, wie dem südlichen Kretabecken, der Detritus stammt von der Habkern-Insel im Süden mit etwas vulkanischem Material vom Hinterbogen-Vulkanismus. Den Gurnigel Flysch sehen wir im Vorbogen-Becken oder Graben, wie dem Hellenischen Graben, und der Detritus kommt von der Insel im Norden.

Die Paläozäne Extensionstektonik wird im Eozän von Kompression abgelöst, als sich auch eine Subduktionszone hinter dem Bogen gebildet hatte und der Bogen seine Hinterbogensedimente zu überfahren begann. Die Eozäne Paläogeographie des Helvetikums/-Ultrahelvetikums sollte mit einem Randmeer in kompressivem Stressfeld verglichen werden, wie etwa dem südchinesischen Meer. Verbreiterung unter Extension hörte Mitte des Miozäns auf, seither wird der Ozeanboden des südchinesischen Meeres unter den eigenen Inselbogen geschoben. Das Verschwinden eines Hinterbogen-Beckens auf diese Weise wird im Englischen **"back-arc basin collapse"** genannt (HSÜ et.al.1989). Der Kollaps des Helvetisch/Ultrahelvetischen Hinterbogenbeckens im Eozän führte zur Deformation des Ultrahelvetischen Flysches und zur Bildung von Mélange.

Unsere Behauptung, dass die Einhüllung des Helvetikums durch das Ultrahelvetikum das Resultat der Unterschiebung sei, bringt einige Einschränkungen für die eozäne Paläogeographie mit sich. Die Tatsache, dass nur der Ultrahelvetische Flysch s.l. und Mélange, nicht aber der Habkern Granit, diese Hülle bilden, erlaubt die Annahme, dass das Helvetikum nur unter das Akkretionsprisma geschoben wurde. Daraus schliessen wir für die Paläogeographie, dass das eozäne Küstengebirge südlich des helvetischen Bereiches hauptsächlich von Flysch, Mélange und Vulkaniten unterlagert war (Fig. 5.3).

Im Glauben, Wildflysch sei eine sedimentäre Ablagerung, konnte die Beobachtung von riesigen Habkerngranit Blöcken in einer Matrix von Globigerinenmergeln nur mit einem Granitberg an der Südküste des späten Eozänen Helvetischen Meeres erklärt werden.

SCHARDT (1898) zeichnete ein anschauliches Bild von grossen Granitblöcken, die von den vorstossenden Decken losbrechen und in den späteozänen Graben mit Globigerinenschlick kollern. Die Erkenntnis, dass Wildflysch eine Mélange ist, erlaubt uns heute eine ganz andere Interpretation.

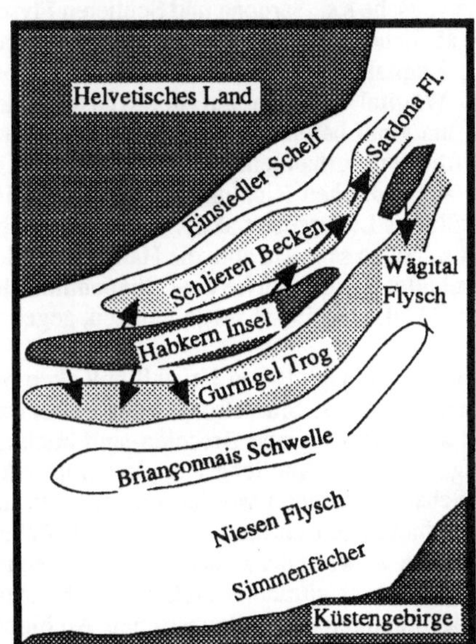

Fig. 5.7. Das östliche Mittelmeer als aktualistisches Modell für die Paleozäne Paläogeographie des Flyschs (nach HSÜ und SCHLANGER 1973).
Hier wird angenommen, dass das Ultrahelvetikum im Paleozän von einem Inselbogen gesäumt war. Granitischer Detritus wurde auf beide Seiten geschüttet: gegen Norden ins Back-arc Becken Schlieren/Sardona und gegen Süden in den Gurnigel/Wägital Trog. Simmen und Niesen Flysch wurden im südpenninischen Raum abgelagert. Es wurden verschiedene andere Modelle vorgeschlagen, wie im Text erwähnt wird.

Für uns existierte das Küstengebirge aus Habkerngranit zur Zeit einer Steilküste im Zusammenhang mit der Bildung steilstehender Brüche während der Dehnungsphase des "back-arc-basins". Die Blöcke von Habkerngranit wurden im späten Maastrichtian und/oder frühen Paläozän, also gleichzeitig mit den groben Schlieren Flysch Turbiditen, deponiert. Nach dem Beginn des Zusammenschubes des "back-arc-basins", wahrscheinlich im späten Paläozän oder frühen Eozän, wurde durch die Unterschiebung von ultrahelvetischem und südhelvetischem Flysch ein neues Küstengebirge herausgehoben. Die Küstenlinie wanderte demzufolge gegen Norden, die Granitberge kamen ins Landesinnere zu liegen, so dass das Nordhelvetikum dann im Oligozän unter ein gehobenes Akkretionsprisma geschoben wurde, und nicht unter eine rein kristalline oder vulkanische Bergkette.

Auch hier verhilft uns der amerikanische Westen zu aktualistischem Anschauungsmaterial: Die Cascade Range in Washington. Die rezenten Flysch Sedimente werden unter das Küstengebirge Olympic Mountains geschoben, welche aus eozänen bis miozänen Flyschen mit vulkanogenen und granitischen Komponenten bestehen. Die Vulkane und

Kristallinberge sind über 50km von der Küste entfernt. Sie können nur Detritus via Flüsse zu den Küsten liefern und von dort durch Resedimentation ins Becken gelangen. Submarine Rutschungen können Schlammbreccien und Turbidite ablagern, wie sie auch von BAYER (1982) im südhelvetischen und ultrahelvetischen Flysch s.s. der Zentralschweiz beschrieben wurden. Unmöglich aber ist eine Platznahme von grossen Granitblöcken.

Möglicherweise sind der helvetische, ultrahelvetische s.s., Sardona und Schlieren Flysch alle in einem back-arc Becken mit Detritus aus südlichen Quellen geschüttet worden. Über die paläogeographische Stellung der Gurnigel, Wägital und Niesen Becken bestehen aber noch grosse Unsicherheiten. Gurnigel und Wägital könnten auf der Südseite des ultrahelvetischen Inselbogens (Habkern, resp. marginal basement high) beheimatet sein, doch ist eine Zuordnung des Niesenbeckens mit den vorhandenen Daten einfach nicht angezeigt. Die Schüttungen sind vorwiegend aus südlichen Richtungen erfolgt, nur im obersten Teil (Chesselbach Flysch) war ein nördliches Liefergebiet aktiv. Dieses nördliche Festland dürfte Homewoods Horst resp. Hsüs Inselbogen sein. Da aber die Hauptmasse des Niesen Flyschs aus südlichen Richtungen geschüttet wurde, dürfte eine Südpenninische Heimat, wie schon von STAUB (1937) und von CADISCH (1953) vorgeschlagen, gegeben sein.

Die Konglomerate des Niesen Flyschs bestehen aus Geröll und Kristallinblöcken bis 10 m gross. Solch grosse Komponenten können nur durch Sturzströme oder Felsstürze entstehen, und sie zeugen für die Nähe von Land. Derart grobe Breccien sind auch an aktiven oder passiven Kontinentalrändern ungewöhnlich. Ähnliche Konglomerate oder Breccien sind aus dem Nordpenninikum im Schams gefunden worden und wurden als Ablagerungen am Fusse von steilen Blattverschiebungen entlang Transform-Brüchen interpretiert. Wir dürfen nicht ausschliessen, dass sich während der späten Kreide ein breiter Kontinentalschelf südlich des Habkern Inselbogens (oder ultrahelvetischen Randhorstes) ausdehnte. Die Paläogeographie könnte mit der heutigen des Indonesischen Archipels verglichen werden. Entlang des aktiven Randes, dem Java Graben, ziehen sich zahlreiche gebirgige Inseln, die alle ihr erodiertes Material in Sturzströmen und Turbiditätsströmen ins nahe Tiefseebecken entladen. Der Niesen Flysch könnte in ein ähnliches Becken im nordpenninischen Raum geschüttet worden sein.

Fragen

1. Geben Sie eine Definition für Flysch. Was ist eine rekurrente Fazies? Was ist die Definition von Flysch als rekurrente Fazies.

2. Geben Sie die Alter für: Nordhelvetischer Flysch, Südhelvetischer Flysch, Ultrahelvetischer Flysch s.s., Flysch in der Sardona Mélange, Schlieren Flysch. – Gibt es einen Zusammenhang zwischen dem ältesten Helvetikum/Ultrahelvetikum und der paläogeographischen Lage der verschiedenen Flysch Formationen?

3. Welches sind die Indizien für eine südliche Herkunft des Detritus für den Helvetischen und Ultrahelvetischen Flysch s.s.?

4. Geben Sie Argumente für oder gegen eine gravitative Platznahme des Ultrahelvetischen Flysches s.l. auf dem Helvetikum.

5. Können Sie Helvetische und Ultrahelvetische Sedimentation und Deformation mit Hinweis auf aktualistische Modelle erklären? Welches Modell könnte erklären, weshalb das Helvetikum nur von Ultrahelvetischem Flysch und Wildflysch unhüllt ist und nicht auch von kristallinen oder vulkanischen Formationen, die jedoch viel Detritus in den Flysch geliefert haben?

6. Warum sind Gurnigel Flysch und Wägital Flysch genau genommen nicht ultrahelvetisch? Gibt es Gründe für oder gegen eine ultrahelvetische Plazierung des Niesen Flysches?

VI DIE KLIPPEN

In der Geologie wird als **Klippe** eine "Exklave" einer mehr oder weniger benachbarten tektonischen Einheit oder eine tektonische Deckscholle bezeichnet. Ihr Zusammenhang zu benachbarten Klippen oder zur Muttereinheit fehlt durch Erosion. Im Gegensatz dazu steht das **Fenster**, ein erosiver Aufschluss einer unterliegenden Einheit, eingerahmt von der überschiebenden Decke. Beide Ausdrücke werden ebenso im Englischen gebraucht, was vom fortschrittlichen Stand der alpinen Tektonik zur Zeit der Entwicklung der Geologie zeugt.

Eine der schönsten Klippen sind sicher die beiden Mythen. Schroffe Felswände steigen aus lieblichen Wiesen empor und überschauen das Knie des Vierwaldstätter Sees, ein touristisches Bijou, welches auch manches Kalenderblatt ziert. Am grossen Mythen sind von unten nach oben erkennbar: Gipsmergel, Dolomit, grauer Kalk und rötliche Mergelkalke. Die grünen Wiesen bedecken hauptsächlich Flysch (Fig. 6.1).

Bereits Escher fiel die Ähnlichkeit des rötlichen Kalkes mit dem helvetischen Seewerkalk auf, und er stellte den Mythen-Gipfel deshalb in die Kreide (vgl. STUDER 1853, p. 182). Ebenso erkannte er natürlich den tertiären Nummulitenkalk und Flysch am Fusse der Mythen. Diese abnormale stratigraphische Abfolge verwirrte sowohl Escher wie auch Studer.

Nicht weniger fasziniert von diesem Berg war KAUFMANN (1877). Wir zitieren seinen ersten Satz über die Mythen:

Die Mythenstöcke, so wunderbar und grossartig in ihrer äusseren Erscheinung, stellten sich bisher auch in ihrem inneren Wesen als geheimnisvolle, sozusagen unantastbare Grössen dar, die den Zudringlichkeiten und Deutungsversuchen der Geologen ihren starren, erhabenen Trotz entgegensetzten.

Kaufmann erkannte die Ähnlichkeit der "Gipsschiefer" und Dolomite an der Basis der Felswände mit der Keuperformation der Germanischen Trias, auch fand er triasische Pflanzenresten in den Mergeln. Die darüberliegende leicht sandige Kalkformation enthält viele Belemniten und einige Ammoniten (eine Art schwimmende Tintenfische, eventuell zu vergleichen mit der heutigen *Sepia*, respektive *Nautilus*), die zum Nekton zählen. So konnte er für diese Formation ein Juraalter annehmen und sie mit dem schwäbischen Braunjura vergleichen. Darüber folgt dann der massige fossilarme helle Kalk. Dieser "Weissjura" oder Malmkalk kann ebensogut mit jenem der Westschweiz verglichen werden. Der auffallende rötliche obere Teil des Grossen Mythen besteht aus sogenannten *couches rouges*, welche mit weiteren hellen oder grünlichen Kalk und Mergelkalklagen zur Kreide gehören. Wie in der helvetischen Oberkreide, wird auch hier *Inoceramus*, eine asymmetrische Muschel, gefunden.

Eine unbefangene Person könnte nun glauben, dass die mesozoischen Gesteine der Mythen als Inseln aus dem damaligen Flyschmeer herausragten. Eine solche Idee hegte seinerzeit MURCHISON, als er versuchte, die unerwartete Abfolge von permischem Verrucano auf tertiärem Flysch im Glarnerland zu erklären. Dabei ging er von der Beobachtung aus, dass an Steilküsten zuweilen rezente Sedimente an alte Gesteine angelagert werden. Im Englischen gibt es dafür den Ausdruck **buttress unconformity**, übersetzt etwa "Relief Diskordanz". In einem solchen Fall sollte aber das junge Sediment Erosionsschutt der überragenden Felswand enthalten, was beim Nummulithenkalk am Fusse der Mythen nicht beobachtet werden kann. Deshalb konnte diese Erklärung nicht lange standhalten.

Eine zweite Möglichkeit wäre, die Mythen als tektonischen Horst zu sehen, allseitig von steilen Brüchen umrahmt. Auf diese Art versuchte FAVRE 1865 die Savoyer Klippen

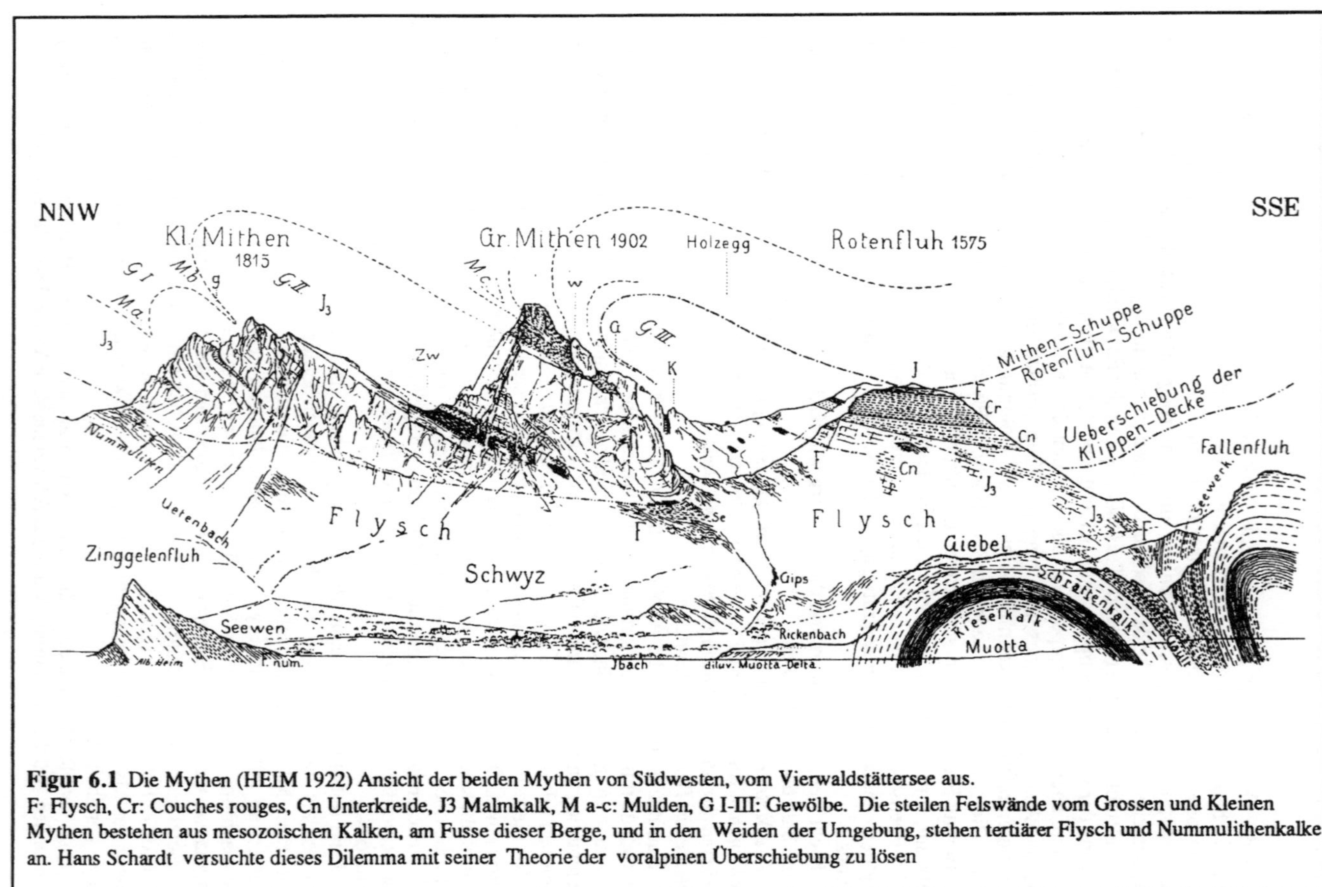

Figur 6.1 Die Mythen (HEIM 1922) Ansicht der beiden Mythen von Südwesten, vom Vierwaldstättersee aus.
F: Flysch, Cr: Couches rouges, Cn Unterkreide, J3 Malmkalk, M a-c: Mulden, G I-III: Gewölbe. Die steilen Felswände vom Grossen und Kleinen Mythen bestehen aus mesozoischen Kalken, am Fusse dieser Berge, und in den Weiden der Umgebung, stehen tertiärer Flysch und Nummulithenkalke an. Hans Schardt versuchte dieses Dilemma mit seiner Theorie der voralpinen Überschiebung zu lösen

der Präalpen zu erklären (vgl. BAILEY 1935). Heute würde eine solche Idee von Strukturgeologen als physikalisch unmöglich abgetan. Zusätzlich sollte die Stratigraphie beidseits von Brüchen nicht allzu verschieden sein. Doch das Mesozoikum der Mythen unterscheidet sich markant von jenem des überall in der Nähe aufgeschlossenen Helvetikums.

Ein dritter Ausweg wurde zunächst von SCHARDT 1883 vorgeschlagen (vgl. BAILEY 1935). Er sah das Ganze als eine normale Abfolge an, auf den tertiären Flysch folgen wieder Mergel und Kalke noch jüngeren Alters. Bis 1893 widerstand er jeder startigraphischen und paläontologischen Evidenz von Trias und Jura und verteidigte seine tertiären Mythen. Im Mittelland aber waren alle posteozänen Sedimente vom Typus Molasse, also völlig verschieden von den Mythen.

Endlich realisierte er angesichts der überwältigenden Beweiskraft der Fakten, dass es sinnlos ist, eine falsche Idee bis ins Nichts zu verfolgen. So akzeptierte er fast 10 Jahre nachdem Bertrand die Glarner Überschiebung erkannt hatte endlich die ungewöhnliche stratigraphische Abfolge an den Mythen, dabei ging er von der Defensive gleich in die Offensive. Er korrelierte die Mythen mit ähnlichen Abfolgen in den Präalpen und postulierte dann die Klippendecke, deren allochthone Gesteine weiter im Süden beheimatet sein mussten.

Seit diesem revolutionären Manifest von SCHARDT (1893) sind fast 100 Jahre vergangen, und es mag obsolet erscheinen, wenn wir heute diese alten Ideen wie "Relief Diskordanz", "Horst" oder "normale Abfolge" im Zusammenhang mit den Mythen diskutieren. Jedoch ist das tektonische Verständnis in gewissen Ländern noch derart bedauerlich, dass zuweilen solche Ideen noch immer zur Erklärung von Klippen in Gebirgszügen, welche bei Kontinentkollisionen entstanden sind, herangezogen werden (vgl. HSÜ 1989).

Die präalpinen Decken

Hans Schardt, der gegen Ende des letzten Jahrhunderts in den Präalpen der Westschweiz arbeitete, formulierte ein "Gesetz für die Präalpen":

Überall in den Präalpen besteht die Unterlage von Trias, Perm oder Karbon aus jüngeren Sedimenten, meist aus Tertiärem Flysch (vgl.BAILEY 1935,p. 84). Nachdem erkannt wurde, dass die Trennfläche zwischen den Präalpen und ihrer Unterlage eine Überschiebungsfläche ist, war die logische Folge, dass die Präalpen selbst einen Deckenstapel darstellen, und zwar mit der folgenden tektonischen Gliederung:

Simmen Decke
Breccien Decke
Klippen Decke (Médianes rigides und Médianes plastiques)
Niesen Decke
Gurnigel Decke (Externe Präalpen)
Zone des Cols (Interne Präalpen)

Falls man die Faustregel: Höhere Decken, südlichere Herkunft, anwendet, so müsste die Simmendecke aus dem südlichsten Ablagerungsraum, die Zone des Cols aus dem nördlichsten stammen. Alle zusammen sind über die Helvetischen Decken geschoben worden, welche ihrerseits die autochthonen Massive überfahren haben.

Die Präalpinen Decken sind allesamt Abscherungsdecken, d.h. sie sind flächenhaft von ihrer Unterlage abgeschert, verfrachtet und dabei deformiert worden. Wir finden hier keine Verkehrtschenkel, wie z.B. bei der Morcles Decke im Helvetikum (Fig. 6.2a), obwohl die Präalpen in sich teilweise stark verfaltet sind. Der Faltenstil ist deutlich verschieden, wie Fig.6.2b zeigt.

Figur 6.2 Vergleich von helvetischem und präalpinem Deformationsstil (BADOUX und andere, Führer 1967)

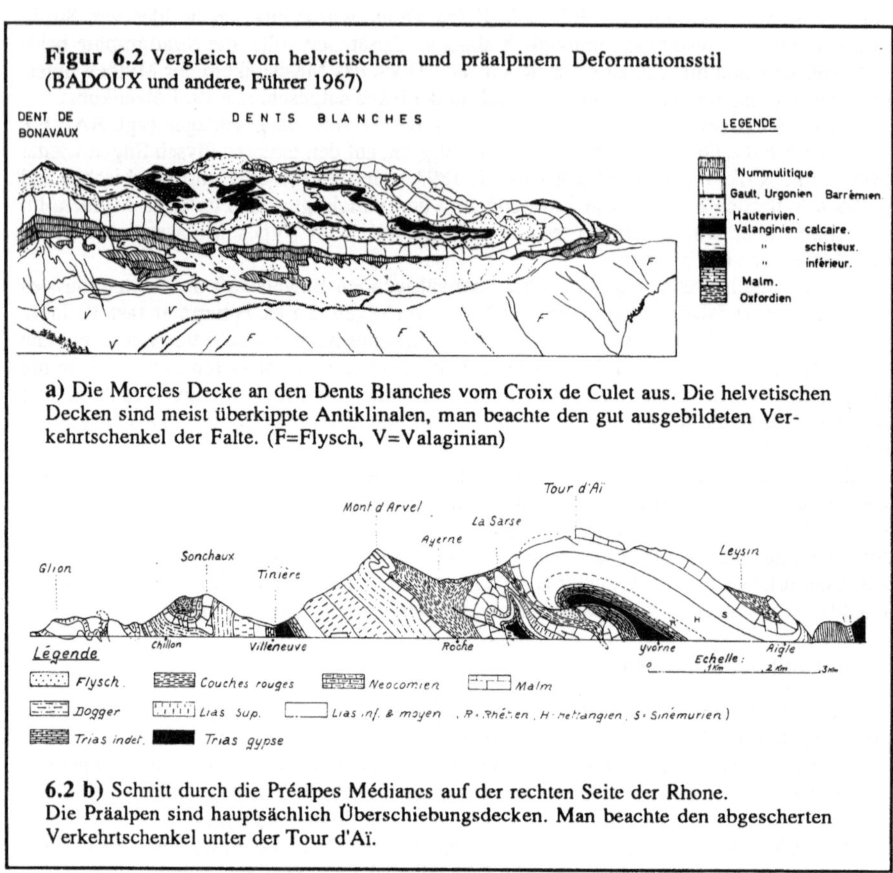

a) Die Morcles Decke an den Dents Blanches vom Croix de Culet aus. Die helvetischen Decken sind meist überkippte Antiklinalen, man beachte den gut ausgebildeten Verkehrtschenkel der Falte. (F=Flysch, V=Valaginian)

6.2 b) Schnitt durch die Préalpes Médianes auf der rechten Seite der Rhone. Die Präalpen sind hauptsächlich Überschiebungsdecken. Man beachte den abgescherten Verkehrtschenkel unter der Tour d'Aï.

Die Sedimente der Präalpen wurden im mesozoischen bis früh-tertiären Ozean zwischen dem europäischen oder helvetischen und dem italienischen oder ostalpinen Kontinentalrand abgelagert. Abgesehen von der Zone des Cols mit ultrahelvetischen Einheiten (vergl. vorhergehendes Kapitel), werden heute alle Decken zum Penninikum gezählt. Die Unterlage dieser Sedimente waren die heute als penninische Decken südlich des Rhonetales anstehenden Gesteine. Dieser Folgerung liegen mühsame geologische Feldarbeiten von unzähligen schweizerischen und französischen Geologen zu Grunde.

Die Klippendecke

Die Préalpes Médianes, also jene Teile zwischen den Préalpes Internes und den Préalpes Externes, gliedern sich in zwei Einheiten gemäss ihrem tektonischen Verhalten: Der obere Teil mit kompetenten mächtigen Kalk und Dolomitbänken bilden die *Médianes rigides*, der untere Teil mit mehr inkompetenten Schichten, wie z.B. Couches rouges, bildet die *Médianes plastiques*. Bereits Kaufmann beobachtete die unterschiedlichen Sedimentserien in der Klippendecke (Mythen) und im Helvetikum (Urnersee). Schon der frühtertiäre Nummulitenkalk, typisch im Helvetikum, fehlt in den Klippen. Die Kreideschichten im

Helvetikum sind oft derart mächtig, dass BAILEY 1935 von "mountainous proportions" sprach. Besonders eindrücklich ist die mächtige und massige Schrattenkalk Formation, früher als Urgon bezeichnet in Anlehnung an einen Kreidesteinbruch bei Orgon in Südfrankreich. Diese bildet viele der steilen, hellen Kalkwände und Rippen im Gebiet der helvetischen Decken. Das Fehlen solch mächtiger wandbildender Formationen in der Klippen Kreide (die Unterkreide kann sogar gänzlich fehlen), macht den ganz typischen landschaftlichen Charakter der romanischen Voralpen aus.

Wie schon früher erwähnt, zeigt der Jura der nördlichen Tethys eine nach Südosten hin vollständigere und mächtigere Abfolge zwischen Autochthon und südhelvetischem oder ultrahelvetischem Bereich. In der Zone des Cols z.B. ist der Jura nur durch mitteljurassische hemipelagische Mergelschiefer vertreten. Innerhalb der Klippendecke findet ein Fazieswechsel statt (Fig. 6.3). Dieser Fazieswechsel kann auf laterale Unterschiede der Ablagerungsverhältnisse zurückgeführt werden, von marinen Bedingungen im Subbriançonnais zu Seichtwasser oder Insel im Briançonnais und weiter gegen Süden dann wieder in die Tiefen des Piemonttroges (Fig. 6.4).

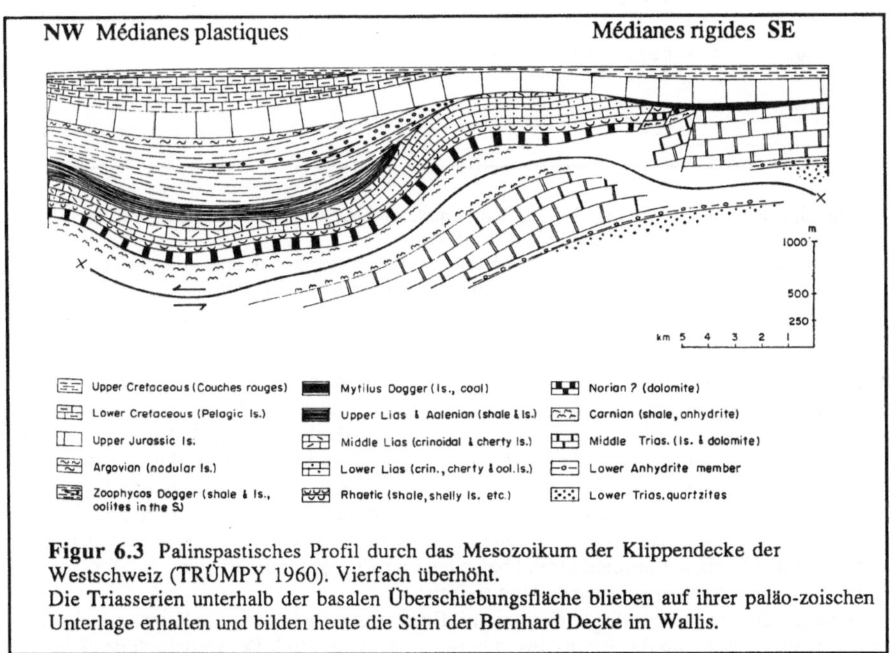

Figur 6.3 Palinspastisches Profil durch das Mesozoikum der Klippendecke der Westschweiz (TRÜMPY 1960). Vierfach überhöht.
Die Triasserien unterhalb der basalen Überschiebungsfläche blieben auf ihrer paläo-zoischen Unterlage erhalten und bilden heute die Stirn der Bernhard Decke im Wallis.

Der Jura der oberen Decke (Médianes rigides) besteht aus marinem Flachwasserkalk des Tithon und Oxford und aus **Mytilus Dogger** (Bajocian bis Callovian), einem teils brackischen teils marinen Sediment mit kohligen Zwischenlagen. An der Basis des Mytilus Dogger konnten BADOUX und WEISSE (1959) sogar einen Lateritboden beobachten, ein Indiz für kontinentale Verwitterung im mittleren Jura. Der untere Jura fehlt ganz. Die Médianes plastiques zeigen im Jura von oben nach unten: Massige und knollige Kalke ("Argovian") ebenfalls des Tithon und Oxford. Dann folgt der **Zoophycus Dogger** (Bathonian bis frühes Oxfordian). Zoophycus steht für ein **Spurenfossil**, d.h. nur die Kriech- und Frassspuren oder Bohrgänge von Schlammfressern in seichtem Wasser sind erhalten (vgl. Fig. 6.9). Als marines Sediment ist der Zoophycus Dogger etwas tiefer abgelagert worden als der Mytilus Dogger. Der Zoophycus Dogger besteht aus Tonschiefern und siltigen Kalken mit Korallen. Diese relativ dünnbankige Serie ist leichter verform- und faltbar ("plasitsch"), als die dickbankigen "starren" Serien der "rigides", welche viel eher in Blöcke zerbrechen. Auch der untere Jura, der Lias, ist nur in den "plastiques" anzutreffen als dünne Abfolge von Mergeln und Kalkschiefern mit Crinoiden (Seelilien).

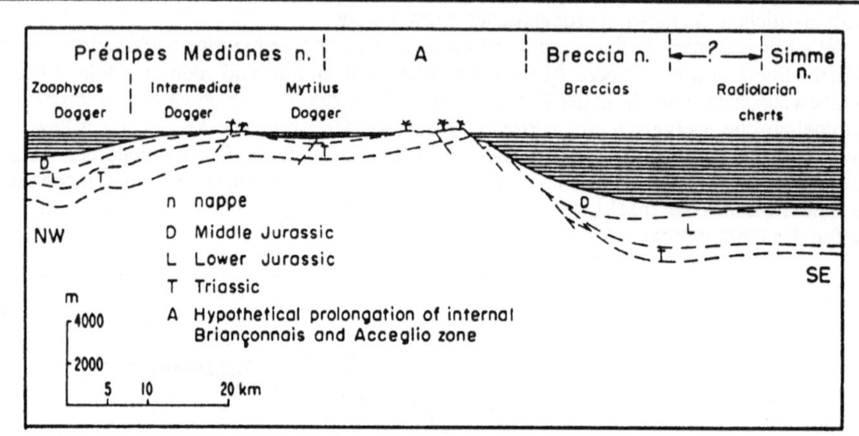

Fig. 6.4 Hypothetisches Profil durch einige präalpine Decken an der Wende mittlerer / oberer Jura. Vierfach überhöht. (TRÜMPY 1960).
Das Briançonnais war eine intraozeanische Schwelle und trennte die mesozoische Tethys in einen nördlichen (Walliser) und einen südlichen (Piemonteser) Ozean.

Die Trias der Klippendecke zeigt von unten nach oben: Eine Quarzit Formation, Algenkalke und Dolomite in der mittleren Trias und Anhydrit, Tonsteine und Zellendolomite (**Rauhwacke**) in der späten Trias. Noch ältere Sedimente müssen wir im Penninikum südlich der Rhone suchen, da die Klippendecke entlang von Gipslagen der Trias abgeschert wurde (TRÜMPY 1960, p.885). Die Suche nach der Heimat der Klippendecke ist, wie BAILEY 1935 sich ausdrückte, eine lange und aufregende Jagd. Der Jura der Klippendecke zeigt jedoch einen dem Helvetikum entgegengesetzten Trend: eine Ausdünnung mit lückenhafter Schichtreihe und Verflachung nach Süden, so dass wir uns nicht am europäischen Kontinentalrand befinden können. Wir müssen einen Inselbogen im Süden oder den südlichen Kontinentalrand suchen.

Schardt zeichnete zwei Möglichkeiten auf. Einerseits versuchte er die Klippendecke der Präalpen als Fortsetzung des Rhätikons, d.h. der Falknis-Sulzfluh Decke östlich des Rheins zu verstehen. Andrerseits suchte er eine Verbindung der Präalpen mit den penninischen Einheiten aus dem Briançonnais südlich des Mont Blanc. Die erste Möglichkeit wurde von einer älteren Generation von Geologen (CADISCH 1953, STAUB 1958) aufgegriffen und bestätigt. Eine jüngere Generation von französischen Geologen (ELLENBERGER 1952, LEMOINE 1953, DEBELMAS 1955) konnte die Verbindung der rigides und plastiques mit dem Briançonnais und Subbriançonnais abstecken. Die Sedimente des Briançonnais bedeckten einst jene der heutigen penninischen Bernhard Decke (Grundgebirgsdecke), bevor sie abgeschert und als unabhängige Decken abtransportiert wurden.

Eine Korrelation mit dem Briançonnais in Frankreich einerseits und Falknis/Sulzfluh andrerseits ist gar nicht so abwegig, bedingt aber eine ausgedehnte intraozeanische Schwellenzone von den Westalpen bis in die Ostalpen, so,dass die Tethys in zwei Ozeane geteilt wurde, den nördlicheren Wallisertrog und den südlichen Piemonttrog (Fig. 6.5). Da STAUB (1958) die Präalpen und die Falknis/Suzfluh am ostalpinen Kontinentalrand ansiedelte, verneinte er eine Korrelation mit dem Briançonnais, welches als penninisch anerkannt war. Diese berühmte Kontroverse, welche noch einen Generationenkonflikt beinhaltet, soll am Ende des Kapitels aufgegriffen werden, um die Methodik und Logik der Argumentation in der Erforschung der Alpen aufzuzeigen. Wir möchten nur noch festhalten, dass die Kontroverse zugunsten der Franzosen gelöst wurde, sowohl die Präalpen, wie auch die Falknis/Sulzfluh werden heute mit dem Briançonnais/Subbriançonnais korreliert und allesamt sind penninisch.

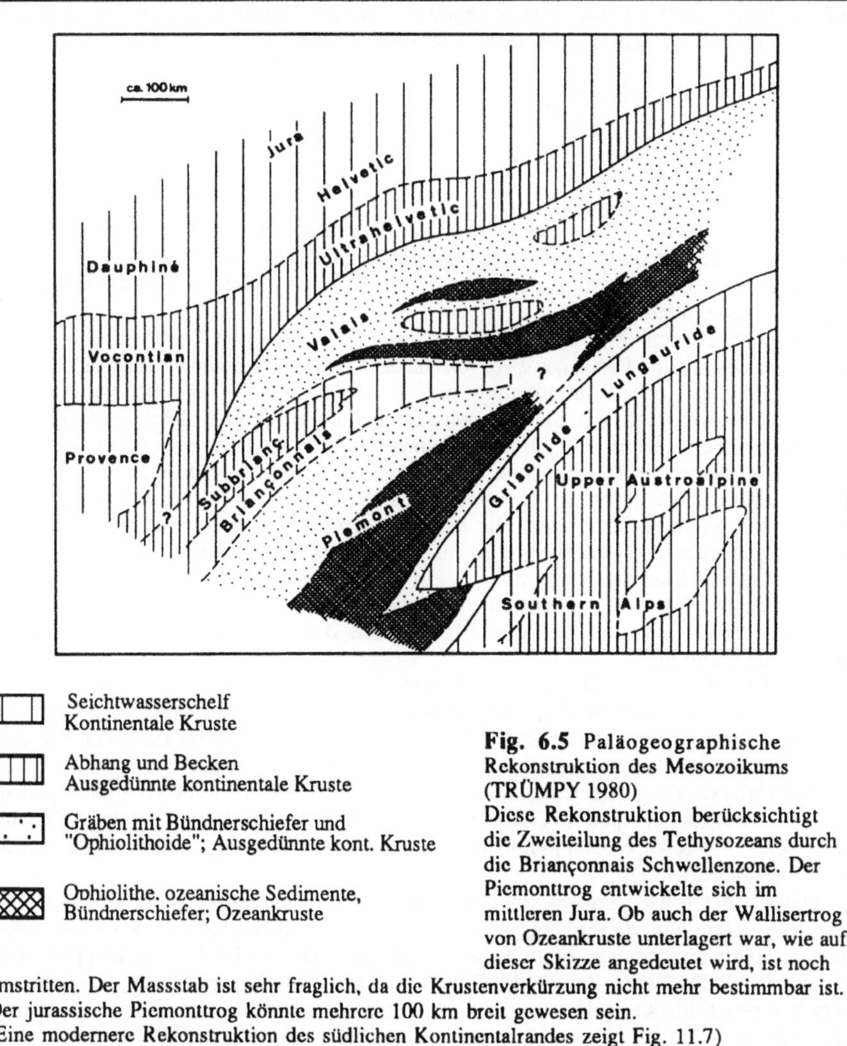

Fig. 6.5 Paläogeographische Rekonstruktion des Mesozoikums (TRÜMPY 1980)
Diese Rekonstruktion berücksichtigt die Zweiteilung des Tethysozeans durch die Briançonnais Schwellenzone. Der Piemonttrog entwickelte sich im mittleren Jura. Ob auch der Wallisertrog von Ozeankruste unterlagert war, wie auf dieser Skizze angedeutet wird, ist noch umstritten. Der Massstab ist sehr fraglich, da die Krustenverkürzung nicht mehr bestimmbar ist. Der jurassische Piemonttrog könnte mehrere 100 km breit gewesen sein.
(Eine modernere Rekonstruktion des südlichen Kontinentalrandes zeigt Fig. 11.7)

Die Breccien Decke

Die Klippen der Breccien Decke sind vor allem im Chablais, südlich des Genfersees, und kleinere Teile noch im Berner Oberland erhalten geblieben. Auch die Breccien Decke der Präalpen wurde entlang einer triasischen Evaporitschicht abgeschert und verschoben. Im Chablais war die Abscherung tiefer, da dort noch Permo-Karbon ansteht (CADISCH 1953, p.212). Die heutige Unterlage der Breccien Decke ist grossenteils der Flysch der Klippen Decke, womit der früher zitierten Regel von Schardt entsprochen wäre. Die Trias besteht aus Quarziten, Rauhwacke und Dolomit und ist beidseits der Rhone korrelierbar. Am Ende der Trias, im Rhät, treten die ersten Breccien zwischen Kalken und dunkelgrauen Schiefern auf. Im Jura dann lösen zwei Breccienhorizonte normal marine Sedimente ab. ARBENZ 1947 unterschied im Gebiet der Hornfluh vier Einheiten:

Obere Breccie
Oberer Schiefer
Untere Breccie
Untere Schiefer.

Die unteren "Schiefer" des Lias sind kalkige Mergelschiefer, mergelige Kalke und dünne Breccien. Diese gegenüber der Triasplattform in deutlich tieferem Wasser gebildeten Sedimente zeigen die beginnende Subsidenz im frühen Jura an, welche die Geburt des Tethys Ozeans einleitete.

Die untere Breccie (bis 500m mächtig) enthält die mächtigsten Trümmergesteinsserien des Berner Oberlandes. Es werden zwei verschiedene Typen von Breccien unterschieden: Die groben Breccien mit Komponenten bis zu 10 cm sind **clast-supported** oder **framework-supported**, d.h. die Komponenten berühren sich und bilden ein Gerüst. Die Zwischenräume sind mit Schlamm oder Zement gefüllt; die feinen Breccien sind **mud-supported**, die groben Komponenten schwimmen in der feinen Matrix. Die Feinbreccien können in Grobsande übergehen, die typische Gradierung mit schlechter Sortierung zeigen. Es sind korngestützte Sedimente. Die Komponenten der Breccien sind meist triasische Dolomite, dagegen sind Quarzite und Kalke untergeordnet. Belemniten deuten auf ein Alter zwischen spätem Lias bis Dogger hin.

Die oberen "Schiefer" bestehen aus Tonschiefern, Kieselschiefern, Kalkschiefern und Breccien. Sie erreichen an die 200m Mächtigkeit. Die spärlichen Fossilien deuten auf Dogger bis Malm hin.

Die obere Breccie enthält vorwiegend feine Breccien mit Einschaltungen von sandigen Kalken, pelagischen Kalken, Kalk- und Tonschiefern mit z.T. deutlichen Gradierungen. Das Alter der Einheit reicht vom Malm bis in die früheste Kreide (Infra-Valanginian), wie die Mikrofossilien vom Genus *Calpionella* der pelagischen Kalke beweisen.

Die Unterkreide ist im Chablais dünn, im Hornfluhgebiet fehlt sie meist, und die **couches rouges** der späten Kreide liegen auf der Oberen Breccie. Diese rötlichen pelagischen Mergelkalke sind mit planktonischen Foraminiferen gut datiert als Campanian bis frühes Maastrichtian.

Die couches rouges werden von einer turbiditischen Flysch Formation überlagert. Im Hornfluh Gebiet wird dieser Breccien-Flysch als Maastrichtian datiert, doch wurden auch jüngere Flyscheinheiten von Früh bis Mitteleozän zur Breccien Decke oder Klippen Decke gezählt (CARON 1972). Zahlreiche Ophiolithbrocken wurden im Flysch gefunden. Sie bestehen meist aus Kissenbasalt oder Diabas und dürften daher von einem Ozeanboden geschürft und tektonisch in den Flysch gespiesst worden sein, als die Breccien Decke unter die Simmen Decke und/oder die Ophiolith Mélange geschoben wurde.

Die Entstehung der jurassischen Breccien der Breccien Decke wurde von den Pionieren der Alpengeologie einem gravitativen Materialtransport hangabwärts zugeschrieben. Dabei können zwei Typen von Bewegung unterschieden werden: Beim **sediment-gravity flow** (gravitativer Sedimentstrom) werden die Partikel durch ihr Eigengewicht in Bewegung gehalten, das flüssige Medium wird mitgerissen. Ein typisches derartiges Ereignis ist der **Sturzstrom** (HEIM 1932, HSÜ 1973). Während der lawinenartigen Bewegung der Gesteinstrümmer hangabwärts übertragen diese ihre Energie durch Aneinanderstossen auf ihre Nachbarn. Die Grobbreccien der Breccien Decke dürften diesen Mechanismus widerspiegeln. Die groben Komponenten, meist Trias, waren bereits verfestigte Gesteine, bevor sie den Abhang hinunterkollerten und als Sturzstrom in die Tiefe fuhren. Anders im **fluid-gravity flow**, wo das Medium selbst die treibende Kraft darstellt. Die festen Komponenten dieser Wasser-Sediment Mischung werden durch die hydraulische Bewegung der Flüssigkeit mitgerissen. Schlammströme, welche matrixgestützte Breccien ablagern, sind solche "fluid-gravity flows". Turbiditätsströme sind eine andere Art von "fluid-gravity flows", welche entstehen, wenn z.B. die feinere Fraktion eines gravitativen Sedimentstromes sich mit genügend Umgebungswasser mischt und dadurch zur strömenden Suspension wird.

Die Breccien Decke überfährt die Klippen Decke, sie kommt also von weiter südlich her. Ihre Jurafazies deutet auf eine Bildung am Fusse eines steilen Abhanges, wahrscheinlich im Südosten der Briançonnais Schwelle (oder des Inselbogens). Die fehlende Unterkreide wurde von ARBENZ (1947) als Phase von Heraushebung und Verwitterung gedeutet. Da jedoch die obere Breccie unter und die Couches Rouges über der Diskordanz sicher Tiefseeablagerungen sind, glauben wir, dass die Unterkreide im Hornfluh Gebiet nicht abgelagert oder aber am Fuss des Kontinentalabhanges erodiert wurde, wo bekanntlich ozeanische Bodenströme (sog. Konturströme) ziemlich stark sein können. Die Schichtlücke unter den Couches Rouges könnte dann mit derjenigen unter den helvetischen Wangschichten verglichen werden, allerdings nicht isochron.

Das Sedimentationsgebiet der Breccien Decke blieb während des Campanian, Maastrichtian und des Paläozän tiefmarin, als die Flysch Sedimente in submarinen Fächern angehäuft wurden, bevor sie als Akkretionsprisma unter die Simmen Decke und die Ophiolith Mélange subduziert wurden. Während dem Paläozän und Eozän wurden in der Subduktionszone Ophiolithe mit Flysch-Sedimenten vermischt.

Die Simmen Decke

Die Simmen Decke sensu lato ist die höchste Einheit der Präalpen und wird darum von den Romands auch *La nappe supérieure des Préalpes* genannt. Die Simmen Decke s.l. wurde von Süden über und vor die Breccien Decke geschoben, so dass ihre Stirn direkt auf den Flysch der Klippen Decke zu liegen kam (Fig. 6.6). Bei einem späteren weiteren Vorstoss der Breccien Decke mitsamt dem darüberliegenden Teil der Simmen Decke wurden deren vorderste Teile überfahren und in gestauchte Synklinalen der Klippen Decke hineingepresst (Fig. 6.7).

Die zweiteilige Gets Decke besteht aus Kreide Sedimenten. Der untere Teil ist ein Sandsteinflysch der späten Kreide, eingeklemmt zwischen zwei Mélange Lagen. Die untere Mélange enthält Granit- und Ophiolithblöcke und Schmitzen von "argilles à palombini" in einer tonigen bis mergeligen Matrix. Die Palombini gehören der frühen Kreide an. Die obere Mélange (V-Signatur in Fig. 6.8) enthält neben feinkörnigen Kalken ebenfalls Granite. Der obere Teil der Decke ist die sogenannte *Série du Hundsrück*, eine z.T. über 200m mächtige Serie von groben Konglomeraten und turbiditischen Sandsteinen der späten Kreide.

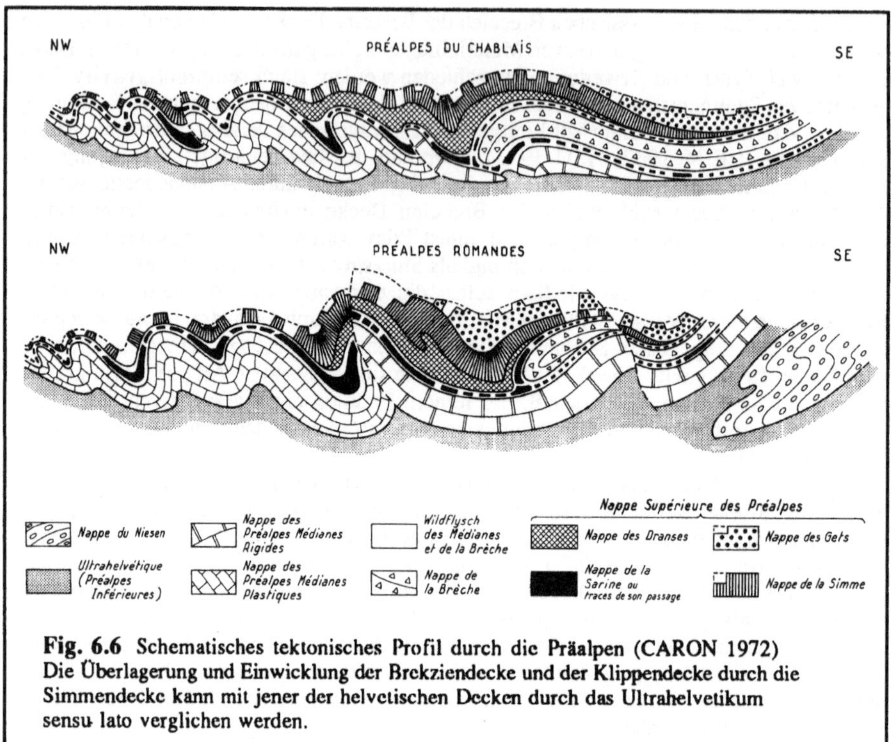

Fig. 6.6 Schematisches tektonisches Profil durch die Präalpen (CARON 1972)
Die Überlagerung und Einwicklung der Brekziendecke und der Klippendecke durch die Simmendecke kann mit jener der helvetischen Decken durch das Ultrahelvetikum sensu lato verglichen werden.

CARON hat 1972 eine Unterteilung dieses Deckenkomplexes vorgeschlagen (Fig. 6.8)

Gets Decke
Simmen Decke s.s.
Dranses Decke
Sarine Decke.(Saanen Decke)

Auch die Simmen Decke s.s. ist zweiteilig. Die untere Einheit, *la Série de la Manche*, ist analog zur Gets Decke ein Sandwich von Sandstein Flysch zwischen zwei Mélanges. In der unteren Mélange schwimmen Kalkblöcke aus dem Albian, der Flysch wurde als Oberkreide (Turonian) datiert, und die obere Mélange enthält verschiedene Gesteine von Malm und Kreide, wie z.B.: Radiolarite, Aptychenkalke (Biancone) und pelagische Mergel, eine typische Assoziation des unteren Ostalpins.

Die Dranses Decke besteht hauptsächlich aus Helminthoiden Flysch, dem typischen, dünnbankigen Kalk Flysch mit den charakteristischen Lebensspuren auf der Unterseite der Turbiditschichten (Fig. 6.9). Das Alter des Flyschs reicht bis ins Maastrichtian hinauf. An der Basis dieser Decke findet man auch hier eine Mélange mit Schmitzen von Helminthoiden Flysch in einer tonigen Matrix.

Die Saane Decke (Nappe de la Sarine) als unterste Einheit ist ebenfalls eine Flysch Decke. Die Spurenfossilien sind vorwiegend *Fucoiden* (Fig. 6.9), Helminthoiden sind selten oder fehlen. Fucoiden sind Lebensspuren auf der Sedimentoberfläche, deren Ursprung nicht geklärt ist. Es ist ein Sammelbegriff für die eher dendritischen Formen dieser Frass-

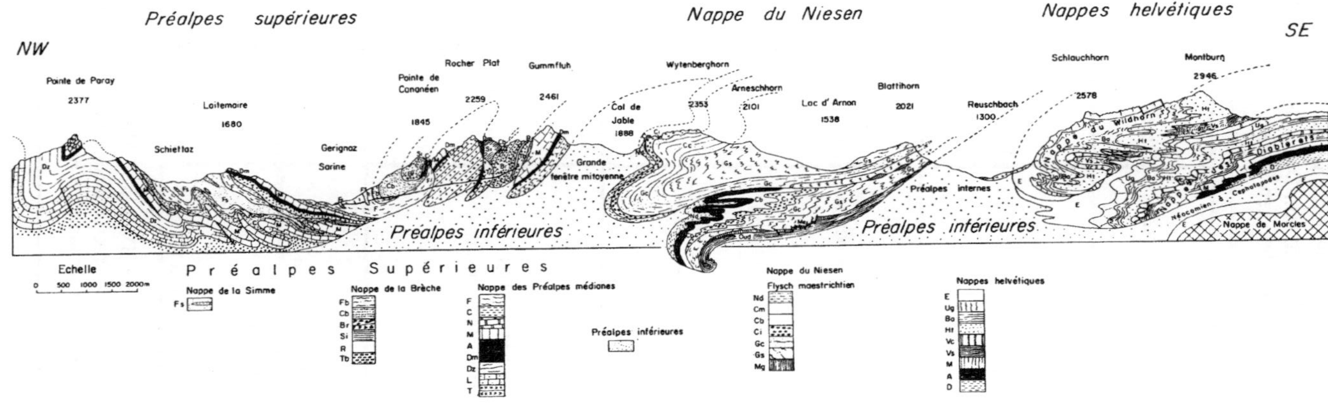

Fig. 6.7 Profil durch die Präalpen (GAGNEBIN 1942)
In diesem Querschnitt liegt die ursprünglich südlichste Simmendecke weit nördlich direkt über der Klippendecke am Laitemaire, die Brecciendecke wurde offenbar später überschoben. Im Saanetal scheint somit die Brekziendecke das oberste Element zu bilden und müsste deshalb aus dem südlichsten Raum stammen. Solche strukturellen Komplikationen verleiten gerne zu Spekulationen. Wir glauben, dass solche Diskussionen unnötig sind, da in Gebieten mit mehr als einer Generation von Überschiebungen die Faustregel der höheren Decke aus südlicherem Raum nicht mehr anwendbar ist.

Simmendecke: Fs = Kreideflysch mit Mocausakonglomerat.
Brekziendecke: Fb = Flysch, Cb = Oberkreide, Br = Untere Brekzie, Si = Untere Schiefer, R = Rhät, Tb = Trias
Klippendecke: F = Tertiärflysch, C = Oberkreide, N = Unterkreide, M+ A = Malm, Dm + Dz = Dogger (Mytilus, Zoophycos), L = Lias, T = Trias
Niesendecke: Nd = Nodosariaschichten, Cm - Gs: Konglomerate und Flysche, Mg + Oud = Mesozoische metamorphe Basis

gänge,Weide- oder Kriechspuren. Das Alter des Flysches reicht vom Maastrichtian ins Paläozän, weshalb er auch mit dem Schliercn Flysch und dem Gurnigel Flysch verglichen wurde. Unsere paläogeographischen Rekonstruktionen deuten aber auf eine Ablagerung dieser gleichaltrigen Formationen in verschiedenen Becken hin. Die tektonische Unterlage dieser Sarine Decke bilden die Mélanges der Klippen und Breccien Decke.

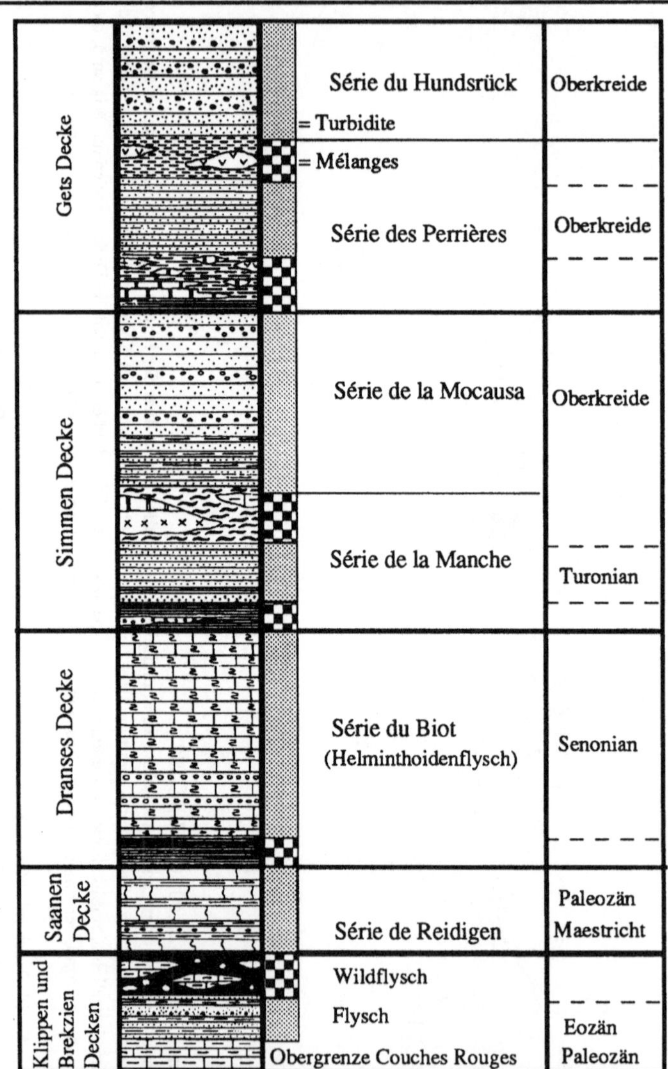

Fig. 6.8 Tektonische Gliederung der oberen präalpinen Decken (CARON 1972)
Man beachte, dass in diesem Akkretionskeil, der durch Unterschiebung an einem aktiven Kontinentalrand gebildet wurde, die unteren Decken mehr jüngeres Material enthalten.

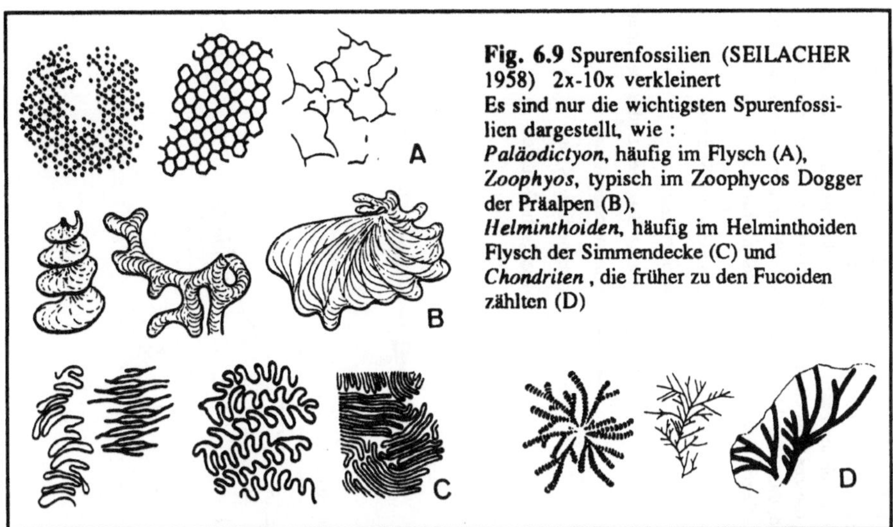

Fig. 6.9 Spurenfossilien (SEILACHER 1958) 2x-10x verkleinert
Es sind nur die wichtigsten Spurenfossilien dargestellt, wie :
Paläodictyon, häufig im Flysch (A),
Zoophyos, typisch im Zoophycos Dogger der Präalpen (B),
Helminthoiden, häufig im Helminthoiden Flysch der Simmendecke (C) und
Chondriten, die früher zu den Fucoiden zählten (D)

Die Besonderheit der Simmen Decke s.l. sind die Blöcke ostalpiner Sedimente und Grundgebirge, wie auch die Schürflinge ozeanischer Kruste in ihren Mélanges. Auch der Flysch der Simmen Decke enthält Detritus derselben Provenienzen (WILDI 1985). Gemäss HSÜ (1989) begann die Subduktion der Tethys im Osten in der frühen Kreide. Die Unterschiebung des südlichen Kontinentes bewirkte eine Hebung und die Bildung eines Küstengebirges am Nordrand des ostalpinen Raumes. Die Küstenkette überlagerte Granit, ostalpine Formationen und Akkretionsprismen von Ophiolith Mélange. Der grobe Detritus aus diesem Erosionsgebiet wurde in die Vortiefen am Südrand des Penninischen Raumes transportiert, wo submarine Fächer aufgebaut wurden. (vgl. Fig. 5.7). Der Zuwachs an Akkretionsprismen dauerte bis in die späte Kreide, als jüngere Teile des Simmen Flyschs (Dranses und Saane Decken) unter ältere (Simmen s.s. und Gets Decken) geschoben wurden.

Paläogeographie und tektonische Entwicklung der Präalpen

Die Klippen der Präalpen sind auf das Helvetikum und Ultrahelvetikum aufgeschoben und sollten deshalb gemäss unserer Faustregel aus einem südlicheren oder südöstlicheren Bereich kommen als diese. Der laterale Fazieswechsel vom seichten Nummulitenkalk bis hin zu den pelagischen Couches Rouges zeugt von einer zunehmenden Vertiefung des Ozeans weg vom europäischen Kontinent. Andrerseits zeugen die hemipelagischen Mergel des mittleren Juras in den höheren helvetischen und ultrahelvetischen Decken von grösseren Wassertiefen, während der zeitgleiche Mytilus Dogger im Briançonnais Anzeichen von Verwitterung zeigt. Offenbar steigt der Ozeanboden im Bereich des Subbriançonnais wieder an und taucht im Briançonnais zeitweise gar auf, weshalb der Ausdruck der "Briançonnais Schwelle" Eingang in die alpine Literatur fand. **Briançonnais** ist deshalb eine paläogeographische Bezeichnung des Sedimentationsraumes, wo die Sedimente einer bestimmten Fazies, der Briançonnais Fazies, abgelagert wurden. Das **Subbriançonnais,** entsprechend, schliesst gerade nördlich ans Briançonnais an. Durch diese topographische Hochlage wurde die Tethys in zwei Tröge geteilt: den Walliser Trog im Norden der Schwelle (nördlich anschliessend an den Subbriançonnaisraum) und den Piemont-Trog im Süden.

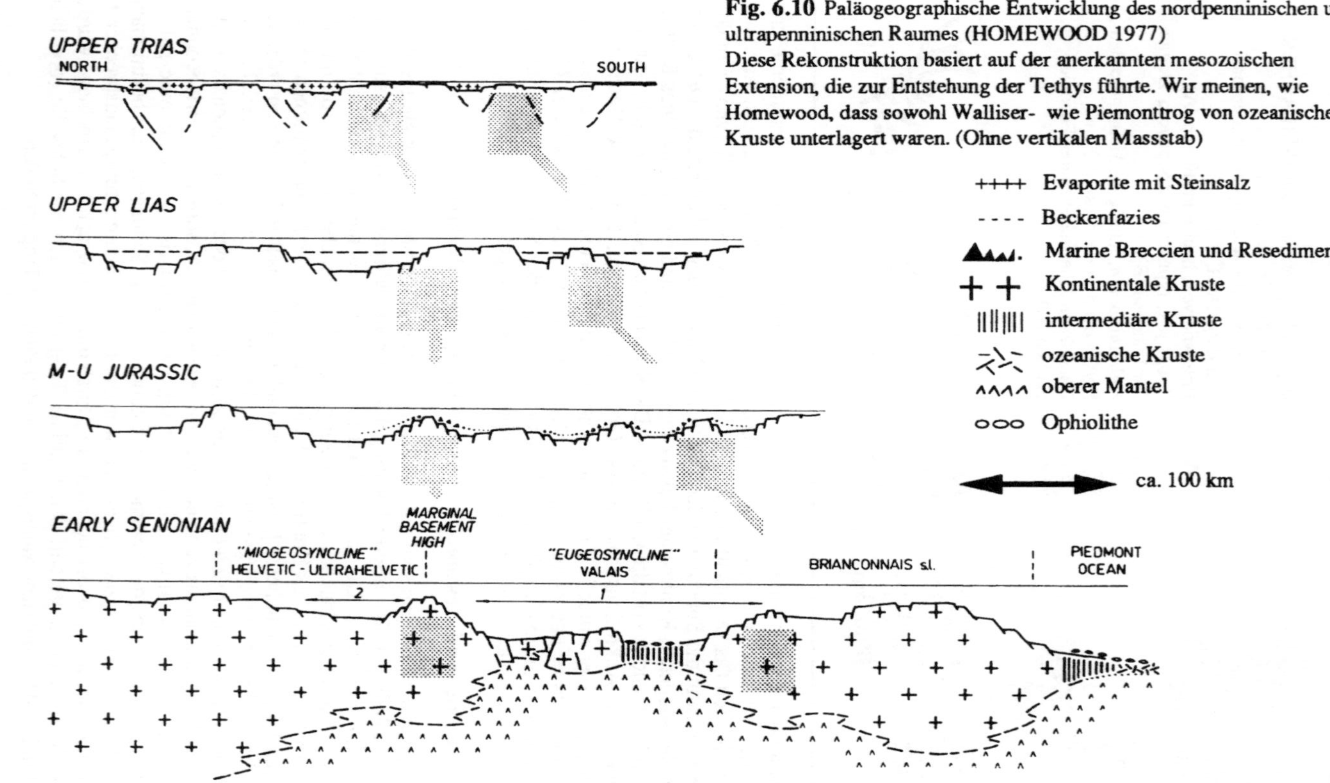

Fig. 6.10 Paläogeographische Entwicklung des nordpenninischen und ultrapenninischen Raumes (HOMEWOOD 1977)
Diese Rekonstruktion basiert auf der anerkannten mesozoischen Extension, die zur Entstehung der Tethys führte. Wir meinen, wie Homewood, dass sowohl Walliser- wie Piemonttrog von ozeanischer Kruste unterlagert waren. (Ohne vertikalen Massstab)

Diese Hochzone wurde im mittleren Jura ausgebildet (Fig. 6.10). Die Entdeckung von Laterit deutet auf die Existenz von flachen Inseln hin, die das grosse Gebiet der untiefen Sand- oder Felsbänke überragten. Grobe **siliziklasitsche** Trümmer wie Quarz, Feldspat, Granit oder andere kieselreiche oder silikatische Gesteine, fehlen in der Klippen und der Breccien Decke. Damit sind auch keine höheren Berge auf diesen Inseln zu erwarten. Diese paläogeographische Ableitung entspricht unserem Wissen über die Entwicklung der Tethys. Wie wir später noch eingehender diskutieren werden, fand im mittleren Jura regional Extension statt und wenigstens der Piemont-Trog, wenn nicht auch der Walliser-Trog, entwickelten sich zur Tiefsee (Fig. 6.5).

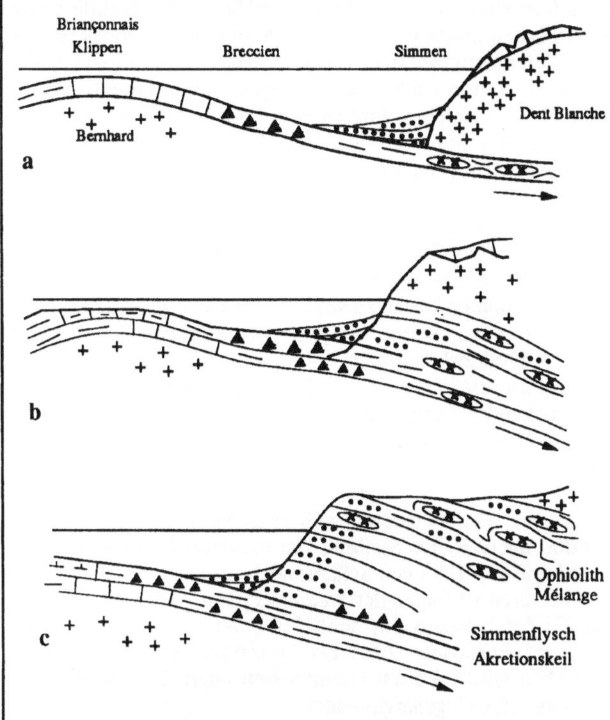

Fig. 6.11 Schematische Skizze der Subduktion des piemontesischen Ozeanbodens unter der Bildung eines Akretionskeiles, welcher später als Simmendecke s.l. überschoben wurde. Vertikal stark überhöht!

a) Frühe Kreide. Turbidite des späteren Simmenflysches (Gets und Simmen s.s. Decken) werden nach Beginn der Subduktion in der Vortiefe abgelagert. Der Detritus der ersten Sedimente sollte vom Südrand, dem ostalpinen Raum, stammen.

b) Späte Kreide. Simmenflysch der Unterkreide wurde unterschoben und dem Akkretionskeil einverleibt. Durch fortschreitende Unterschiebung von frischen Sedimenten werden die älteren Serien (Flysch und Mélanges) angehoben. Simmenflysch der Oberkreide (spätere Dranses und Saane Decken) wird in der Vortiefe abgelagert. Die Briançonnais Schwelle versinkt und oberkretazische Couches Rouges werden auf ihr deponiert.

c) Paleozän. Die ersten Flysche und Breccien der späteren Brecciendecke werden unterschoben, während die jüngeren Flysche im Graben zwischen dem sülichen Kontinent und der sich diesem nähernden alten Schwelle abgelagert werden.

Dass der Piemont Trog ozeanische Kruste aufwies, bezeugen die Ophiolithe und Mélanges in den höheren penninischen Decken, und dass wir auch Ophiolithe in der Simmen Decke finden, ist nicht weiter erstaunlich angesichts des Ablagerungsraumes am Südrand der Tethys.

Wie sah dann die Paläogeographie vor der jurassischen Extension aus? Die Sedimentologie der alpinen Trias zeigt, dass der ganze Ablagerungsraum der Alpen zur Zeit der Trias eine seichte Karbonatplattform oder arides Küstengebiet war (Fig. 6.10). Der Piemont Trog begann sich zu entwickeln, als sich das Briançonnais vom Nordrand des Südkontinentes, dem Raum des späteren Unterostalpins, abspaltete. Die kontinentale Kruste zwischen diesen beiden Hochzonen wurde im frühen Jura ausgedünnt, bis schliesslich ein eigentlicher Ozeanboden mit basaltischer Kruste gebildet wurde. Im mittleren Jura war der Piemont Trog ein schmaler Golf, analog etwa dem heutigen Golf von Kalifornien (KELTS 1981): Subsidenz an Verwerfungen entlang dem passiven Kontinentalrand und ebenso an steilstehenden Brüchen **(transform faults)** von Blattverschiebungen (analog den "Fracture Zones" im Atlantik). Die diversen Breccien der Breccien Decke entstanden offenbar durch Felsstürze und Trümmerströme an solch steilen Verwerfungsstufen.

Mit dem Beginn der Subduktion wurde der Piemonttrog während der Kreide stetig verkleinert, und in der "Verschluckungszone" bildete sich der Akkretionskeil der Simmendecke s.l. (Fig. 6.11). Gleichzeitig versank die interozeanische Schwelle; die Lithosphäre unter dem Briançonnais wurde nach unten gebogen, bevor sie den Akkretionskeil des aktiven Kontinentalrandes erreichte, ähnlich dem helvetischen Rand, wie in Fig. 4.5 dargestellt. Während im Piemonttrog Flyschsedimente abgelagert wurden, bildeten sich zur Zeit der späten Kreide die Couches Rouges im Raume der Breccien- und Klippendecken.

Mit fortschreitender Subduktion wird auch die Briançonnais Schwelle zur Senke, in welcher Flysch abgelagert wird. Der Ozeanboden zwischen den Sedimentationsräumen von Simmen Decke und Breccien Decke war im frühen Eozän ganz abgetaucht, als der Flysch der Breccien Decke begann unter die Simmen Decke zu stossen und später dann selbst noch vom Flysch der Klippen Decke unterschoben wurde. Nach der Kollision von Ostalpin und Briançonnais wurde der gesamte Akkretionskomplex mit Simmen, Breccien und Klippen Decke entlang von Abscherungsflächen (z.T. in triadischen Evaporiten) in Bewegung gesetzt und unter der Last der vorrückenden ostalpinen Decken in ihre heutige Position über den ultrahelvetischen Mélanges und Flysch geschoben.

Fragen:

(1) Beschreiben Sie die Gesteine an den Wänden des Grossen Mythen. Was für Ideen wurden geboren angesichts der dort unerwarteten Stellung von mesozoischen und tertiären Serien. Weshalb gilt die Klippenthorie von 1893 von Schardt noch heute?

(2) Beschreiben Sie die sedimentären Abfolgen der *Médianes plastiques* und *rigides* in den Präalpen und vergleichen Sie deren Fazies mit dem Helvetikum. Welches sind die Argumente für die heute gängige Erklärung, dass als Unterlage der Präalpen die Bernharddecke im Wallis angesehen wird? Warum konnten sich ältere Geologen dieser Theorie nicht anschliessen, was waren ihre Gegenargumente?

(3) Beschreiben Sie die verschiedenen Brekzientypen der Breccien Decke. Wie sind sie entstanden? Passt ihre Bildung ins moderne Bild der Entwicklung der mesozoischen Tethys?

(4) Beschreiben Sie die tektonischen Einheiten der Simmen Decke. Was bedeuten die exotischen Blöcke in den Mélanges der Simmen Decke s.l.? Was bedeutet der ophiolithische Detritus im Flysch der Simmen Decke s.l.?

(5) Beschreiben Sie die tektonische Abfolge der einzelnen Decken der Präalpen und begründen Sie deren Stellungen gemäss heutiger Ansicht. Sehen Sie Ähnlichkeiten der tektonischen Entwicklung in den helvetischen/ultrahelvetischen Flysch Decken?

VII DIE PENNINISCHEN GRUNDGEBIRGSDECKEN

Der Ausdruck "Penninische Alpen" bezeichnete früher die westlichen Schweizeralpen oder die Walliser Alpen. Die Alpen des Tessins werden entsprechend **Lepontin** und jene Graubündens **Rhätikum** genannt. Die penninischen Alpen liegen auf der südöstlichen Seite der Rhone und schauen über das Rhonetal auf das Helvetikum mit Dent de Morcle, Diablerets und Wildhorn im Berner Oberland. Im Gegensatz zu diesen "Hohen Kalk Alpen" bestehen die penninischen Alpen hauptsächlich aus metamorphen Gesteinen. Durch die Arbeiten von GERLACH 1883, LUGEON 1902, SCHARDT 1904, SCHMIDT und PREISWERK 1908, ARGAND 1911 und vielen anderen wurde klar, dass das Gebiet südöstlich der Rhone aus einem Stapel von Grundgebirgsdecken mit metamorphem Sedimentmantel besteht.

Argand schlug vor, die Decken der penninischen Alpen als penninische Decken zu bezeichnen. Später wurden die Deckenstrukturen ins Tessin und bis nach Graubünden weiterverfolgt, so dass heute auch Decken mit Kristallinkern und metamorphem Sedimentmantel des Lepontins und Rhätikons zum Penninikum zählen, obwohl die tieferen **Tessiner-** oder **Lepontinischen Decken** unter diesen Namen weiterlaufen und als unterste penninische Decken gelten. Demgegenüber zählt Argands höchste penninische Decke, die **Dent Blanche Decke,** und vielleicht auch die Monte Rosa Decke heute zum Ostalpin und wird als Äquivalent zu STAUB's (1958) unterostalpinen Decke in Graubünden angesehen. Somit sind die Ophiolith Mélange der Saas-Zermatt Zone und der Aroser Schuppenzone die tektonisch höchste penninische Einheit, welche direkt unter der unterostalpinen Decke liegt.

Dem Reisenden über den Simplonpass vom Wallis ins Tessin fallen grob gesehen drei Serien auf. Im ersten Drittel überwiegen steilstehende Schiefer, im zweiten Drittel steilstehender Gneis mit dünnen tektonischen Einschaltungen von Schiefer und Dolomitmarmor und im letzten Drittel granitischer Gneis.

Es war GERLACH (1883), ein Pionier der penninischen Geologie, der schon um 1860 herum im Valle Antigorio eine überkippte Falte entdeckte (die Antigorio Decke, Fig. 7.1a). Seine Arbeit wurde erst posthum 1883 veröffentlicht, ein Jahr vor der Entdeckung der Glarner Hauptüberschiebung. Schardt, Lugeon und Argand übernahmen erfolgreich das Konzept der überkippten Falten beim Studium des Penninikums. Dank dem Bau des Simplontunnels konnten Schardt und Lugeon bestätigen, dass die Gneise des mittleren Drittels zu einer höheren Decke gehören, heute Berisal Decke genannt (Fig. 7.1b). Diese wird als Digitation der Bernhard Decke betrachtet. Ebensogut könnte die Berisal Decke auch zu einer anderen Einheit gehören, da das Simplongebiet vom Bernhardgebiet durch eine wichtige Störung getrennt ist (MILNES 1974, TRÜMPY 1980). Zahlreiche Arbeiten über dieses Gebiet wurden publiziert seit der Jahrhundertwende. Um die Entwicklung der Interpretation der Decken-Geometrie zu illustrieren, haben wir in Fig. 7.1c das Simplonprofil aus dem Geologischen Führer der Schweiz (1934) reproduziert. Wir können nicht behaupten, dass sich die Interpretation von Schardt oder Lugeon seither wesentlich geändert hätte. Da jedoch die Geometrie sehr empfindlich auf verschiedene Ideen der Deutung reagiert, glauben wir trotzdem, dass unser Verständnis der penninischen Alpen seit Argand bedeutende Fortschritte gemacht hat.

Bearth blieb dem Konzept der Deckenkerne von Argand treu. Jüngere Geologen, wie z.B. MILNES (1974), erkannten die Antigorio und Bernhard (Berisal) Antiklinalen als Deckenkerne. Wo jedoch in den Scheiteln von sogenannten Deckenkernen zwei oder mehr Gneispakete anstehen (z.B. Eisten, Aigen), glauben sie, dass es sich um zwei oder mehr

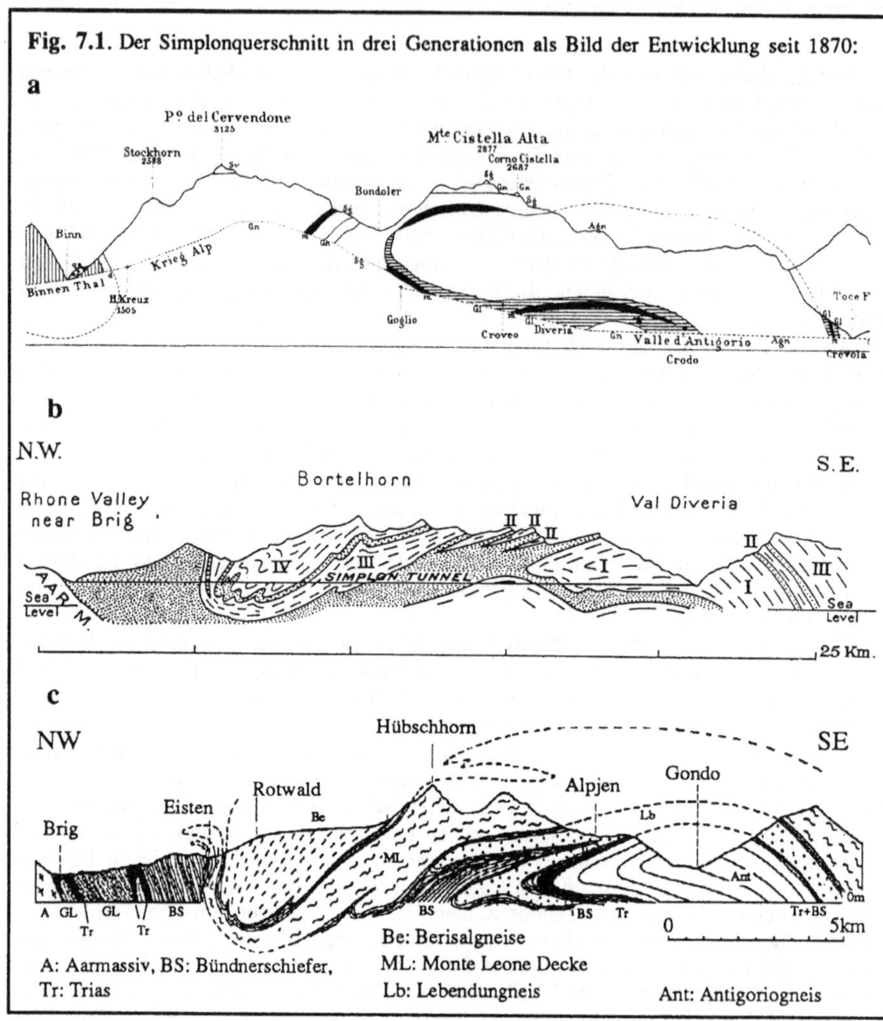

Fig. 7.1. Der Simplonquerschnitt in drei Generationen als Bild der Entwicklung seit 1870:

Digitationen der äusserst duktil deformierten Kristallinkerne handelt. Im Gegensatz zu den echten Deckenkernen, sind die Gneise von Monte Leone und Lebendun nicht von Sedimenten umhüllt. Sie könnten deshalb auch als exotische Pakete in einer duktil deformierten schiefrigen Matrix betrachtet werden. Deshalb werden heute Monte Leone und Lebendun als überkippte Antiformen von Mélanges oder Überschiebungsdecken angesehen. Die Gneispakete entstanden durch Abscherung und Unterschiebung von Grundgebirge, eingebracht in die Mélange und verfaltet als überkippte Antiformen.

← **a**) Das erste Profil auf Grund der Arbeiten von Heinrich GERLACH aus den siebziger Jahren wurde 1883 veröffentlicht. Der NW-SE gerichtete Schnitt von Fiesch im Rhonetal durch das Binntal ins Toce Tal in Italien liegt ca. 15 km südlich des Simplontunnels. Es zeigt, dass Gerlach die Antigorio Decke erkannte; ebenso vermittelt es den allgemeinen Eindruck der Dreiteilung südlich des Rhonetals in einen ersten schiefrigen Teil, einen mittleren Teil mit Gneis und metasedimentären Zwischenlagen, sowie den Gneiskern der Antigoriodecke im Süden. Das dunkle Band, welches die Antigorio Decke einhüllt, ist der triasische Dolomitmarmor.

← **b**) Das mittlere Profil aus BAILEY (1935) gibt die Arbeiten von SCHARDT (1904) und SCHMIDT und PREISWERK (1908) wieder. Die Zahlen zur Bezeichnung der Decken stammen von ARGAND (1911): I Antigorio, II Lebendun, III Monte Leone, IV Bernhard. Gerlach's Antigorio Decke ist durch den Tunnelbau bestätigt worden. Man beachte die Verfaltung der Decken III und IV unter dem Bortelhorn. Die beiden Kristallinkerne sind durch eine metamorphe Sedimentschicht getrennt. Das Konzept der **Deckenkerne** konnte die Beobachtung eines einzigen Lebendun Lappens SE des Val Diveria und deren drei im NW nicht erklären.

← **c**) Das letzte Profil wurde von BEARTH 1967 im Geologischen Führer der Schweiz ebenfalls nach SCHMITT und PREISWERK 1908 umgezeichnet. Seine Ergänzungen sind nur marginal, so bezeichnet er die Gneise der Synform als Berisal Decke, aber aequivalent der Bernhard Decke. Was im Tunnel als Grundgebirge unter der Antigorio Decke kartiert wurde, galt jetzt als Scheitel einer Digitation der Lebendun Decke.

Die Kristallindecken des Wallis

Die Gesteine des Penninikums wurden in zwei Typen klassiert: Massive Quarz-Feldspat Gneise als das mobilisierte Grundgebirge und Kern der Decken,sowie gebankte Schiefer, Quarzite, Marmore etc. als metamorphe Sedimenthülle dieser Deckenkerne. Die grossen Kristallindecken des Penninikums (Fig. 7.2) sind (nach ARGAND 1911) von oben nach unten:

VI Dent Blanche Decke (heute Ostalpin)
V Monte Rosa Decke (heute Ostalpin)
IV Bernhard Decke
III Monte Leone Decke
II Lebendun Decke
I Antigorio Decke

Die Beziehung zwischen Bernhard/Monte Rosa und den unteren penninischen Decken ist nicht so einfach, wie hier dargestellt: beide Komplexe könnten durch eine Mélangezone getrennt sein (MILNES 1974, ESCHER 1988).

Ebenso fraglich ist Argands Konzept der Wurzelzonen für sämtliche penninischen Decken. Monte Leone und Lebendun sind keine überkippten Antiklinalen, nicht aus einer Wurzelzone ausgepresst, viel eher aber Mélanges oder Abscherungsschuppen von anderen Grundgebirgsdecken.

Die Kristallindecken haben per definitionem einen Kristallinkern. Dieser wurde während der alpinen Orogenese metamorphisiert und deformiert. Die feinschuppigen Minerale in den Gneisen zeigen eine bevorzugte Orientierung oder Einregelung und begünstigen die Bildung von Scherzonen während der Deformation. Dieses Planargefüge folgt meistens der Geometrie dieser Decken, d.h. sie sind oft parallel zur Deckengrenze und deshalb subhorizontal, wie man im Tessin oft beobachten kann. Daneben aber kann man verfolgen, wie dieses Gefüge steiler wird, gar umbiegt und eine liegende Falte bildet (Fig. 7.3).

Fig. 7.2 Die Penninischen Decken bei Argand:

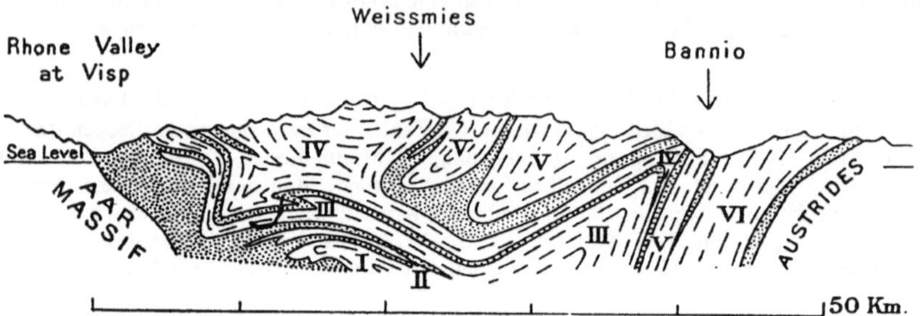

a) Profil durch die Pennischen Alpen südlich von Visp (aus BAILEY 1935). I:.Antigorio, II: Lebendun, III Mte. Leone, IV Bernhard, V Mte. Rosa, VI Dent Blanche. Auch wenn die geometrische Interpretation dieses Profils dem Zahn der Zeit stand hielt, sind neue Ideen vorgestellt worden, die von Argands klassischem Schema etwas abweichen. Die Dent Blanche Decke wird heute zum Ostalpin gerechnet. Monte Leone und Lebendun sind wahrscheinlich überkippte Antiformen von Mélanges oder Kristallinschürflingen und wohl kaum echte Deckenkerne. Die Monte Rosa Decke liefert noch heute Stoff für viele Kontroversen.

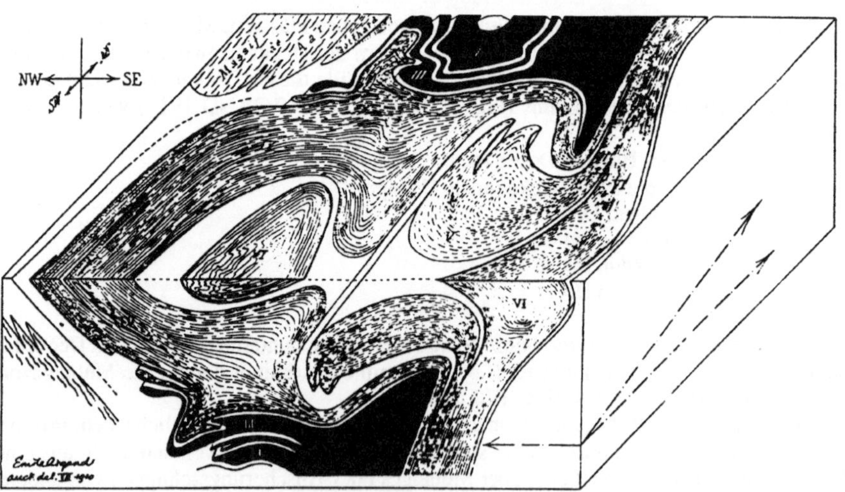

b) Das tektonische Stereogramm (1911) zeigt deutlich die Trennung zwischen Bernhard und Monte Rosa. Effektiv könnten aber beide eine einzige Decke ohne das trennende Septum aus metamorphen Sedimenten darstellen.

Fig. 7.3 Profile der Stirnregion.der Tessiner Deckenfalten (aus HEIM 1922):

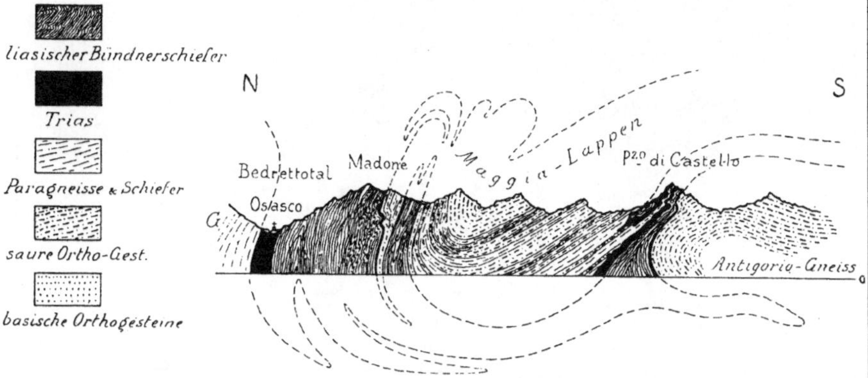

a) Das Profil durch die Tessiner Decken südlich des Bedrettotales liegt etwa 40km NE vom Simplon Tunnel. Die Maggia Decke scheint eine ähnliche Stellung zu haben wie die Bernhard Decke in SCHARDT's Simplon Profil, sie wird jedoch als Digitation der Tessiner Decken angesehen, welche unter der Adula Decke liegen, die ihrerseits als Aequivalent der Bernhard Decke gilt.

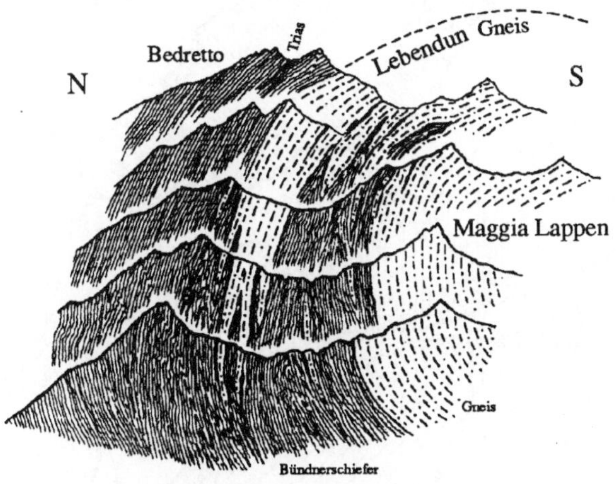

b) Diese Profilskizze aus dem Gebiet von Naret zeigt, dass die geschichtete Sedimentumhüllung des Maggialappens eigentlich eine Mélange von triasischem Marmor und Granit (Lebendun) in einer schiefrigen Martix (mesozoische Bündnerschiefer) ist. Die Trennflächen sind aber keine Schichtflächen, sondern tektonisch bedingte Scherflächen.

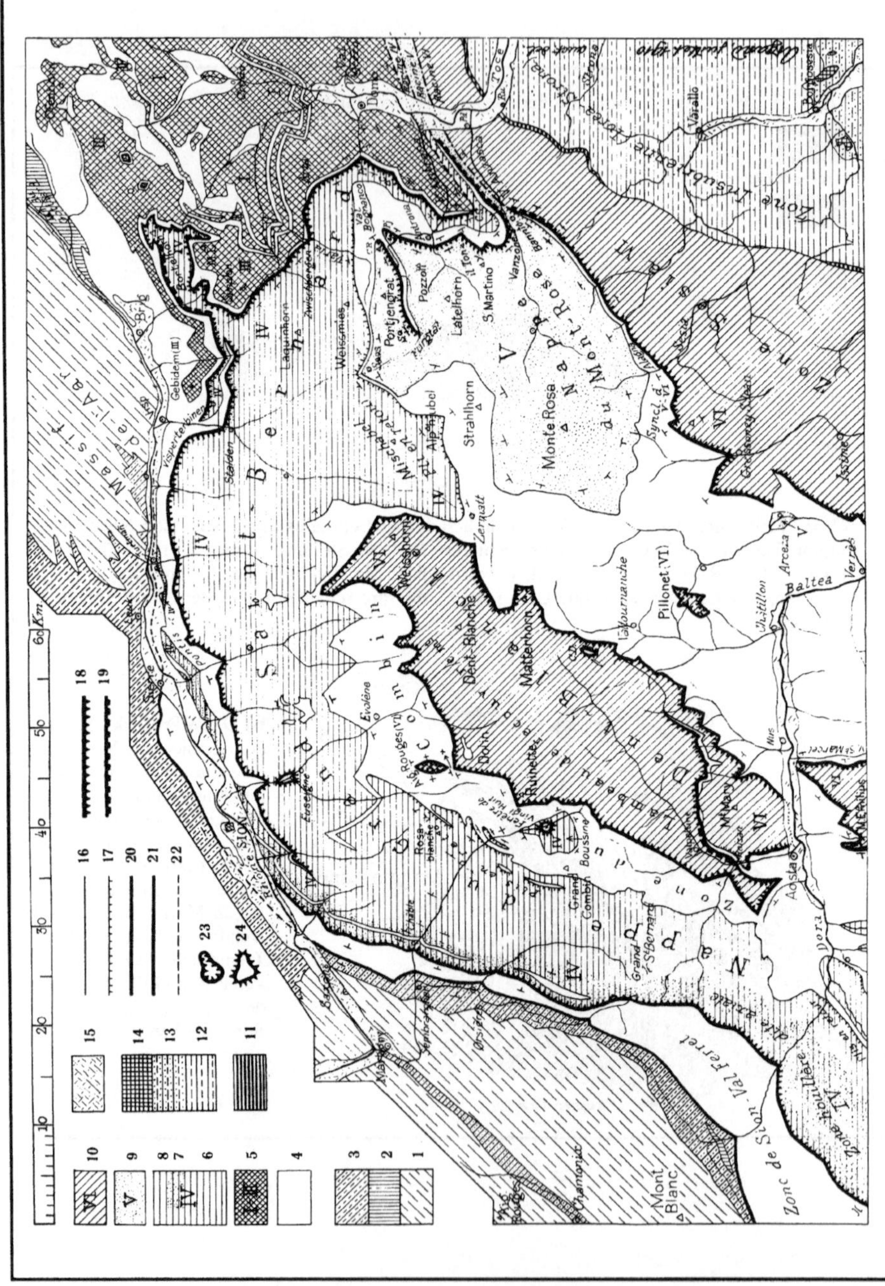

Monte Rosa
Strahlhorn
Matterhorn
Dent-Blanche
Weisshorn
Grand Combin
Aosta
Pillonet (VI)
Mont Blanc
Chamonix
Martigny
Evolène
Km

Fig.7.4. Geologie der Umgebung von Zermatt (ARGAND 1911)

a) Tektonische Kartenskizze des Penninikums im Wallis. Diese diente Argand als Grund age zur Konstruktion des tektonischen Stereogramms. Die Beziehung zwischen Bernhard/Monte Rosa und Simplon Decken (I-III) NE des Weissmies ist wegen der intensiven Faltung etwas unklar.
1: Zentralmassive, 2: Gotthard/Mont Chétif, 3: helvetische Fazies, 4: oberes Penninikum, 5: I Antigorio; II Lebendun; III Monte Leone, 6-8 Bernhard Decke (7 Karbon), 9: Monte Rosa Decke (V), 10: Dent Blanche Decke (VI), 11: Canavesezone, 12: Ivrea, 13-15: Südalpen.

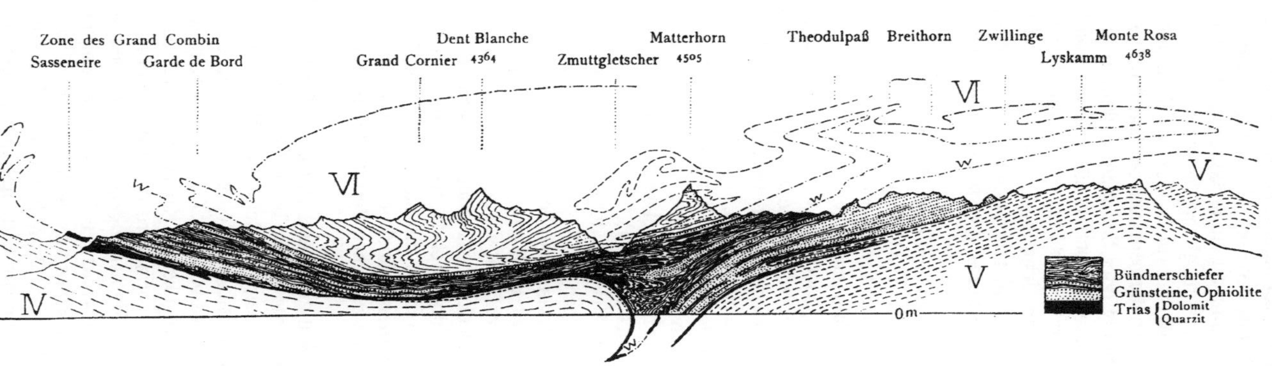

b) Tektonisches Profil von der Dent Blanche über das Matterhorn zum Monte Rosa (aus HEIM 1922) Diese Rückfaltung wird generell als Neo-Alpin betrachtet, doch wurde auch schon Eo-Alpine Deformation für diese Südvergenz diskutiert.

Der Umriss der Falten wird nicht nur von der Geometrie des Faltenkerns beeinflusst, sondern auch durch die Art der Sedimente, welche diese überkippten Falten umhüllen. Diese sind meistens Schiefer mit diversen Metamorphosegraden und werden **schistes lustrés** oder **Glanzschiefer** genannt, da die metamorph gebildeten Glimmer für seidenglänzende Oberflächen sorgen. Die ursprünglichen Sedimente hatten eine monotone Lithologie, waren aber sehr mächtig. Die Metamorphose hat praktisch alle Fossilspuren verwischt, und die Schichtflächen wurden von der penetrativen Schieferung überprägt. Folglich ist es praktisch unmöglich, die Schichtung oder Sedimentstrukturen in diesen Schiefern zu bestimmen. Glücklicherweise findet man hie und da dünne Lagen von Metasedimenten mit ausgeprägter Lithologie, wie etwa Quarzite oder Marmore. Lagige Gesteine aus Quarz oder Karbonat sind in aller Regel sedimentären Ursprungs. Schon GERLACH war in der Lage, solche hochmetamorphe Marmore mit dem Triasdolomit ausserhalb des Penninikums zu korrelieren. Er erkannte die Antigorio Decke, weil er sowohl unter, wie auch über dem Antigorio Gneis solche Marmore fand.

Aus Detailkartierungen erkennt man, dass die Sedimentschichten schon vor der Faltung gestört wurden (z.B. HUBER 1981). Genau genommen sind deshalb nicht alle überkippten Falten der penninischen Decken überkippte Antiklinalen. Viele sind wohl überkippte **Antiformen**, da die gefalteten Lagen keine sedimentäre Abfolge darstellen, sondern übereinander gestapelte, penetrativ verschieferte metamorphe Gesteine, welche nicht unbedingt in stratigraphischer Abfolge vorliegen. Die Struktur der Antiformen deutet auf eine frühe Phase von Überschiebungsdeformation hin, bevor dann die abgescherten Pakete um die Kristallinkerne gefaltet wurden.

Neben der Antigorio Decke ist die Bernhard Decke die prominenteste Kristallindecke des Penninikums. Dass es sich hier um eine überkippte Falte handelt, konnte durch Korrelation von Normal- und Verkehrtschenkel im Aufschluss wie im Simplon Tunnel bestätigt werden (Fig. 7.1, aber auch Fig. 7.4).

Bemerkenswert ist die **Vergenz** der Bernhard Decke, d.h. die Richtung des tektonischen Transportes, die hier entgegen der Regel in den Alpen, gegen Süden zeigt. Diese verkehrte Vergenz geht auf die nordwärts einfallenden Sedimente zwischen Bernhard (IV) und Monte Rosa Decke (V) zurück. Die Erklärung seit der Zeit Argands heisst Rückfaltung: Nachdem die Decken übereinandergestapelt waren, wurde der ganze Stapel gefaltet. Das mobilisierte Kristallin der Bernhard Decke wurde duktil deformiert, während die Monte Rosa Decke sich von Süden her in dieses hineinbohrte, so dass die weiche Masse des Bernhard Kristallins auch gegen Süden ausweichen musste (Fig. 7.2b, 7.4b). Obwohl dieses Postulat von ARGAND (1911) allgemein respektiert wurde, blieb es nicht von Kritik verschont. Die strukturellen Beziehungen zwischen Bernhard und Monte Rosa Decke werden in Kapitel X behandelt.

Im Gegensatz zur Antigorio und Bernhard Decke weisen die anderen penninischen Decken keine Kristallinkerne auf. So besteht z.B. die Lebendun Decke nur aus tektonischen Schichtpaketen aus Paragneis und Schiefern. Der "Konglomeratgneis" von HEIM (1922, p.483) ist ein teils granitisiertes Metakonglomerat, der Augengneis ein feldspatisierter laminierter Kalkschiefer, wobei der Übergang von Gneis in Schiefer allmählich ist. Auch die Monte Leone Decke zeigt keinen Kristallinkern mit dazugehörender Sedimenthülle.

Südlich der Valle Antigorio wird die Monte Leone Decke von der Antigorio Decke getrennt durch "*an extremely heterogeneous zone containing streaks of cover-like marble and calcareous schist at various levels. The zone contains gneisses and schists of almost any composition and texture, as well as amphibolites and ultramafic pods and lenses.*"(MILNES 1974 b, p.336). Im NW der Valle Antigorio bildet dieselbe Mélange mit grossen exotischen Blöcken von Ultramafika beim Geisspfad einen Teil der Monte Leone Decke. Lebendun und Monte Leone Decke sind deshalb Scherzonen oder Überschiebungs

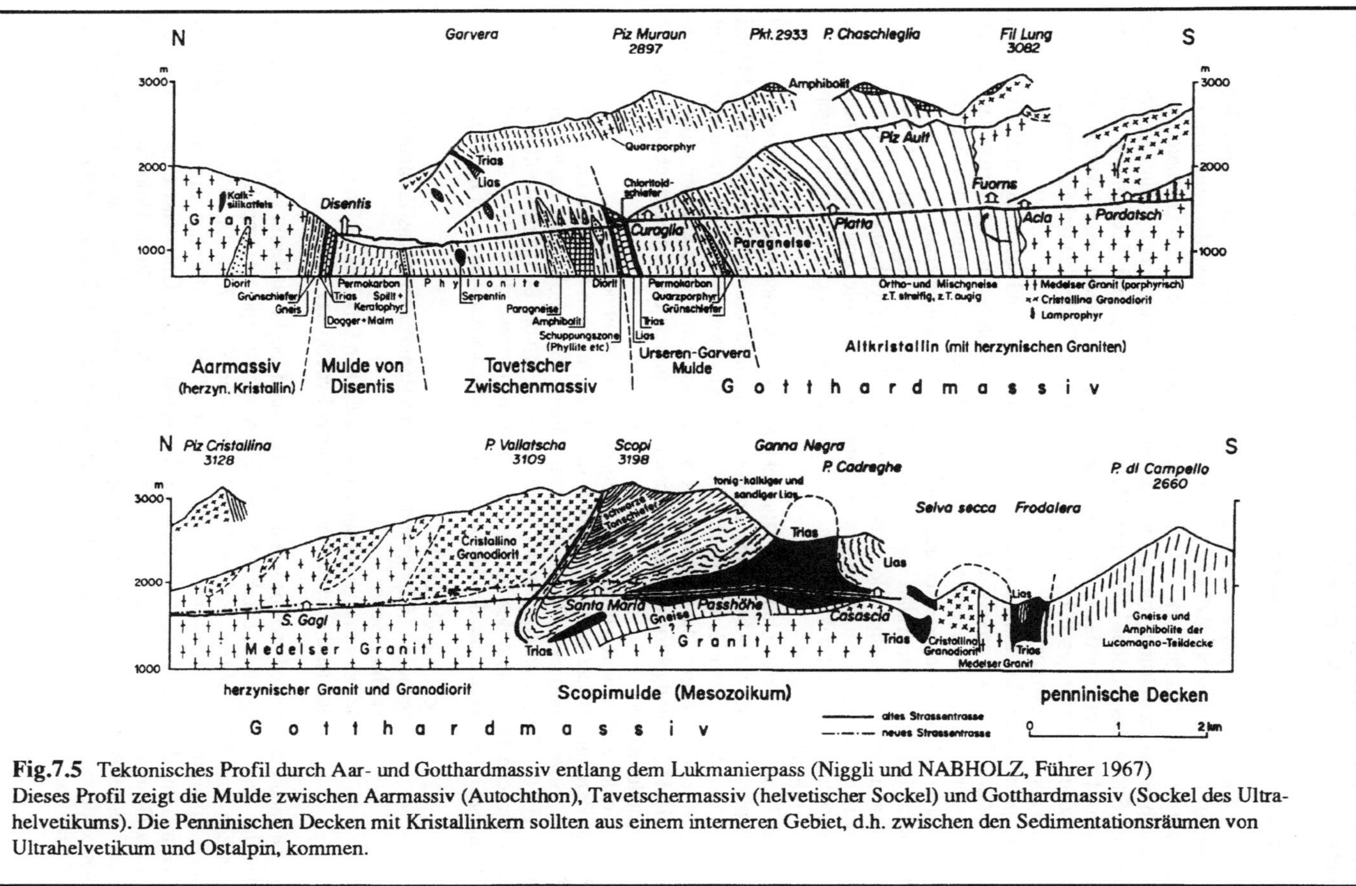

Fig.7.5 Tektonisches Profil durch Aar- und Gotthardmassiv entlang dem Lukmanierpass (Niggli und NABHOLZ, Führer 1967)
Dieses Profil zeigt die Mulde zwischen Aarmassiv (Autochthon), Tavetschermassiv (helvetischer Sockel) und Gotthardmassiv (Sockel des Ultrahelvetikums). Die Penninischen Decken mit Kristallinkern sollten aus einem interneren Gebiet, d.h. zwischen den Sedimentationsräumen von Ultrahelvetikum und Ostalpin, kommen.

pakete, welche in überkippte Falten gelegt wurden, genau genommen also keine Kristallindecken wie Antigorio und Bernhard.

Penninische Paläogeographie

Das Aarmassiv ist ein autochthones Massiv im Norden des helvetischen Kontinentalrandes. Das Tavetscher Zwischenmassiv ist der von der Verschluckung durch eine A-Subduktion verschont gebliebene Teil des helvetischen Sockels. Das Gotthardmassiv wird als ultrahelvetisches Grundgebirge betrachtet, da die hemipelagischen Sedimente des frühen Jura im Süden des Gotthard (Nufenen Mesozoikum in Fig. 3.6, Scopimulde in Fig. 7.5) die typische ultrahelvetische Fazies zeigen. Das Gotthardmassiv wurde unter die penninischen Schiefer geschoben, welche im Bereich der Tethys zwischen Helvetikum und Ostalpin abgelagert wurden.

Der penninische Raum lag südlich des Ultrahelvetikums und sollte darum den Raum des mesozoischen Tethysozeans darstellen. Ozeane werden von ozeanischer Kruste unterlagert, doch bestehen, abgesehen von einigen Ophiolithpaketen in tektonischen Mélanges, die penninischen Grundgebirgsdecken aus kontinentalem Krustenmaterial.

Dieses Paradox kann erklärt werden unter den Voraussetzungen, dass (1) Inseln oder Mikrokontinente mit kontinentalem Sockel innerhalb der Tethys bestanden und (2) dass der Hauptteil der Ozeankruste verschluckt wurde, während die erwähnten kontinentalen Krustenteile bei der Subduktion wohl unterschoben, aber wegen ihrer geringeren Dichte nicht verschluckt wurden.

Die Theorie der dünnschaligen Plattentektonik (thin-skinned plate-tectonics) von HSÜ (1979) stützt sich auf die Abschälung der kontinentalen Kruste vom unterliegenden Mantel entlang der Moho. Die Kruste zerbricht an antithetischen Verwerfungen und bildet mobilisierte Krustenkeile, die gemäss der A-Subduktion von Ampferer unterschoben werden (Fig. 3.7). Die Grundgebirgsdecken im Penninikum sind solche Unterschiebungskeile von kontinentaler Kruste.

Wo in der Tethys waren denn diese Inseln oder Mikrokontinente?

Die Bernhard Decke kommt von einer mittelpenninischen Schwelle mit dem Walliser Trog im Norden und dem Piemonttrog im Süden. Diese Folgerung basiert auf Untersuchungen der Sedimentabfolge in der Scherzone zwischen der Bernhard/Monte Rosa und der Dent Blanche Decke und des Briançonnais in den französischen Alpen. Die tektonische Abfolge auf der linken Seite des Mattertales sieht folgendermassen aus (Fig. 7.6):

Dent Blanche Decke
Ophiolith Mélange mit exotischen Radiolariten (Saas-Zermatt Zone)
Barrhorn Serie
Schistes lustrés Mélange mit exotischen Blöcken der Trias
Bernhard Decke mit autochthoner Bedeckung.

Die autochthone Sedimentbedeckung der Bernhard Decke ist direkt vergleichbar mit der Abfolge des Briançonnais. Die Karbonanteile sind metamorph als Graphitphyllite, Graphitquarzite und Chlorit/Albit/Epidot Schiefer erhalten (Fig. 7.7). Das Perm besteht aus Serizitquarzit, Metakonglomeraten und Quarzporphyr, offenbar ein metamorphes Aequivalent der Verrucano Formation im Helvetikum. Die Untertrias enthält Quarzite, Quarz-Glimmer Schiefer und dolomitische Phyllite, die Mitteltrias Dolomitmarmor und Rauhwacke. Alle jüngeren Gesteine wurden abgeschert und anderswo als Überschiebungspakete deponiert. Die heute auf dem Autochthon liegenden Dolomitbrekzien und Kalkschiefer wurden ihrerseits von anderswo überschoben.

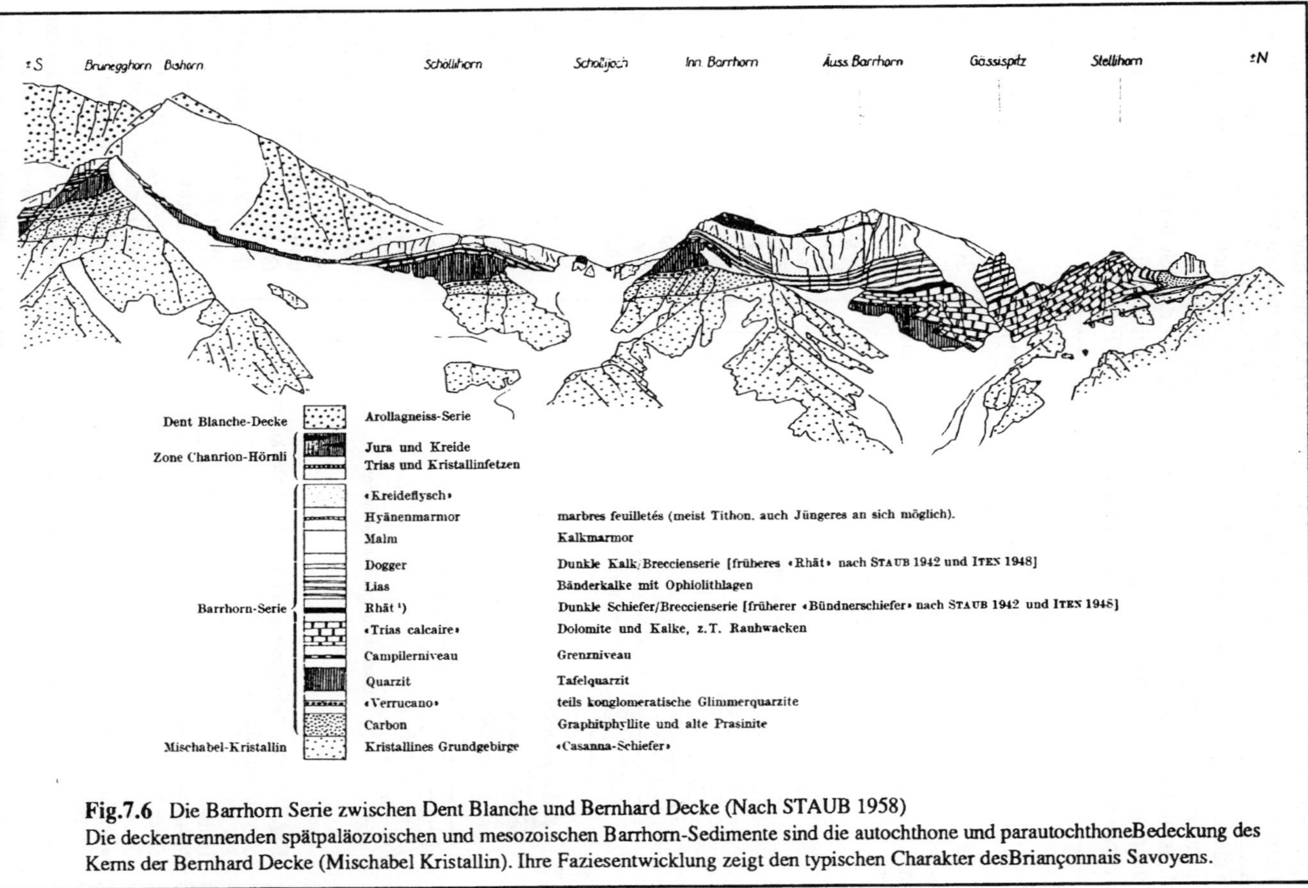

Fig.7.6 Die Barrhorn Serie zwischen Dent Blanche und Bernhard Decke (Nach STAUB 1958)
Die deckentrennenden spätpaläozoischen und mesozoischen Barrhorn-Sedimente sind die autochthone und parautochthoneBedeckung des Kerns der Bernhard Decke (Mischabel Kristallin). Ihre Faziesentwicklung zeigt den typischen Charakter desBriançonnais Savoyens.

Die Sedimentbedeckung des Bernhardkristallins im Mettelhorn-Diablons Gebiet ist eine Sequenz von Karbon, Perm und Trias, ähnlich den Sedimenten des Briançonnais der französischen Alpen. Die vorwiegend karbonatischen mesozoischen Sedimente sind sedimentologisch auch vergleichbar mit dem Mesozoikum der Briançonnais-Fazies der Präalpen. Ursprünglich bezeichnete ITEN (1948) mit dem Ausdruck "Barrhornserie" die parautochthonen, abgescherten Sedimente der Bernhard Decke (ITEN 1948). Das Fehlen des Lias und der massive Oberjuramarmor sind typisch für die Barrhorn-Serie und werden überlagert von Kreide/Paleozän couches rouges und eozänem Flysch; die stratigraphische Verwandtschaft mit der Klippendecke ist offensichtlich (Fig. 7.8).

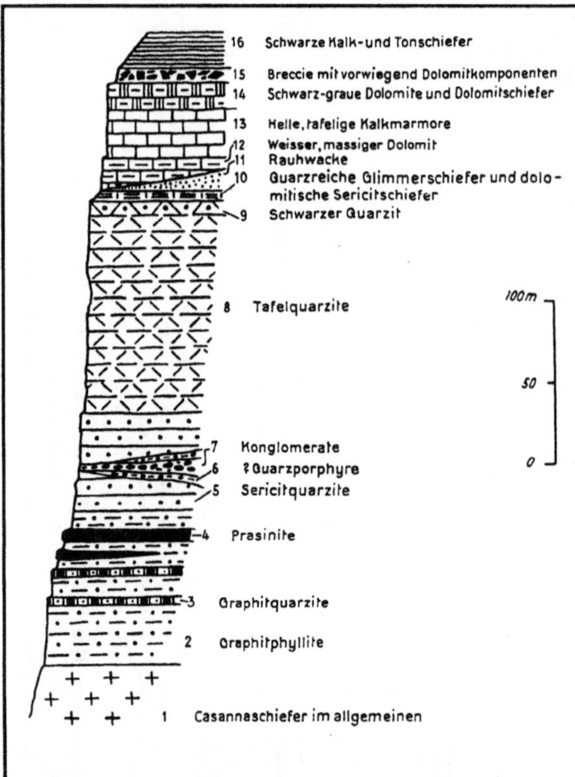

Fig. 7.7. Die Schichtserie der Bernhard Decke im Gebiet Mettelhorn-Diablons (ITEN 1948).
1-4 Karbon, 5-7 Perm, 8-10 Untertrias, 11-14 Mitteltrias. In dieser Gegend besteht diese Serie hauptsächlich aus Permokarbon und Trias. Die Schichten über der evaporitischen Trias wurden verfrachtet und bilden heute die Médianes in den Präalpen. Die Einheiten 15 und 16 bei Iten sind wahrscheinlich allochthon und gehören eigentlich nicht zur Barrhornserie.

Die Geologie der Präalpinen Decken deutet auf einen steilen Abhang im Süden der Briançonnais Schwelle gegen den Tiefseetrog, wo die piemontesischen *schistes lustrés* abgelagert wurden. Es gibt keine Anzeichen für eine weitere Schwelle in diesem Trog, welche etwa den Kern der Monte Rosa Decke erklären könnte. Nach TRÜMPY (1980, p. 63) besteht die Sedimenthülle der Monte Rosa Decke aus dünnen Karbonaten der Trias (datiert mit *encrinus sp.*) und darüberliegenden polygenen Breccien, welche ans Ultrabriançonnais der französischen Alpen erinnern. Die Sedimente der nächst interneren Fazies bilden heute die Combin Zone. Diese arg zerscherte Mélange enthält Schmitzen von triasischen Dolomiten und Quarziten, wie auch Ophiolithe und Breccien (Fig. 7.8.) Tektonisch noch höher liegen die Gesteine aus dem tiefen Piemont Trog (Fig. 6.5.), dessen Sedimente heute deformiert in der Mélange der Saas-Zermatt Zone vorliegen, nachdem sie unter den ostalpinen Kontinentalrand der Dent Blanche Decke unterschoben wurden. Gemäss der Faustregel, dass paläogeographisch internere Ablagerungen in höheren Decken enden, müsste das Monte Rosa Kristallin der Sockel einer Insel im Piemonttrog gewesen sein. Eine solche Insel kann aber weder sedimentologisch, noch stratigraphisch nachgewiesen werden. Somit dürfte die Regel hier nicht zutreffen, da tektonische Schlüsse jene Hypothese unterstützen, die die Monte Rosa Decke als exotisches Paket des ostalpinen Kontinentalrandes betrachtet, welches in die südpenninische Ophiolith Mélange hinein geriet (vgl. Kapitel X).

Die komplizierte Geologie der Combin Zone, der Mélange zwischen den Kristallinkernen von Monte Rosa und Bernhard Decken einerseits und der Dent Blanche Decke andrerseits, wurde von unseren welschen Kollegen aus Lausanne während der letzten zehn Jahre schön herausgearbeitet. MARTHALER (1984), ESCHER, MASSON und STECK (1987), SARTORI (1987) und auch ESCHER (1988) unterschieden eine Anzahl tektonischer Einheiten in dieser Zone, welche sie ebenfalls Decken nannten, und stellten folgende Abfolge von oben nach unten auf:

Tsaté Decke. Kalkschiefer und metamorpher Flysch (Oberkreide) und Ophiolithe.

Zonen von Zermatt-Saas Fee und Antrona. Metamorphe Ozeansedimente und Ophiolithe von Jura und Kreide.

Mont Fort Decke mit ihren Schuppen: Série rousse (Oberkreide Marmore und Mikrobrekzien), Frilihorn Serie (Quarzite, Dolomite und Marmore vom Perm bis in die Oberkreide), Evolène Serie (mesozoische Dolomite, Marmore und Brekzien), Metailler Serie (permotriasische Metakonglomerate und -sandsteine, permokarbone Gneise, Glimmerschiefer, Glaukophanschiefer, Metakonglomerate und metamorphes Kristallin).

Siviez-Mischabel Decke. Hierzu gehören die Barrhornserie mit metamorphem Flysch, Quarziten Marmoren und Dolomiten von der Trias bis ins Eozän. Weiter gehören dazu: untertriasische Gipse und Rauhwacken, permotriasische Konglomerate und Quarzite, permische Gneise (Randagneis), permokarbone Schiefer und Metasandsteine und präkarbone Gneise und Amphibolithe (Fig. 7.7).

Pontis Decke mit mitteltriasischen Marmoren, Dolomiten, Gips und Rauhwacke, sowie präkarbone Gneise.

Zone Houillère interne. Diese besteht aus mitteltriasischen Marmoren, Dolomiten, Gips und Rauhwacken, Quarziten, Arkosen, Konglomeraten, Anthrazit und metamorphen vulkanischen Tuffen mit Alter vom späten Karbon bis in die frühe Trias.

Die Anordnung dieser tektonischen Einheiten ist in Fig. 7.9 dargestellt.

Die Sedimentgesteine der Mont Fort, Siviez-Mischabel (inklusive Barrhorn), Pontis Decken und der Zone Houillère werden als die Überdeckung des Bernhardkristallins angesehen und mit den Sedimenten des Briançonnais korreliert. Jene der Tsaté Decke, hauptsächlich Flysch, der in der Vortiefe am südlichen Kontinentalrand des spätkretazischen Ozeans abgelagert wurde, bildeten das Akkretionsprisma am aktiven ostalpinen Kontinentalrand (MARTHALER und SPAMPFLI 1989).

ESCHER (1988) teilt die Ansicht , dass Monte Rosa und Bernhard Decken durch die Ophiolith Mélange (mit Quarziten, Dolomiten und Flyschsandsteinen) der Furgg Zone getrennt sind. Die Monte Rosa Decke besitzt einen präkarbonen Sockel und eine permokarbone Überdeckung, deren Stratigraphie dem Postulat einer ostalpinen Herkunft des Monte Rosa Sockels nicht widerspricht.

Der Walliser Trog nördlich der Briançonnais Schwelle war ebenfalls ein Tiefseetrog mit dünner Kruste (vgl. Fig. 6.5 und 6.10). Ob diese Kruste ozeanisch war, ist umstritten. Der Antrona Ophiolith wurde mit den Saas-Zermatt Ophiolithen, dem Ozeanboden des Piemont

Fig. 7.8

NAPPE DE SIVIEZ - MISCHABEL
NAPPE DU MONT FORT
NAPPE DU TSATÉ
SÉRIE DU BARRHORN
SÉRIE DU TOÛNO
SÉRIE ROUSSE
SÉRIE DU FRILIHORN
SÉRIE D'ÉVOLÈNE
SÉRIE GRISE
ZONE DE TRACUIT
ZONE ZERMATT - SAAS FEE
TÉGUMENT
ÉOCÈNE INF.
CRÉTACÉ SUP.
JUR. SUP.
JUR. MOYEN
TRIAS SUP.
TRIAS MOYEN
TRIAS INF.
PERMO-TRIAS
CRÉT. SUP.
?CRÉT. INF.
?JUR. SUP.
100m
50
0
ZONE MISCHABEL-SIVIEZ
ZONE DU MÉTAILLER
6 : niveaux fossilifères
séries type :
a : Turtmanntal S (Adlerflüe)
b : Zermatt (Arben, Schusslauienen ...)
c : Turtmanntal W (Frilihorn, Boudri)
d : Zermatt (Hubel, U.+O. Rothorn ...)
1. conglomérats, schistes à quartz, albite, mica bl.
2. quartzites blancs, schistes (s. Barrh.); gypses et cornieules (tégument)
3. dolomies, marbres
4. dolomies noires, brèches dolomitiques
5. dol. ferrifères (paléokarst), schistes graphiteux, brèches, marbres noirs
6. marbres blancs ou gris
7. marbres phylliteux orangés
8. flysch noir (-à olistolithes, s.Toûno)
9. brèches polygéniques
10. marbres gréseux, brèches
11. marbres phylliteux et siliceux roux, brèches
12. serpentinites
13. gabbros
14. méta-laves (ZS), prasinites (z. Tracuit)
15. quartzites manganésifères, marbres jaunes
16. micaschistes, marbres, calcschistes
17. calcschistes, prasinites
18. prasinites, schistes noirs, calcschistes
19. calcschistes, prasinites, arkoses, microbrèches dolomitiques

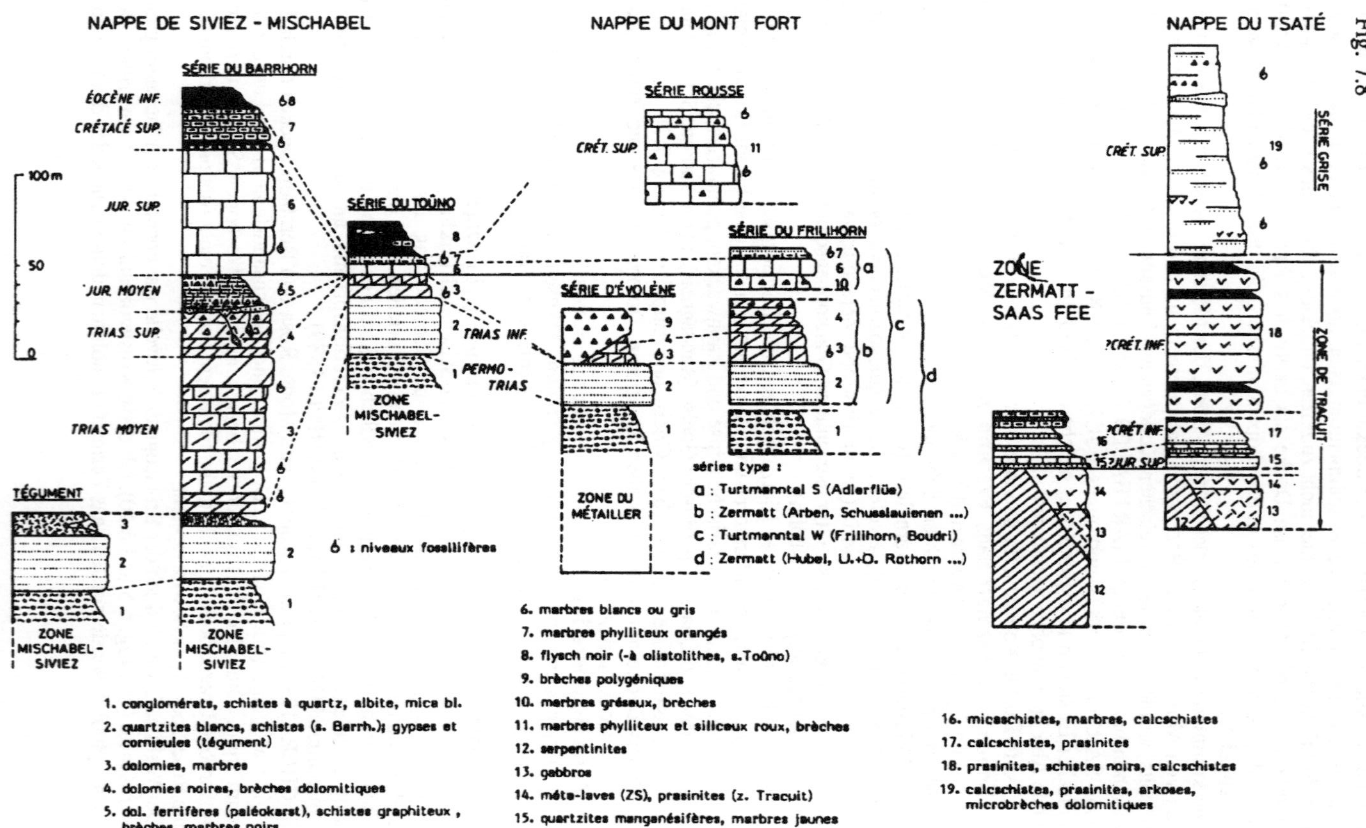

Troges, korreliert, doch bleiben noch einige Fragen offen. Auch wenn der Antrona Ophiolith nicht nordpenninisch sein sollte, so zeigen doch der Ultramafitit des Geisspfades und andere exotische Ophiolithe in der Monte Leone Mélange, dass der Walliser Trog mindestens teilweise auf ozeanischer Kruste lag.

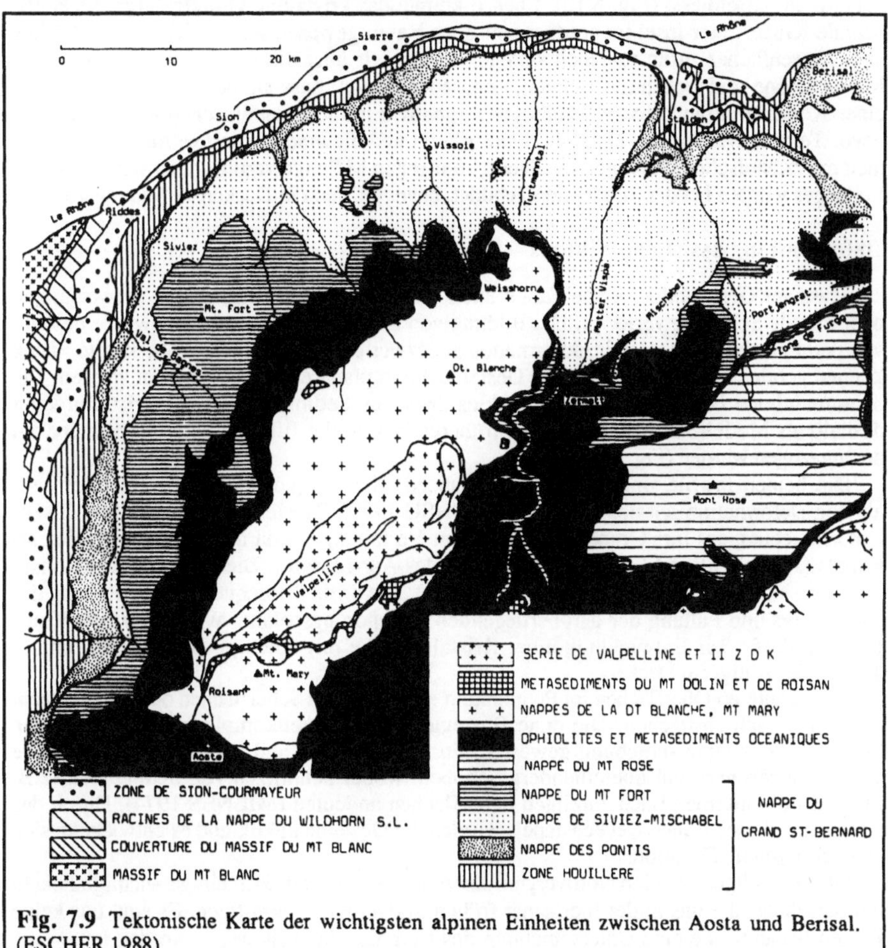

Fig. 7.9 Tektonische Karte der wichtigsten alpinen Einheiten zwischen Aosta und Berisal. (ESCHER 1988)

← **Fig. 7.8.** Die sedimentäre Abfolge des südlichen penninischen Raumes, der sog. "Zone du Combin" (SARTORI 1987)
Im Gegensatz zum Autochthon der Bernhard Decke, wo die Sedimentreihe noch identifiziebar ist, musste bei der Rekonstruktion der Combin und Saas-Zermatt Zone davon ausgegangen werden, dass in tektonischen Mélanges die stratigraphische Abfolge nicht gegeben ist.

Die unteren penninischen Decken sind tektonisch eingeklemmt zwischen dem Gotthard Massiv und der Bernhard Decke. Ihre Kristallinkerne entstammen der kontinentalen Kruste des nordpenninischen Raumes. Der Kern der Antigorio Decke, der untersten, könnte dem "marginal basement high" oder der "Habkern Insel" entsprechen, welches südlich ans Ultrahelvetikum anschliesst (Fig. 6.10). Ebenso könnte das kristalline Grundgebirge die kontinentale Kruste einer Insel im nordpenninischen Raum gewesen sein, welche ihren Detritus dem Niesenfächer zuführte. Noch weniger wissen wir über die granitischen Gesteine der Monte Leone und Lebendun Decken, abgesehen davon, dass sie den kristallinen Sockel eines Kontinentalrandes oder Inselbogens irgendwo im nordpenninischen Raum bildeten, bevor Teile dieses Sockels abgeschert, deformiert und metamorphisiert wurden, um zusammen mit ozeanischen Gesteinen zu einer tektonischen Mélange vermischt zu werden. Diese Mélanges wurden bei der Subduktion gebildet, bevor sie dann in Decken verfaltet wurden.

Deformation des Penninikums

Massiver Granit bildet keine Falten unter Kompression. Er wird durch Verwerfungen oder duktile Scherung verformt. Die Bildung von kristallinen Faltendecken wurde deshalb von den Forschern der Gesteinsdeformation angezweifelt. Falten oder gar überkippte Falten können gebildet werden, wo massive Gesteine durch planare Flächen getrennt werden. Die parautochthone Deformation des Kontaktes zwischen Sedimenthülle und Kristallin kann deshalb als Modell zur Rekonstruktion früherer Phasen der Bildung von Kristallindecken herangezogen werden (Fig. 7.10).

Die beiden Profile sind bilanzierte (balanced) Krustenquerschnitte zur Zeit der neoalpinen Deformation seit dem frühen Eozän (HSÜ 1979). Krustenverkürzung führte (1) zur Unterschiebung des Jura Grundgebirges, (2) zur Verfaltung des darüberliegenden Sedimentstapels (Jurafalten) und (3) zur Kompression des Aar-Massivs. Die ersten beiden Konsequenzen sind den Juratektonikern bestens bekannt. Die dritte Konsequenz ist die Hebung des Aarmassivs und Faltung der darüberliegenden Abscherungspakete. Weiterführende Kompression dürfte zur Entwicklung einer Kristallindecke mit überkippter Antiform führen, ähnlich der Antigorio Decke.

Die gefalteten Oberflächen im Penninikum sind meistens Scherflächen oder Foliationen, kaum aber Schichtflächen. Die erste Bewegung des Deckenkomplexes dürfte einfache Scherung oder Unterschiebung gewesen sein. Kontinentale und ozeanische Krustenteile wurden abgeschert und übereinandergeschoben, wobei Schmitzen von Sedimenten (z.B. Marmor) die internen flachwinkligen Scherflächen andeuten (MILNES 1974). Durch das Abtauchen dieses frühen Deckenstapels wurden die Gesteine duktil, und es entwickelte sich eine embryonale Foliation.

Obschon allgemein eine Nordvergenz anerkannt ist, so sind doch einige wichtige Fakten unübersehbar, die uns in der Idee einer frühen Südvergenz bekräftigen. Es sind uns keine Fakten bekannt, die eine Unterschiebung des Bernhard Sockels gegen Norden unter eine Ophiolith Mélange, zu Beginn der Deformation, nicht zuliessen. Hingegen gelangten HUNZIKER und MARTINOTTI (1984) zur Auffassung, das Vorkommen von Galukophanschiefern mit kretazischem Metamorphosealter in der Bernhard Decke deute auf eine wichtige eo-alpine Subduktionszone nördlich der Briançonnais Schwelle hin.

Eine nordfallende Subduktionszone im nordpenninischen Raum könnte für die Bildung des nordpenninischen Gurnigel Grabens und das ultrahelvetische Back-arc Becken des Schlieren Flysches verantwortlich sein (HSÜ 1989). Zudem glauben wir, dass die östliche Fortsetzung der Briançonnais Schwelle im Schams unter eine nordpenninische Mélange geschoben wurde (MILNES und SCHMUTZ 1978). Aus diesen Gründen möchten wir die Möglichkeit einer nordgerichteten Unterschiebung der Bernhard Decke während der kretazischen meso-alpinen Deformation nicht ausschliessen.

Im frühen Tertiär wurden die Antigorio und Bernhard/Monte Rosa Decken gegen Norden überschoben, während die dazwischenliegenden Abscherungspakete zu überkippten Antiformen gefaltet wurden und heute Lebendun und Monte Leone Decken genannt werden. Die ostalpine Dent Blanche Decke ritt auf einem "Kissen" von Ophiolith (Zermatt-Saas Fee Zone) und überholte sämtliche penninischen Decken. Sie war bereits im Miozän am Alpenrand und begann ihren Detritus ins Vorlandbecken zu schütten.

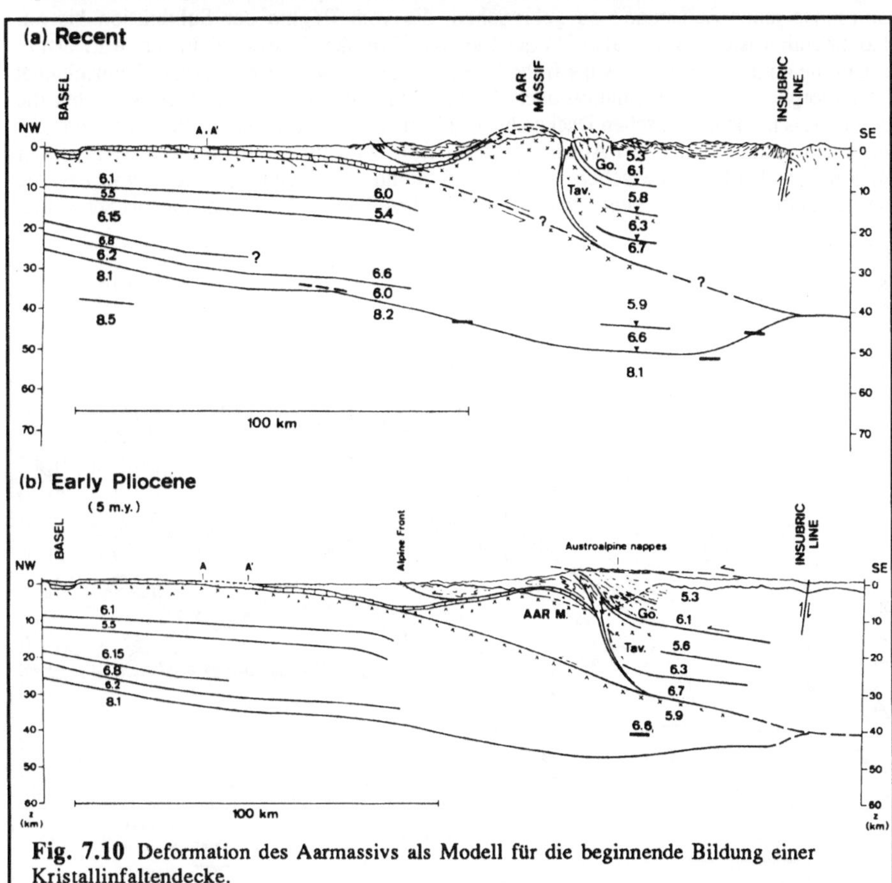

Fig. 7.10 Deformation des Aarmassivs als Modell für die beginnende Bildung einer Kristallinfaltendecke.

Metamorphose im Penninikum

In den Anfängen der Geologie wurden fast alle metamorphen Gesteine Europas und Nordamerikas als präkambrisch betrachtet. Englische Geologen behaupteten sogar, dass seit dem Paläozoikum keine regionale Metamorphose mehr stattgefunden habe. BAILEY drückte noch 1935 sein Erstaunen darüber aus, dass "*Swiss Geologists ascribe much of their material to a Mesozoic date*". Die Schweizer Geologen bemerkten jedoch richtig, dass verschiedene metamorphe Serien lithologisch sehr ähnlich wie ihre sedimentären Aequivalente ausserhalb des Penninikums sind. Zusätzlich gab es auch noch einige Fossilfunde in metamorphen Gesteinen (GERLACH 1883).

Alpine Gesteine erlebten die verschiedensten Metamorphosegrade im Mesozoikum und Tertiär. Das Konzept der episodischen Orogenese führte zum Konzept der Metamorphose- und Deformations-Phasen. In den Schweizer Alpen unterscheidet man Eo-Alpin (Kreide), Meso-Alpin (Paläogen) und Neo-Alpin (spätes Paläogen und Neogen). HSÜ (1989) versuchte, anstelle der periodischen eine kontinuierliche Deformation seit der frühen Kreide zu postulieren. Dabei schlägt er vor, den Ausdruck **Eo-Alpin** für Deformation und Metamorphose jener Zeitspanne zu gebrauchen, die vom Beginn der Subduktion bis zur Kontinentkollision dauert, also bis der Piemont Trog der Tethys subduziert war. Damit reicht die eo-alpine Phase bis ins frühe Paläogen. Der Ausdruck **Neo-Alpin** kennzeichnet Metamorphose und Deformation nach der Kollision, als die ostalpinen Decken über die penninischen und helvetischen Decken hinwegfuhren. Der Beginn dieser Phase liegt im oder nach dem späten Eozän. Der Ausdruck **Meso-Alpin** wird für Kontinentkollisionen vor der neo-alpinen Kollision zwischen Nord- und Südrand der Tethys gebraucht, wie z.B. die spätkretazische Kollision zwischen dem europäischen Rand und der Briançonnais Schwelle.

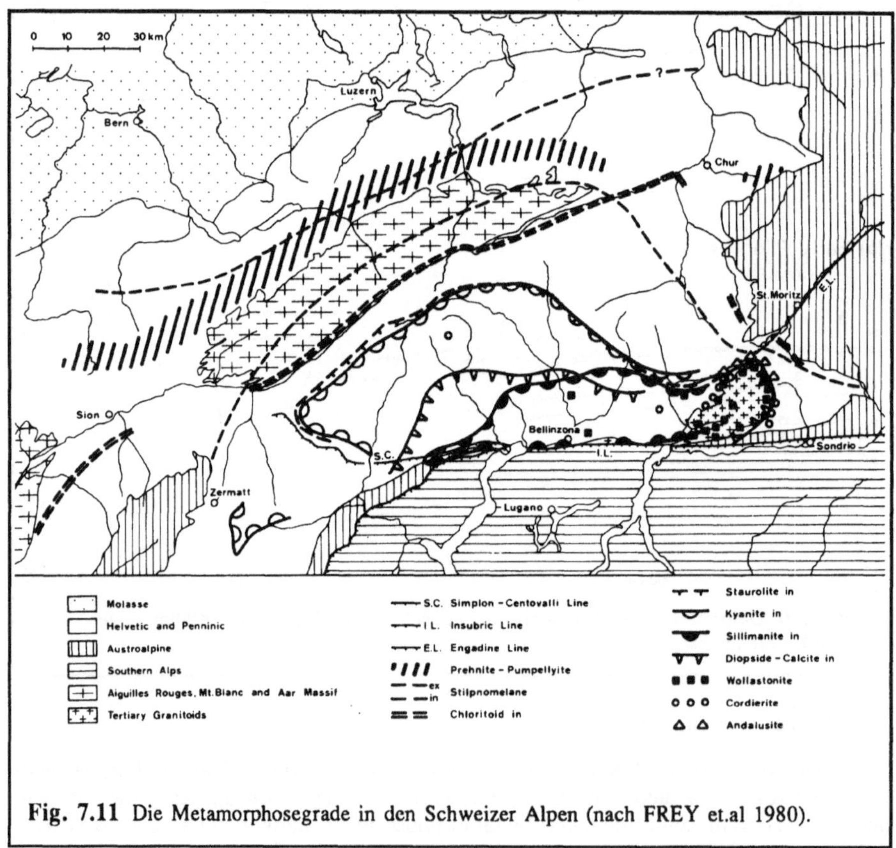

Fig. 7.11 Die Metamorphosegrade in den Schweizer Alpen (nach FREY et.al 1980).

Es würde zu weit führen, im Rahmen dieses Lehrbuches sämtliche neuen Studien über alpine Metamorphose zu diskutieren. Eine kurze Zusammenfassung auf Grund von TROMMSDORFF (1980) soll genügen. Er unterscheidet auf Grund des Metamorphosegrades drei Domänen von metamorphen Gesteinen (p.83):

1. Ein äusserer Gürtel von Zeolith und etwas höhergradig Prehnit-Pumpellyit Fazies. Dieser Metamorphosegrad erfasste Teile des Helvetikums und des Oberostalpins, das Aiguilles Rouges Massiv, sowie teilweise das Penninikum der Präalpen und Graubündens.

2. Ein breiter Grünschiefergürtel schliesst das Südhelvetikum, die Mont Blanc, Aar und Gotthard Massive und ein grosser Teil des Penninikums und Unterostalpins ein. Diese neo-alpine Grünschieferfazies überprägt frühere (meso- oder eo-alpine) Gaukophanschiefer und Eklogit-Vergesellschaftungen des Penninikums im Wallis, im mittleren und südlichen Graubünden.

3. Der klassische Amphibolitfazies Gürtel bedeckt die Zentralalpen zwischen Graubünden und Wallis. Der neo-alpine Metamorphismus überprägt lokal frühere Eklogit und Granat-Peridotit Vergesellschaftungen (Eo-Alpin). Die Disthen-Sillimanit Fazies des Typus Barrow geht gegen Osten (im tertiären granitoiden Bergeller Intrusiv) in eine Andalusit-Sillimanit Kontaktfazies über.

Die in den Alpen progressive Zunahme des Metamorphosegrades gegen Süden (Fig. 7.11) ist ein Mass für die Tiefe der Unterschiebung der verschiedenen Segmente der europäischen Kruste unter das Ostalpin.

Absolute Altersbestimmungen an metamorphen Gesteinen in den Schweizer Alpen bewegen sich von der frühen Kreide bis ins Miozän. Die meisten widerspiegeln Metamorphosealter, einige fixieren die Platznahme von Intrusivkörpern, noch andere sind sogenannte Abkühlungsalter, d.h. die Zeit, als durch Abkühlung die Mobilität der Tochterprodukte des radioaktiven Zerfalls gestoppt wurde. Wir werden später auf wichtige radiometrische Alter zurückkommen, wenn wir in Kapitel XII die zeitliche Entwicklung der alpinen Orogenese diskutieren.

Fragen

1. Wie erkannte Heinrich Gerlach die Antigorio Decke in den penninischen Alpen? Weshalb sah er in den penninischen metamorphen Gesteinen nicht das präkambrische Grundgebirge der Sedimentgesteine der Helvetischen Decken ?

2. Beschreiben Sie das Simplontunnel Profil. Warum bestätigte der Tunnelbau die Deckenstruktur des Penninikums?

3. Welches ist die Abfolge der 6 penninischen Decken nach Argand 1911? Warum zählt die Dent Blanche Decke heute zum Ostalpin? Welches sind die beiden echten Kristallindecken? Warum werden Lebendun und Monte Leone Decke als überkippte Antiformen und nicht als Antiklinalen betrachtet?

4. Beschreiben Sie die Unterschiede zwischen den Sedimenten der Bernhard und der Dent Blanche Nappe? Zeigen Sie die Verwandtschaft der ersteren mit dem Briançonnais auf.

5. Wo würden Sie die Wurzel der Monte Rosa Decke sehen? Wo jene der Dent Blanche Decke? Begründen Sie Ihre Wahl.

6. Beschreiben Sie den Metamorphismus der Gesteine im Penninikum.

VIII DIE BÜNDNERSCHIEFER

Die penninischen Alpen liegen vorwiegend auf granitischen Gesteinen. Bei der Behandlung der Kristallindecken könnte der Eindruck erweckt worden sein, dass der mesozoische penninische Sedimentationsraum auf kontinentaler Kruste gelegen hätte. Das Vorkommen von triasischem Quarzit und Dolomit im ganzen Alpenraum verstärkt diese Idee. Da früher keine ozeanische Kruste im Tethysraum angenommen wurde, haben insbesondere amerikanische Geologen das Ausmass der Verkürzungen während der alpinen Orogenese stark unterschätzt. Angesehene Geologen (vgl.BUCHER 1933) vermuteten Vertikalbewegungen als primäre Deformation der Schweizer Alpen, d.h. ein Anheben der granitischen Kruste unter dem Penninikum. Die beträchtlichen Horizontalverschiebungen der helvetischen Decken wurden als Sekundärtektonik abgetan, hervorgerufen durch gravitatives Gleiten der Sedimente über dem aufsteigenden Kristallin (HAARMANN 1930, VAN BEMMELEN 1933).

Die Alpengeologen jedoch erkannten schon früh den mesozoischen Ozean. Eduard SUESS schrieb bereits 1875 in seiner *Entstehung der Alpen* , dass die alpine Trias in einem tiefen Ozean abgelagert worden sei. Das war insofern unrichtig, als der Grossteil der mächtigen alpinen Trias der ostalpinen Decken küstennahe oder gar tidale Ablagerungen sind.

Ein Schüler von Suess, Theo FUCHS, publizierte 1877 eine ausgezeichnete Arbeit über den jurassischen Aptychenkalk. **Aptychus** ist der Deckel der Ammoniten. Bei diesen Tieren bestehen sowohl Deckel wie auch Schale aus Kalziumkarbonat, ersterer aus Kalzit, letztere aus der Varietät Aragonit. Im Aptychenkalk findet man viele Aptychen, aber kaum Ammonitenschalen. Fuchs wusste, dass Aragonit im Meerwasser besser löslich ist als Kalzit. Ein Sediment, das nur kalzitische Aptychen enthält und keine Aragonitschalen, sollte darum in einer Wassertiefe abgelagert worden sein, wo Aragonit nicht mehr stabil, also aufgelöst, Kalzit dagegen noch grösstenteils erhalten ist. Als dann die berühmte *H.M.S. Challenger* Expedition bestätigte, dass Aragonit unterhalb 2 km Meerestiefe nur sehr selten erhalten ist, Kalzit aber bis 4000m und tiefer gefunden wird, folgerte Fuchs, dass der Aptychenkalk in sehr tiefem Wasser abgelagert wurde.

Etwa zur gleichen Zeit entdeckte W.GÜMBEL (1878) eisen- und manganreiche Knollen in gewissen triasischen Kalken in Oesterreich und verglich sie mit den gedredgten Manganknollen in roten Tiefseetonen. Diese Beobachtung erhärtete die Idee von Fuchs.

Ein weiterer Schüler von Suess, Melchior NEUMAYR (1887) schrieb ebenfalls über die Tiefseesedimentation der alpinen Tethys, nachdem die Resultate der H.M.S. Challenger bekannt wurden. Er betonte die Ähnlichkeit von Ammonitenkalken der Alpen mit rezenten Tiefseeablagerungen und folgerte, dass die roten Kalke mit Manganknollen in einer Tiefe zwischen dem Globigerinenschlamm und dem roten Tiefseeton der heutigen Ozeane gebildet wurden.

Britische Forscher fanden Ende des letzten Jahrhunderts vor ozeanischen Inseln Wechsellagerungen von Globigerinenschlamm und Radiolarienschlamm. Aus dieser Beobachtung schloss H.A. NICHOLSON (1890), dass radiolaritische Silexite, oder eben **Radiolarite** und Radiolarienmergel, nichts anderes als konsolidierter **Radiolarienschlamm** sei. Solche pelagischen Sedimente, die nur aus den Kieselschalen der einzelligen Radiolarien bestehen, wurden ebenfalls in der Tiefsee gefunden (MURRAY und RENARD 1891). Die Ansicht von Nicholson wurde von Gustav STEINMANN (1905) enthusiastisch aufgenommen.

Steinmann erkannte auch die Vergesellschaftung von alpinen ozeanischen Sedimenten mit Ophiolithen. Die mafischen und ultramafischen magmatischen Gesteine wurden als

Injektite in Tiefseesedimente interpretiert. SUESS (1909) stimmte mit Steinmann überein und glaubte, in den Ophiolithen aufgestiegenen Ozeanboden zu sehen.

Gegen den ozeanischen Ursprung der alpinen Ophiolithe erhob sich Widerstand aus dem angelsächsischen Lager. James HALL (1859) formulierte als erster die Theorie der Geosynklinale als Geburtsstätte von Gebirgen. Er anerkannte nur die fossilführenden Sedimente der Valley and Ridge Provinz in den Appalachen als sedimentäre Bildungen in flachem Wasser. Die entsprechenden Metamorphite gehörten zum präkambrischen Grundgebirge. In seiner "Geosynklinale" gab es nur Flachwassersedimente.

Der Haupteinwand gegen eine ozeanische Umgebung im alpinen Mesozoikum basierte auf dem Dogma der Erhaltung der Kruste, dem geologischen Paradigma der ersten Hälfte dieses Jahrhunderts. Unter den Kontinenten liegt granitische Kruste, unter den Ozeanen liegt eine basaltische Kruste. Eine Umwandlung der einen Kruste in die andere wurde ausgeschlossen. Die Gneise der penninischen Decken haben granitische Zusammensetzung, und demzufolge konnte dort auch kein tiefer Ozean gewesen sein. Alles Gerede von tiefen Ozeanen im Mesozoikum der Alpen war pure Spekulation gegen solide geophysikalische Fakten.

Angesichts derartiger Vorurteile verwarfen MURRAY und RENARD, die Autoren des Challenger Berichtes, die Idee von ozeanischer Sedimentation in Gebieten, welche heute zu Kontinenten gehören. Sie schrieben (1891, p.189):

With some doubtful exceptions, it has been impossible to recgonise in the rocks of the continents formations identical with these pelagic deposits (of modern oceans).

Der Einfluss von Murray war beträchtlich. Kein geringerer als die Autorität Johannes WALTHER (1897) bestätigte, dass pelagische Sedimente nicht unbedingt tief oder ozeanisch sein müssten und bestritt rundweg, dass die alpinen Radiolarite ozeanische Sedimente seien. Ein weiterer grosser Sedimentologe, Grabau, vertrat dieselbe These, dass pelagische Sedimente Seichtwasserbildungen sein können (GRABAU und O'CONNELL 1919).

Die falsche Einschätzung der Ophiolithe und ihrer Deformation durch die Geologen war der Hauptgrund für die Ablehnung ozeanischer Sedimentation im Mesozoikum der Alpen. Grobkörnige magmatische Gesteine wie Gabbros und Peridotite (heute serpentinisiert) wurden als Intrusionen angesehen, welche in der Tiefe ins Nebengestein eindrangen. Sogar Steinmann glaubte, dass diese Intrusionen in die Sedimente injiziert wurden, welche heute die Ophiolithe umgeben und dass die Ophiolithe, weil sie als magmatische Intrusionen in kontinentale Sedimente betrachtet wurden, ebenfalls kontinental sein mussten.

Erst die Hypothese der Wanderung der Kontinente brachte neuen Wind in die Diskussion um einen mesozoischen Tethys-Ozean. Dieser Ozean wäre entstanden als, Afrika von Europa wegdriftete, und er wäre ebenso wieder verschwunden, als die beiden Kontinente wieder gegeneinander fuhren und kollidierten. Die Alpengeologen waren angetan von WEGENER's (1922) Theorie. ARGAND (1922) und STAUB (1928) fanden schnell eine Erklärung für die ozeanischen Gesteine, welche beim Wegdriften von Afrika in den penninischen Trögen des Piemont und Wallis entstanden. Wegeners Idee traf jedoch erneut auf bitteren Widerstand aus der Neuen Welt, da in der "Nordamerikanischen" Geosynklinale scheinbar kein Platz für ozeanische Sedimente war.

Nach dem Triumph der Theorie der Plattentektonik in den frühen 70er Jahren darf die Doktrin der fixen Kontinente getrost verworfen werden. Wir glauben heute, dass die alpinen Ophiolithe die ehemalige ozeanische Kruste und Mantel der Tethys darstellen. Zur Ophiolithreihe gehören Kissenbasalte, Kissenbrekzien, der plattige Gangschwarm von Diabas, mafische und ultramafische Intrusionen. Diese Gesteine werden zerbrochen und die Bruchstücke vermischt mit intensiv gescherten Sedimenten, wenn die ozeanische Kruste an einer Benioff Zone abtaucht. Die penninischen Mélanges wurden während der eo-alpinen Deformation durch einen solchen Subduktionsprozess gebildet. Die alpinen Ophiolithe sind also nicht in Sedimente intrudiert, sie sind exotische Blöcke in der Matrix einer schiefrigen Mélange.

Die Theorie der Verbreiterung der Ozeane erklärt die Entstehung des penninischen Ozeans und die Theorie der Subduktion lässt ihn auch wieder sterben. In den Ophiolithen von Griechenland und Zypern finden wir das Modell der Ozeankruste. Die Beprobung der Ozeansedimente durch das Tiefsee Bohrprogramm (DSDP) erbrachte rezente Analoga zu den penninischen Sedimenten der Alpen. Die Untersuchungen von HSÜ (1971) in den Franciscan Mélanges im kalifornischen Küstengebirge halfen die eo-alpine Deformation zu verstehen.

Seit wir wissen, dass einst ein penninischer Ozean existierte, können wir die geologische Evolution der Alpen zu rekonstruieren versuchen. Dabei werden wieder viele neue Fragen aufgeworfen. Wann wurde dieser Ozean gebildet? Wie breit war dieser Ozean; war es nur ein schmaler Trog? Waren gar zwei oder mehr Tröge im penninischen Raum ausgebildet? Wie verschwand dieser Ozean wieder? Und wann begann er sich zu schliessen? Wann war die Kontinentkollision? Wie war die Deformation? War sie immer nordvergent? Falls eine Schwelle mit kontinentaler Kruste den Trog trennte, was passierte bei der Kollision der Schwelle? Welche Kollision war zuerst, welche später? Welche Strukturen hinterliessen diese Kollisionen? Wo wurden die penninischen Flyschsedimente abgelagert? Wie wurden diese deformiert?

Die Gesteine des Penninikums, die Bündnerschiefer, die Ophiolithe und der Penninische Flysch sind unsere Zeugen. Wir werden versuchen, diese Fragen in diesem und dem nächsten Kapitel zu beantworten.

Bündnerschiefer und Schistes lustrés

Die Gesteine, welche die Kristallindecken umgeben sind:

(1) Bündnerschiefer oder schistes lustrés
(2) Pelagische Sedimente wie Radiolarite oder Calpionellenkalke
(3) Ophiolithe
(4) Penninischer Flysch

Der Ausdruck **Bündnerschiefer** wurde von STUDER (1836) eingeführt, um die schiefrigen Gesteine des Prättigau und des Domleschg zu bezeichnen und wurde später dann auf alle derartigen Gesteine im nördlichen und mittleren Graubünden ausgedehnt. STUDER (1872) beschrieb die Lithologie folgendermassen:

Bündnerschiefer...z.Th.Graue und schwarze Thon- und Mergelschiefer, meist aufbrausend, theils leicht zerfallend, theils durch stärkeren Kieselgehalt übergehend in thonige oder reinere Kalkschiefer; als Einlagerungen auch dickere Bänke von dunkelgrauem Kalk; oft auch abwechselnd mit dunkelgrauen, festen Sandsteinen und Sandsteinschiefern... Zuweilen auch erhöht sich der Glanz des Thonschiefers bis zur Aehnlichkeit mit Glimmer, oder es ist wirklich hellgrauer Glimmer ausgeschieden,... und man würde unbedenklich die Steinart für Glimmerschiefer erklären, wenn sie nicht mit der grossen Masse der Thon- und Kalkschiefer in engster Verbindung stände.

Der Ausdruck **schistes lustrés** wurde von Charles LORY (1860) geprägt als glimmerhaltige Schiefer der französischen Alpen mit variablem Karbonatgehalt. Schliesslich wurde auch dieser Ausdruck auf alle schiefrigen Gesteine des Mesozoikums im mittleren Penninikum der Walliser Alpen ausgedehnt. Diese Gesteine finden wir hauptsächlich in den Zonen von Zermatt-Saas Fee und Combin. HEIM (1922) übersetzte den Ausdruck in *Glanzschiefer*, eigentlich ein Synonym für Bündnerschiefer. Neben den Glimmerschiefern erkannte Heim auch nicht selten Quarzschiefer, Kalkphyllite und graue

Schiefer in derselben Formation. Damit sind die verschiedenen Lithologien der ursprünglichen Sedimente sowie die verschiedenen Metamorphosegrade angedeutet.

Da die Metamorphose im Wallis einen höheren Grad aufweist als in Graubünden, sind die schistes lustrés gemeinhin etwas höher metamorph. Darum werden oft die wenig metamorphen pelitischen Schiefer von Graubünden als Bündnerschiefer s.s. bezeichnet, die Glimmerschiefer des Wallis als schistes lustrés s.s. Zum Teil werden dann noch Lokalnamen verpasst (z.B. Ferretschiefer, Schamserschiefer), um ihre bestimmte Lithologie, Paläogeographie oder Metamorphose hervorzuheben.

Die Bündnerschiefer des Misox, der Via Mala und des Domleschg

Der Reisende auf dem Heimweg von Italien biegt bei Bellinzona nach rechts ab ins Val Misox, ganz in der Nähe der penninischen "Wurzelzone". Bald verlässt er die Gneislandschaft und die Strasse schneidet durch Glimmerschiefer und Amphibolite der metamorphen Sedimentbedeckung der Adula Decke. Nach der Querung des San Bernardino Passes fährt er hinunter ins Schams, dem geologischen Rätsel, welches im nächsten Kapitel behandelt wird. Bald kurvt er durch die Schlucht der Via Mala, welche früher wegen des "schlechten" Gesteins (vertikale Bündnerschieferwände) eine gefährliche Passage darstellte. An einigen Orten sind die abenteuerlichen mittelalterlichen Steganlagen noch sichtbar. Nach Thusis weitet sich das Tal zum breiten Domleschg, ebenfalls ganz in Bündnerschiefer. Beim Zusammenfluss von Vorder- und Hinterrhein dreht das Tal gegen Osten ab, um dann bei Chur wieder genau nördwärts zu verlaufen. Auf der rechten Talseite stehen dann die Prättigauschiefer an, benannt nach dem Tal der Landquart, welche dort den Rhein erreicht. Gegen Norden erblickt der Reisende alsbald die trutzigen Wände des Gonzen und Alvier ob Sargans. Der Tourist hat eine zweistündige Fahrt von atemberaubender Schönheit hinter sich. Der Geologe jedoch machte fast eine Weltreise: Er folgte dem europäischen Kontinentalrand hinab, überquerte den nordpenninischen Ozean, bezwang die Briançonnais Schwelle, um dahinter wieder in die Tiefsee abzutauchen, bevor er sich durch das Helvetikum wieder dem europäischen Kontinent nähert. In den Bündnerschiefern des Misox, der Via Mala und des Domleschg liegt in geraffter Form die Geschichte eines Ozeans vor uns, von seiner Geburt bis zu seinem Ende.

Nach HEIM (1922, p.546) finden wir in der südöstlichen Schweiz folgende penninische Deckenabfolge mit der entsprechenden Korrelation zur Westschweiz:

<table>
<tr><td>Margna Decke</td><td>Dent Blanche Decke</td></tr>
<tr><td>Tambo Decke</td><td rowspan="2">Monte Rosa Decke</td></tr>
<tr><td>Suretta Decke</td></tr>
<tr><td>Adula Decke</td><td>Bernhard Decke</td></tr>
<tr><td>Tessiner Decken</td><td>Lebendun Decke</td></tr>
</table>

Heims Korrelation der Penninischen Decken zwischen Ost- und Westschweiz wird heute etwas modifiziert. Übereinstimmend werden heute Tambo und Suretta als ein einziger Deckenkomplex angesehen, analog zu Bernhard im Westen. Die Adula und Tessiner Decken werden mit den Simplon Decken verglichen und die Margna, entsprechend der Dent Blanche, wird als Ostalpine tektonische Einheit zwischen zwei Ophiolith Mélanges betrachtet. Unsere bevorzugte Korrelation ist in Tabelle 8.1 dargestellt.

Dent Blanche	Unterostalpin
Mélange (Tsaté/Zermatt-Saas Fee)	*Mélange (Platta)*
Monte Rosa	Margna
Mélange	*Mélange (Avers)*
Bernhard	Tambo / Suretta / Schams
Ferret Schiefer / Schistes lustrée	*Mélange (Misoxer Zone) / Bündnerschiefer*
Simplon Decken	Adula und Tessiner Decken

Tab. 8.1 Mögliche Korrelation der Penninischen Decken zwischen West- und Ostschweiz.

Ein Profil durch die Zentralalpen vom Tessin nach Graubünden zeigt frappante Ähnlichkeiten mit dem Simplonprofil, auch wenn eine direkte Korrelation der einzelnen Decken kaum sinnvoll ist (Fig. 8.1). Die überkippte Antiform bildet die Simano Decke, der liegende Scheitel der Adula Decke pflügte sich bis vor die Simano, analog der Berisaldecke im Simplongebiet. Die Adula Decke selbst taucht gegen Nordosten unter die Tambo/ Suretta Decke.

Die metamorphen Gesteine der Val Misox gehören zur Misoxer Zone zwischen Adula und Tambo/Suretta Decken. Sie sind eine Mélange der Sedimentbedeckung der Adula, von ozeanischen Sedimenten und Ozeanboden. NABHOLZ (1945) unterschied allein im Misox mindestens fünf tektonische Schuppen: Tomül-, Grava-, Aul-, obere und untere Valserschuppen (Fig.8.2).

In der Annahme einer normal-stratigraphischen Abfolge innerhalb der Schuppen und ebenso des intrusiven Charakters der Ophiolithe, versuchte Nabholz eine stratigraphische Rekonstruktion zu erstellen (Fig. 8.2). Eine Wechsellagerung von hemipelagischen Bündnerschiefern mit einer Karbonat-Orthoquarzit-Vergesellschaftung ist sedimentologisch aber wenig sinnvoll. Seit der Einführung des Konzeptes der Mélange (HSÜ 1969) werden auch die Ophiolithe des Misox als tektonisch eingescherte Schmitzen erkannt, jede Annahme stratigraphischer Ordnung ist zwecklos. Tomül, Aul, Grava und Vals sind weder Schuppen noch Abscherungspakete, es sind Mélange Einheiten, jede mit individueller Zusammensetzung von exotischen Blöcken und Schmitzen in einer Bündnerschiefermatrix. Die starke Vermischung von Sedimenten und Ophiolithen wird im einzelnen Aufschluss (Fig.8.3), wie auch im Profil (Fig.8.4) deutlich.

Die Bündnerschieferformation der Via Mala und des Domleschg ist eine mächtige monotone Serie ursprünglicher Tonsteine, welche zu Schiefern und Phyllithen metamorphosiert wurden. Der Metamorphosegrad ist aber so niedrig, dass im Handstück nur Sericit erkannt wird. Das Gestein zeigt etwa dieselbe Diagenese und Metamorphose wie ein Dachschiefer. Im Gegensatz zu diesem sehen wir aber keine parallele Druckschieferung (slaty cleavage), sondern eine schichtgebundene Scherung, typisches Anzeichen für durchdringende Scherung (penetrative shearing). Wir finden dünne Zwischenlagen von Silt, teilweise sogar mit Gradierung oder Kreuzlaminierung. Diese Sedimente sind typisch für den Kontinentalabhang (cont.slope), Kontinentalanstieg (cont.rise) oder Abyssalebene in offenmariner Umgebung. In diesem hemipelagischen Milieu überwiegen die terrigenen Komponenten stark gegenüber den biogenen Anteilen. Dadurch wird die Nähe eines Kontinentes mit Zufuhr von feinem Detritus angezeigt.

Makrofossilien sind sehr rar in den Bündnerschiefern s.l. Auf Grund eines einzigen Fossilfundes wurde die Misoxer Zone in den unteren bis mittleren Jura gestellt. STAUB (1937), JÄCKLI (1941) und NABHOLZ (1945) verglichen die schwarzen pyritischen Schiefer (Nolla Tonschiefer der Tomülschuppe) mit den schwarzen pyritischen Aalenian Schiefern, wie sie im Helvetikum und Ultrahelvetikum überall vorkommen.

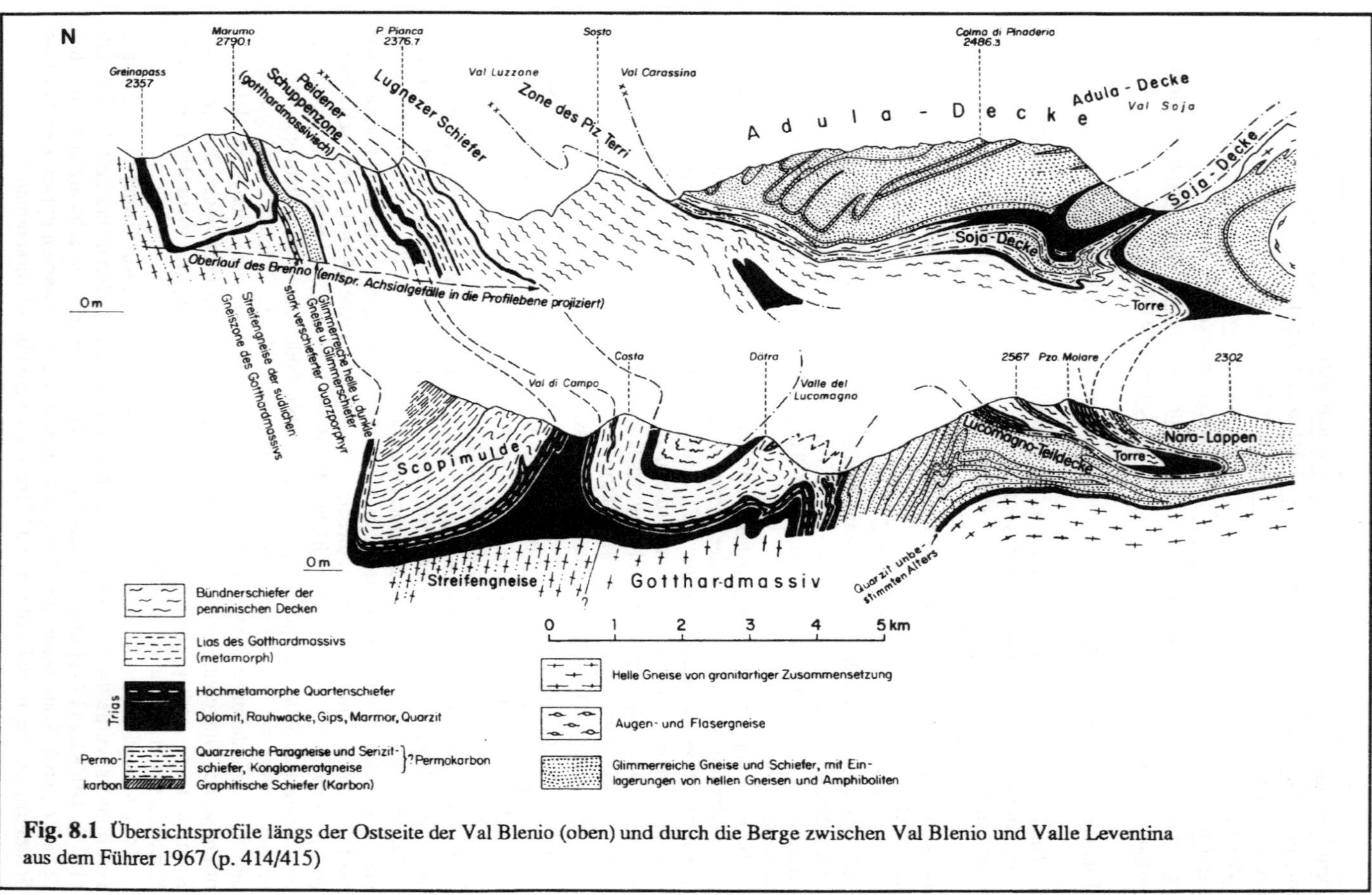

Fig. 8.1 Übersichtsprofile längs der Ostseite der Val Blenio (oben) und durch die Berge zwischen Val Blenio und Valle Leventina aus dem Führer 1967 (p. 414/415)

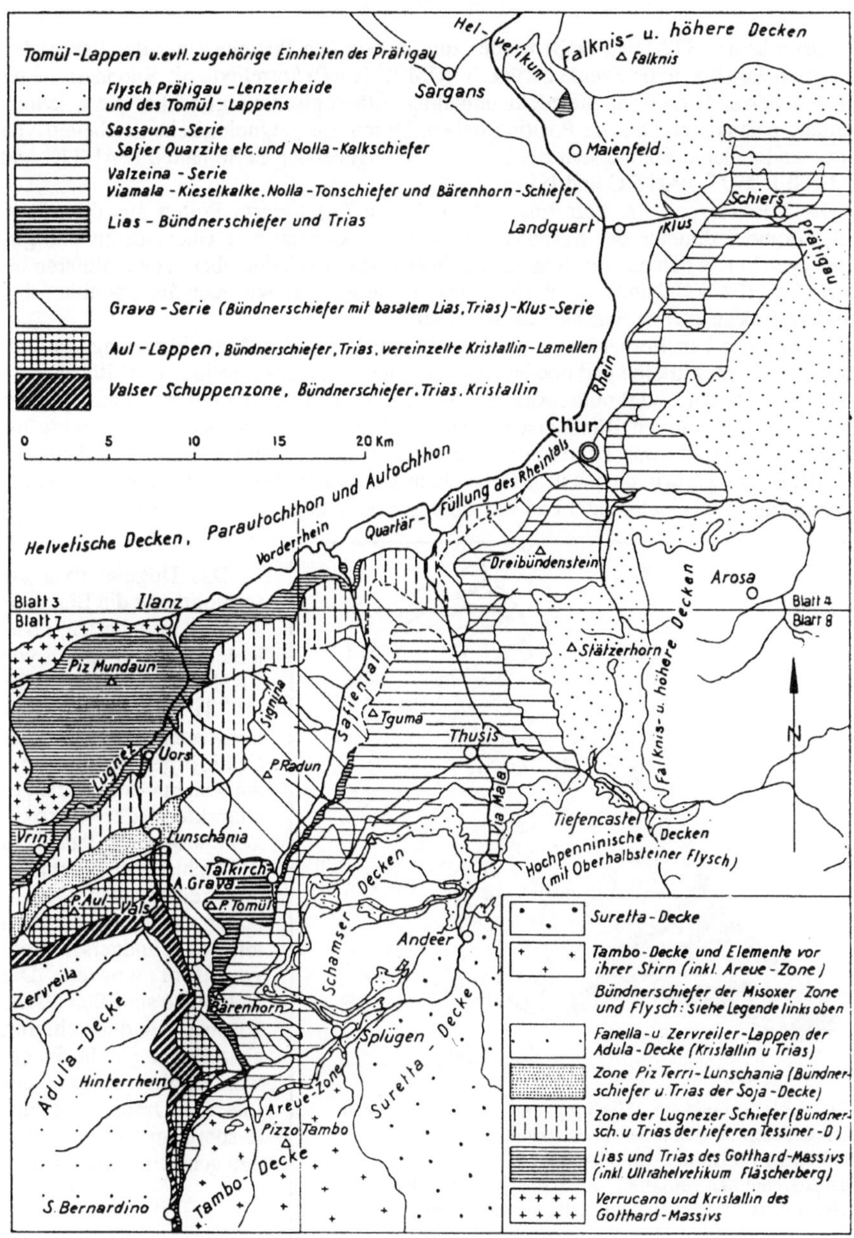

Fig. 8.2 Tektonisch-geologische Übersichtskarte der Bündnerschiefer und Flyschgebiete zwischen Prättigau und Hinterrhein (NABHOLZ 1967)
Die Misoxerzone (obere Legende) besteht aus tektonischen Mélanges, welche als "Schuppenzonen" zwischen der Adula und Tambo/Suretta Decke betrachtet wurden. Man beachte die Verteilung der nordpenninischen Bündnerschiefer und des Prättigau Flysch.

Später kehrte STAUB (1958) wieder zum klassischen Postulat einer durchgehenden Serie vom Jura bis in die Kreide zurück. TRÜMPY (1960) korrelierte die Bündnerschiefer mit den Ferret Schiefern, die nicht unbedingt lithologisch vergleichbar sind, jedoch ähnliche paläogeographische Position haben. Durch die palynologischen Arbeiten von Pantic und anderen konnte sich die Idee der durchgehenden Serie halten (PANTIC und GANSSER 1977, PANTIC und ISLER 1978).

Die Misoxerzone im Vals und Safiental (Fig.7.6) lieferte Pollen aus dem Jura. Metamorphe Sedimente der Karbonat-Orthoquarzit Assoziation ("Gneisquarzit", "Stgir-Serie") gehören in den unteren Jura, die hemipelagischen Schiefer aber in den mittleren bis oberen Jura (PANTIC und ISLER 1978). Diese Liasquarzite, wie auch die Ophilithe, sind exotische Blöcke in einer Bündnerschiefer Matrix.

Südlich des San Bernardino wurden in Phylliten aus der Ophiolithmélange Palinomorphe aus dem mittleren und oberen Jura gefunden. Die Bündnerschiefer bei Rhäzüns im Domleschg zeigten Unterkreide. Aus der Via Mala wurden Pollen des Cenomanian, weiter nördlich in den unteren Bündnerschiefern des Prättigau solche der frühen Kreide bis Turonian bestimmt. Das stratigraphische Profil (Fig.8.5) deutet auf eine Subsidenzgeschichte hin, wie wir sie aus dem Helvetikum s.l. kennen: Der Ablagerungsraum wurde seit dem frühen Jura stetig tiefer und war anfangs des Mitteljura bereits ein Ozean.

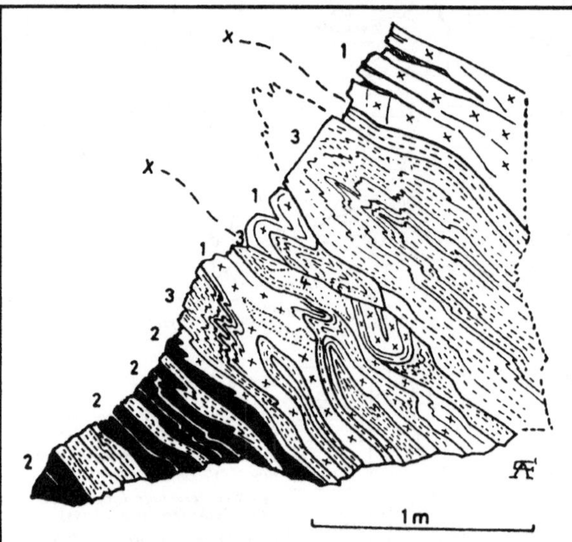

Fig. 8.3 Tektonische Mischung und Verfältelung von Kalkschiefern, Ophiolithen und Kristallin aus dem Gadriolzug ob Hinterrhein (GANSSER 1937)
Man beachte den Massstab: die exotischen Fragmente in diesem Aufschluss sind im dm oder gar cm Bereich!

Das Dogma, dass die Ophiolithe in die Bündnerschiefer intrudierten, überlebte sogar die Arbeit von PANTIC und ISLER (1978), die eine mitteljurassische Platznahme der Ophiolithe postulierten. Angesichts des Mélangecharakters der Misoxer Zone sehen wir jedoch in den Ophiolithen Fragmente von zerschertem Ozeanboden, welche tektonisch mit den Bündnerschiefern vermischt wurden. Die Ophiolithe sind älter als die ältesten Bündnerschiefer, aber jünger als die Flachwasserablagerungen des Lias. Der Ozeanboden dürfte somit im frühen Mitteljura gebildet worden sein.

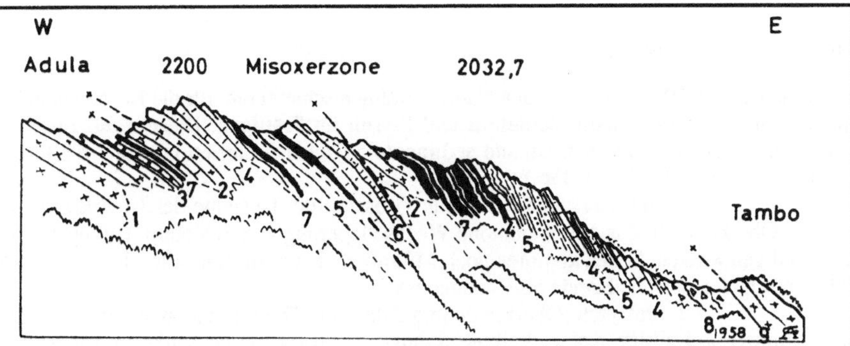

Fig. 8.4 Profil am Giumella Grat (W von Pian S.Giacomo, GANSSER 1967)
Die Ophiolithmélanges zwischen den Kristallinkernen der Adula und Tambo Decke. Es sind Sedimente und Kruste des Ozeanbodens. 1: Adulakristallin, 2: Gneislamellen, 3: Dolomit und Granatschiefer, 4: Kalkschiefer, 5: Tonschiefer, 6: weisser Marmor, 7: Ophiolithe, 8: Rauhwacke, 9: Tambokristallin.

	m.y.		Dinoflagellaten- & Palynomorphen-Zonen	
KREIDE	92	CENOMANIAN	Trithyrodinium suspectum	Complexiopollis*
			Deflandrea echinoidea	Retitricolpites geox. / Psilatricolporites
	100	ALBIAN	Deflandrea vestita	Retitricolpites geox. / Tricolpites minutus
	108	APTIAN	Odontochitina* operculata	Clavatipollenites*
	115	BARREMIAN		
	121	HAUTERIVIAN	Druggidium rhabdoreticulatum	Ephedripites multicostatus
	126	VALANGINIAN	Druggidium deflandrei	
			D. apicopaucicum	
	131	BERRIASIAN	Biorbifera johnewingii	
JURA	141	PORTLANDIAN	Ctenidodinium panneum	
		KIMMERIDGIAN	Gonyaulacysta cladophora*	
		OXFORDIAN	Gonyaulacysta jurassica	
	161	CALLOVIAN	Valensiella vermiculata	
		BATHONIAN	Gonyaulacysta filapicata	
	170	BAJOCIAN	Mancodinium semitabulatum	
	176	AALENIAN		
		TOARCIAN	Nannoceratopsis gracilis*	
	180	PLIENSBACHIAN		
		SINEMURIAN	Echinitosporites cf. iliacoides	
	190	HETTANGIAN	Cycadopites subgranulosus	
TR.	195	RHAETIAN	Corollina meyeriana	

*auch in den Bündnerschiefern festgestellt

Fig. 8.5 Zusammenstellung der bis anhin datierten Bündnerschiefervorkommen (PANTIC und ISLER 1978)
Beachte die Ablagerung von Kalk in der spätesten Trias bevor die hemipelagischen Sedimente einsetzen. Dieser Fazieswechsel bezeugt eine jurassische Subsidenz im nordpenninischen Raum.

Der Prättigau Flysch

Daniel TRÜMPY führte 1916 den Namen Prättigauschiefer ein, für die Bezeichnung der mächtigen Serie von Bündnerschiefern und Flysch im Prättigau. Diese mesozoischen/-paläogenen Schichten können anhand sedimentologischer Kriterien in drei Abteilungen gegliedert werden (TRÜMPY 1960):

1. Bündnerschiefer s.s. Der Grossteil der Gesteine der Unterkreide und unteren Oberkreide bilden eine monotone Wechsellagerung von Schiefern, kalkigen Silten und sandigen Kalken. Selten kommen noch Mikrobrekzien dazu. Das Alter dieser Prättigau Bündnerschiefer ist frühe Kreide bis Cenomanian.

2. Präflysch (Oberkreide und Paläozän). Die Formationen der Oberkreide sind sandige und siltige Kalke, kalkige Sandsteine, siltig-tonige Kalke und mergelige Schiefer, alle leicht metamorph, d.h. die tonigen Sedimente wurden zu Phylliten. Brekzien und Konglomeratlagen sind nicht selten. Die Lithologie erinnert an den Niesen Flysch. Im Gegensatz zu den Sandstein Flyschen des Schlieren-Gurnigel Typus, zeigen diese Kalkflysch Einheiten kaum typische Sedimentstrukturen wie etwa Sohlmarken. Gradierte Schichtung ist selten in feindetritischen Bänken, aber deutlich in Brekzien und Grobsanden. TRÜMPY (1960) nannte die Übergangsschichten zwischen Bündnerschiefer s.s. und Flysch s.s. eben Präflysch. Diese hemipelagischen Konturstrom- und Turbiditätsstrom-Ablagerungen sind Sedimente des Tiefseebeckens mit vorhandener Topographie, welche die Entwicklung kräftiger Trübeströme hemmte. Mikrofossilien lassen den Präflysch als Turonian bis Paläozän datieren (Fig. 8.6).

3. Flysch. Die Ruchberg Serie ist ein typischer Sandstein Flysch. Die Wechsellagerung von dicken Arkosen und Brekzien mit Schiefern erinnert uns an den Schlieren/Gurnigel Flysch. Karbonate fehlen fast ganz. Sein Alter ist frühes Eozän.

Die Prättigau Schiefer sind eine nordpenninische Einheit, die meist mit den Ferret Schiefern / Niesen Flysch im Westen korreliert werden. Die Sedimentabfolge deutet auf eine zunehmende Verstärkung des topographischen Reliefs im Ablagerungsraum Prättigau während der Kreide hin, die letzlich zur Bildung des Sandstein Flysches führte.

Die nordpenninischen Bündnerschiefer südlich des Gotthardmassivs

Die Sedimentbedeckung auf der Südseite des Gotthards zeigt Alter von Permokarbon bis Jura. Die Überlagerung von triasischen Quarziten und Dolomiten durch liasische hemipelagische Sedimente belegt eine Subsidenz, welche zur Geburt der Tethys führte. Die ehedem hemipelagischen Mergel und Siltsteine sind zu Granatglimmerschiefern metamorphisiert worden, doch belegen immer noch erkennbare Mikrofossilien ein frühes Jura-Alter. Höhere Schichten wurden wohl abgeschert und bilden heute die ultrahelvetischen Decken (BOLLI et.al. 1980).

Die schistes lustrés oder Bündnerschiefer s.l. zwischen Gotthard und Monte Leone Decke bilden verschiedene tektonische Einheiten. Sie wurden als Schuppenzone betrachtet, könnten aber ebensogut Mélanges sein. Unter der Annahme, dass die Gesteine der einzelnen Einheiten sedimentäre Sequenzen sind, rekonstruierten BOLLI et.al.(1980) die Stratigraphie (Fig. 8.7). Palynologische Studien belegen hemipelagische Sedimente des oberen Jura in der Formazora Serie beim San Giacomo Pass. Aus den Bündnerschiefern südlich des Gotthard Massivs lässt sich also die jurassische Subsidenz herauslesen, welche so typisch ist für die Entwicklung der alpinen Tethys.

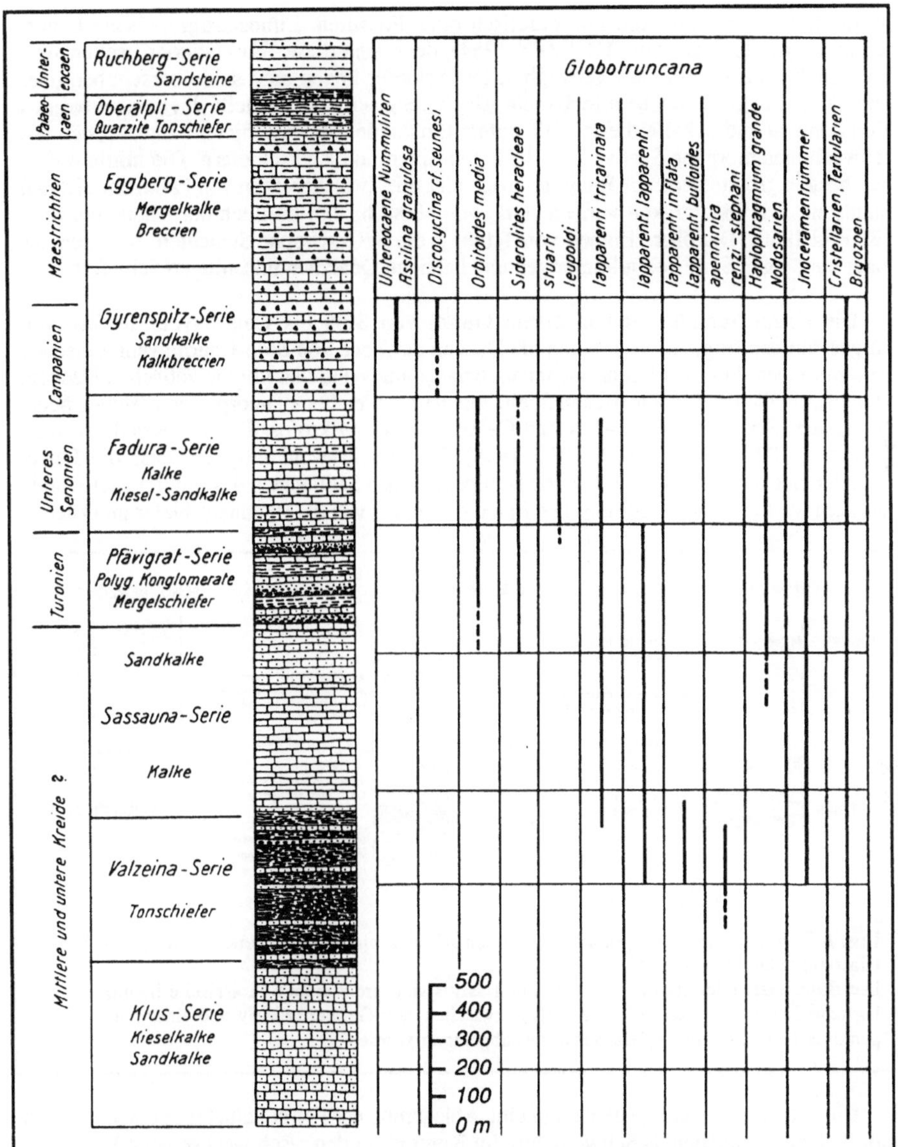

Fig. 8.6 Startigraphisches Profil der Prättigauschiefer (NÄNNY 1948)

Die Ferret Schiefer

Die schiefrigen Gesteine zwischen Helvetikum und Bernhard Decke südlich der Rhone im Val Ferret werden zu den schistes lustrés gezählt, obwohl sie wegen ihres niedrigen Metamorphosegrades viel eher den Bündnerschiefern s.s. ähneln. Die Lithologie dieser

Metasedimente ist monoton und praktisch ohne Fossilien. Lithostartigraphische Unterteilungen wurden versucht (TRÜMPY 1954), doch sind diese "Formationen" selten weit über die Typlokalität hinaus verfolgbar. Die Schiefer liegen oder sind überschoben über eine Triasformation, welche offenbar ein Abscherungshorizont darstellt.Über einem basalen Konglomerat und Schiefer besteht die untere Einheit der Ferret Schiefer hauptsächlich aus schwach metamorphen Sandsteinen, kalkigen Silten und Kalkschiefern. Die mittlere Einheit besteht grösstenteils aus Radiolarienschiefer mit Zwischenlagen von kalkigem Silt und Sandstein. Die Mächtigkeit variiert stark, von 400m bis 0m nördlich der Rhone bei Sion (BURRI 1958). Die obere Einheit von Trümpy, die St.Christophe Schichten, bestehen aus einer eintönigen Serie von glimmerigen und kalkigen Quarziten und siltigen Schiefern.

Die Ferret Schiefer sind in einem Gürtel von Sion bis Courmayeur in Savoyen aufgeschlossen (Fig.8.8). Sie bilden die Decken der Zone von Sion-Courmayeur zwischen dem mittelpenninischen Subbriançonnais/Briançonnais und den ultrahelvetischen Decken. Die ursprünglichen feindetritischen Sedimente wurden leicht metamorph, sie bestehen heute aus Quarz, Serizit, Chlorit, Albit und Calzit. Wenige Mikrofossilien der Kreide wurden gefunden (TRÜMPY 1954, BURRI 1958). Es ist sehr wohl möglich, dass die Ferret Schiefer eine umfassende Abfolge von hemipelagischen Sedimenten des Jura und der Kreide aus dem westlichen nordpenninischen Raum darstellen, wie die Bündnerschiefer im Osten.

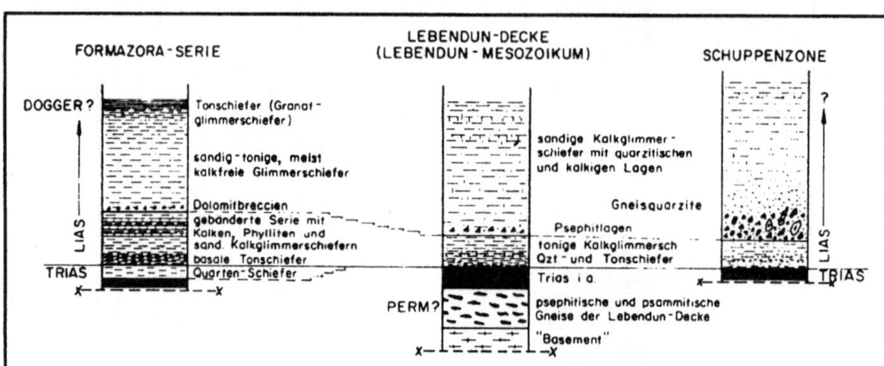

Fig. 8.7 Idealisierte Stratigraphic der tektonischen Einheiten der Zone Tremorgio – San Giacomo (BOLLI et. al 1980)
Die Bündnerschiefer südlich des Gotthardmassivs sind grösstenteils jurassische hemipelagische Sedimente, welche in der Tiefsee zwischen dem Gotthardmassiv und einer nordpenninischen Schwelle (Adula Schwelle) abgelagert wurden.

Die tektonische Abfolge deutet auf eine Ablagerung der Ferret Schiefer in einem Becken nördlich der Briançonnais Schwelle hin. Im Kontrast zu den rasch wechselnden Fazies am nördlichen Abhang der Schwelle, wie sie typisch sind im Subbriançonnais, sind die monotonen Serien der Ferret Schiefer typisch für hemipelagische Sedimentation in einem externeren Becken. Nach FRICKER (1960) sind Turbidite und Feinbrekzien gefunden worden, aber sie sind selten.

Die nordpenninische Stellung der Ferret Schiefer deutet auf eine Verwandtschaft mit dem Niesen Flysch. Letzterer ist aber vorwiegend Oberkreide und somit jünger. Auch zeichnet sich der Niesen Flysch durch grobe Turbidite und Felssturzablagerungen aus, ein Indiz für starkes Relief. Wir meinen, beide Serien könnten in dasselbe Becken geschüttet worden sein, wobei der Ablagerungsraum einer hemipelagischen Sedimentation der frühen Kreide (Ferret) sich offenbar in ein Flysch Becken der späten Kreide (Niesen) entwickelte.

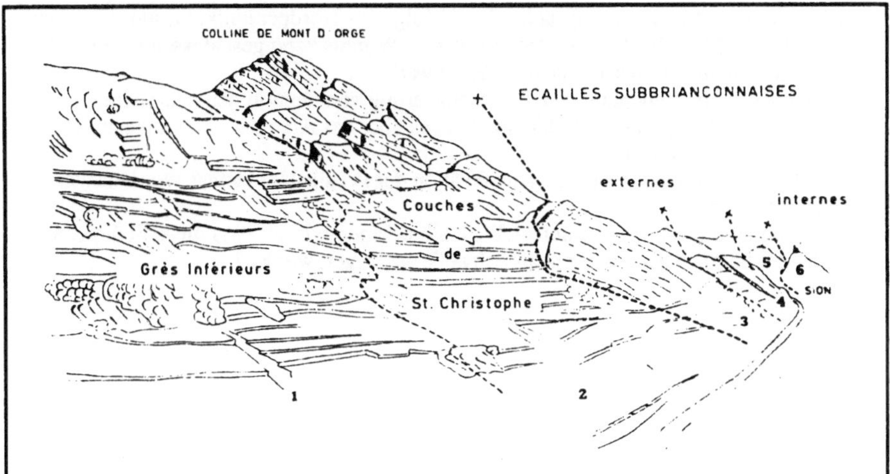

Fig. 8.8 Die Ferret Schiefer am Mont d'Orge, westlich von Sion (BURRI 1967)
Die Ferret Schiefer (1 + 2) sind auf Ultrahelvetikum überschoben und, wie diese Figur zeigt, unter einige Schuppen von Subbriançonnais unterschoben (3 – 6).

Paläogeographie des penninischen Raumes.

Der penninische Raum ist definiert als das Gebiet zwischen dem helvetischen/ultrahelvetischen Kontinentalrand im Norden und dem ostalpinen Kontinentalrand im Süden. Das Gebiet war bis in die Trias über kontinentaler Kruste und von untiefer oder gar subaerischer Sedimentation geprägt. Die Subsidenz begann in der späten Trias (Rhät) oder dem frühesten Jura (Lias). Der penninische Ozean war in zwei Tröge aufgeteilt, den piemontesischen und den Walliser Trog mit der Briançonnais Schwelle dazwischen, welche weiterhin kontinentale Kruste aufwies. Die erste Bildung von ozeanischer Kruste begann im mittleren Jura sicher im Piemonttrog, eventuell auch im Walliser Trog. Im Jura und in der Kreide wurden vorwiegend hemipelagische Sedimente im nordpenninischen Raum abgelagert. Im Piemonttrog aber herrschte im Jura pelagische Sedimentation vor, abgesehen von den Breccien am Südrand der Briançonnais Schwelle, welche in der frühen Kreide dann hemipelagisch wurde.

In beiden Trögen setzte in der späten Kreide und bis ins frühe Tertiär eine Präflysch- oder Flyschsedimentation ein.

Somit haben wir die Geschichte der Geburt des penninischen Ozeans verfolgt. Das Ende dieses Ozeans ist Thema des Kapitels X.

Fragen

1. Aus welchen Gründen werden Radiolarite und Aptychenkalke als Tiefseesedimente betrachtet?

2. Beschreiben Sie die stratigraphische Abfolge im Nordpenninikum, um zu zeigen, dass die Alpine Tethys im Jura zur Tiefsee wurde. Woraus kann geschlossen werden, dass diese Tiefsee von ozeanischer Kruste unterlagert war?

3. Welches ist die Bedeutung der Wechsellagerung von Ophiolithen und Sedimenten in der Misoxer Zone? Sagt uns der Feldbefund etwas über das Alter der Ophiolithe auf Grund der Fossilien in den Sedimenten?

4. Welches ist die paläogeographische Position der Prättigau Schiefer? Was bedeutet der Ausdruck Präflysch?

5. Wie alt sind die Ferret Schiefer? Weshalb nehmen wir an, dass diese Sedimente in einem Becken nördlich der Briançonnais Schwelle abgelagert wurden?

IX DIE OPHIOLITH MÉLANGE

Ophiolithmélanges in den Alpen liegen generell unter den ostalpinen Decken. Margna und Monte Rosa Decke sind Ausnahmen, falls sie wirklich ostalpin sind, indem sie zwischen Mélanges eingepackt sind.

Bevor die Alpengeologen das Konzept der Mélanges erkannten, betrachteten sie die Ophiolithe und deren assoziierten Gesteine zwischen den ostalpinen Decken und der Margna/Monte Rosa Decke als Ablagerungen eines einzigen paläogeographischen Raumes. Zwischen Ostalpen und Margna hiess es Platta Decke, zwischen Dent Blanche und Monte Rosa lag die Saas-Zermatt Zone. Unter dieser Voraussetzung gliederte CORNELIUS (1935) die Stratigraphie der Platta Decke folgendermassen:

Oberer Jura:	Radiolarite
Mittlerer Jura:	Aptychenkalke
Unterer Jura:	Liasschiefer, Kieselkalk, Spatkalk
Norian:	Hauptdolomit
Carnian:	Dolomite, Dolomitbrekzien, Schiefer
Karbon:	Flix Schichten
Grundgebirge:	Phyllite, Augengneis

Die Ophiolithe der Platta Decke galten als Intrusiva und Extrusiva zur Zeit des Jura und der Kreide.

Die Einteilung von Cornelius widerspiegelt die Meinung seiner Zeit. Er erkannte nicht, dass die triasischen Karbonate zum Ostalpin gehören und dass die Ophiolithe der Untergrund der pelagischen Sedimente des Jura waren. So konstruierte er eine Lithologie nicht unähnlich derjenigen des Ostalpins, abgesehen vom Auftreten der Ophiolithe. Die Platta-Decke galt gar als Digitation der Margna-Decke s.l.

Dass verschiedene Formationen der Platta Decke unmöglich über mehrere Aufschlüsse korreliert werden können, ist den Feldgeologen bekannt. Unglücklicherweise wurde das Konzept der Olistostrome eingeführt (FLORES 1955), um die tektonischen Mélanges als sedimentäre Ablagerungen zu erklären. Diese irrige Idee rettete vorerst die "Platta Decke". Auch wenn die Ophiolithe nicht mehr Intrusiva in den Plattasedimenten waren, sondern als submarine magmatische Gesteine anerkannt wurden, so konnten sie trotzdem mit der Schlammatrix vermischt werden, indem sie den Abhang hinunterkollerten und normal in ein Sediment eingebettet wurden. Verfechter der "Olistostrom"-Hypothese konnten weiterhin die Granite der "Platta-Decke" als das kontinentale Grundgebirge der Plattasedimente verkaufen, welche ihrerseits am ostalpinen Kontinentalrand abgelagert wurden. Entsprechend wurde die Genese der Aroser Schuppenzone und die dünne Mélange unter der Monte Rosa Decke (Antrona?) interpretiert. Folglich war auch das südpenninische Grundgebirge überall kontinental und es musste kein Ozean postuliert werden, sicher nicht zwischen Adria und Briançonnais, wenn überhaupt.

Das Postulat einer einheitlichen Platta Decke ist somit ein starkes Argument für die Erhaltung von Ozeanen und Kontinenten. Auch wenn wir die Interpretation akzeptieren, dass die jurassischen Radiolarite Tiefseebildungen sind, so wären sie doch auf Seichtwassersedimenten der Trias und über einer abgesunkenen kontinentaler Kruste abgelagert worden. Damit würde die alpine Orogenese zu einem Intrakontinentalen Prozess gemacht und wäre nicht das Resultat einer Kontinent-Kontinent Kollision.

Es ist eine Tatsache, dass exotische Blöcke in einer Mélange nur selten in stratigraphischer Relation stehen. Man kann nicht einmal annehmen, dass alle von derselben Sequenz stammen. Die "Platta Decke" ist eine Mélange wie die Misoxer Zone. Schürflinge von Ozeankruste (Ophiolithe) und Ozeansedimente (Bündnerschiefer) stammen aus dem Piemont Trog und sind penninisch. Schürflinge von kontinentaler Kruste (Gneis) und deren Bedeckung (Quarzit, Dolomit) stammen vom südlichen Kontinent, sind also Ostalpin. Diese Gesteine von deutlich unterschiedlicher Herkunft sind in einer Mélange vereint, welche die Sutur zwischen Briançonnais und ostalpinen Decken darstellt.

Einst war da ein Ozean, welcher wieder zusammengeschoben wurde. Dieser Ozean wird durch die Ophiolithmélange repräsentiert, welche fälschlicherweise als Decke benannt wurde. Dass die Platta Decke eine Mélange ist, fiel Ken Hsü während einer Feldexkursion auf Alp Flix im Jahre 1969 auf. Er versuchte aber vergeblich, seine Kollegen zu überzeugen, dass Granitblöcke und triasische Schelfkarbonate innerhalb der Ophiolithzone exotische Blöcke sind und zu einer tektonischen Mélange gehören (HSÜ 1973, p. 76). Die Plattaeinheit blieb für die Schweizer Geologen vorderhand eine Decke oder mindestens eine kohärente Einheit (vgl. DIETRICH 1970). Es bedurfte des Wagnisses eines unerschrokkenen Doktoranden, um den ersten Stein zu werfen. Helmut WEISSERT studierte die Aroser Schuppenzone (Fig. 9.1). Die Gesteine zwischen der Falknis/Sulzfluh und den ostalpinen Decken wurden in verschiedene Überschiebungspakete mit hauptsächlich ostalpinen Sedimenten unterteilt (CADISCH 1923). Dazwischengeschaltet sind allerdings mehrere Serpentinite und Kissenlaven. WEISSERT schrieb 1974 in seiner Diplomarbeit über die sogenannte Gotschnagrat-Schuppe der Aroser Schuppenzone:

Der östliche Teil der Schuppe wird aufgebaut durch Radiolarit, Aptychuskalk und Calpionellenkalk. Ophicalcite treten nur untergeordnet auf... Diese sind jedoch - zusammen mit den Serpentiniten - wichtigstes Element in der Westpartie der Schuppe. So bilden sie die Matrix des Parsenn-Mélange. ***An dieser Stelle soll die Frage aufgeworfen werden, ob nicht die ganze Gotschnagrat-Schuppe als Mélange-Zone bezeichnet werden muss.*** *Falls das Parsenn-Mélange tektonisch nicht von den übrigen Schuppen abzutrennen ist - Indizien für eine solche Trennung sind bis jetzt keine vorhanden - so würde dies implizieren, dass der Begriff Mélange auf die ganze Einheit auszudehnen ist. Eine normalstratigraphische Überlagerung der Mélange-Zone durch die Radiolarite ist nicht möglich, weil schon Radiolaritanteile in das Parsenn-Mélange eingeschlossen sind (vgl. Definition "Mélange", HSÜ, 1968).*

Es brauchte nicht viel Phantasie, dafür aber Mut, um die Sedimente wie Triasquarzit und Dolomit als Fremdkörper in der Aroser Zone zu statuieren. Sie gehören höheren tektonischen Einheiten an, wie der Grünhorn Schuppe oder Casanna Schuppe, und das Ganze wird von der ostalpinen Silvretta Decke überfahren. Das Auseinanderhalten der penninischen Ophiolithe von den ostalpinen Graniten ist das "Ei des Kolumbus" für eine Synthese im Sinne der Plattentektonik.

Die Geologie der Platta-Decke und der Aroser Schuppenzone war Thema verschiedener Doktorarbeiten an Schweizer Universitäten während der letzten 20 Jahre. Die Übergänge zwischen den lithologischen Einheiten wurden als Scherzonen erkannt. Ein Beispiel einer Abfolge von kräftig durchmischten Gesteinen verschiedener Herkunft zeigen die Hörnligratprofile beim Plattenhorn (Fig. 9.2, 9.3). Die Einheit an der Basis des Profils ist eine Wechsellagerung von Calpionellenkalk der Kreide, Palombinikalk und schwarze Lavagnaschiefer (1). Die nächste Einheit (2) ist eine tektonische Mischung von Schuppen, Blöcken und Fragmenten von Granitgneis, Quarzit, Hauptdolomit, Serpentinit, Radiolarit, Calpionellenkalk, Palombini und Sandstein. Einheit (3) besteht aus isoklinal gefalteten Phylliten und Sandsteinen mit viel grünem Detritus (Serpentinit, Ophiolith). Es folgt eine Ophiolithbank (4) mit Diabas, Kissenbasalt, Kissenbrekzien und Basalttuff. Darüber findet sich eine 80m dicke verfaltete Einheit von Palombinikalken mit einigen eingebetteten Sandsteinlinsen. Einheit (6) ist wieder Lavagnaschiefer und Einheit (7) Hörnliflysch mit tektonisch eingearbeiteten Blöcken von Ophiolith und Brekzien. Eine sehr abwechslungsreiche Einheit ist die Mélange (8) mit Ophikalzit, Radiolarit, Calpionellenkalk, Kissenbasalt,

Phyllit, Sandstein etc. Überlagert ist eine weitere tektonische Mélange mit Glimmerschiefern, Dolomit, Kalkarenit, schwarze Schiefer, Kissenbasalt, Diabas, Serpentinit und Palombinikalk. Diese Einheiten der sogenannten "Aroser Schuppenzone" sind eine tektonische Mélange, die der Trias der Unterostalpinen (Tschirpen) Decke unterschoben wurde (LÜDIN 1987)

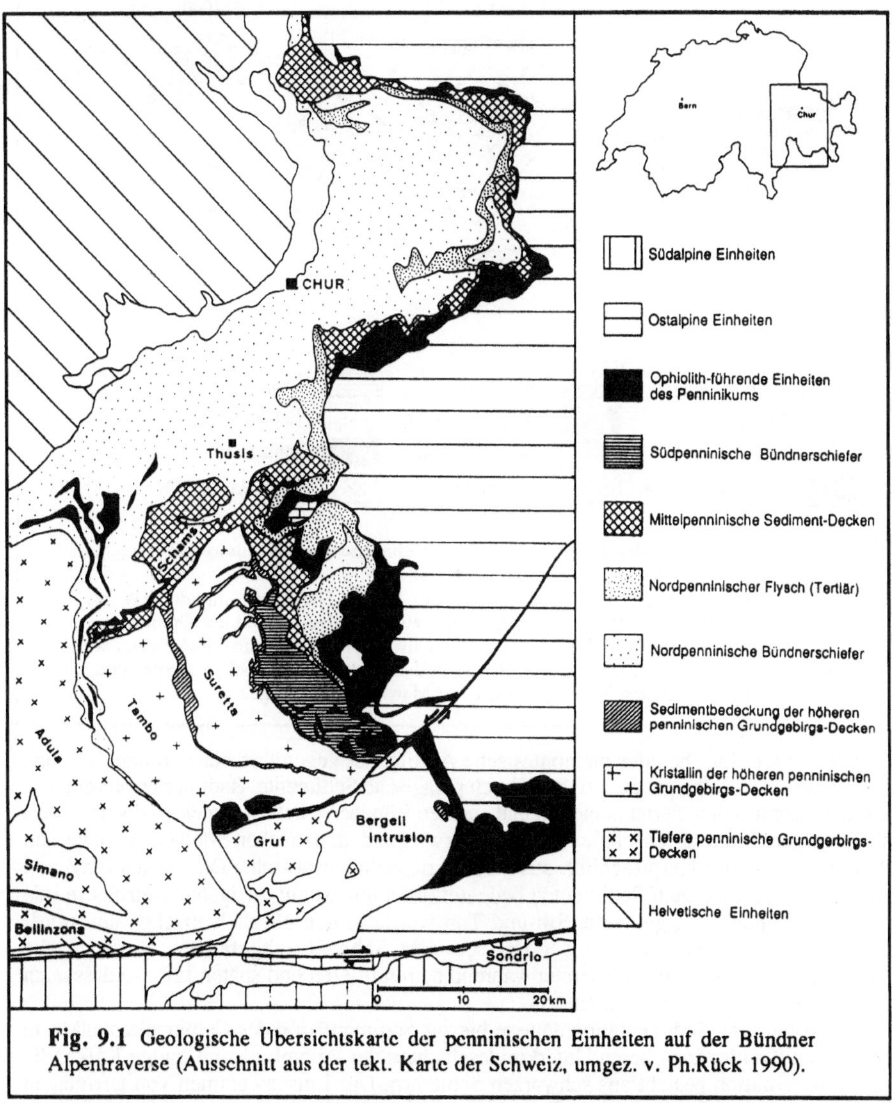

Fig. 9.1 Geologische Übersichtskarte der penninischen Einheiten auf der Bündner Alpentraverse (Ausschnitt aus der tekt. Karte der Schweiz, umgez. v. Ph.Rück 1990).

Die "Platta Decke", "Aroser Schuppenzone" und andere ophiolithische Mélanges sind alle zusammengefasst unter *ophiolithführende Einheiten des Penninikums*. Diese "Einheit" entspricht in etwa der "Rhätischen Decke", bevor STAUB 1917 die tektonische Gliederung zwischen Mittelpenninikum (Suretta, Schams, Falknis/Sulzfluh) und Ostalpin vornahm.

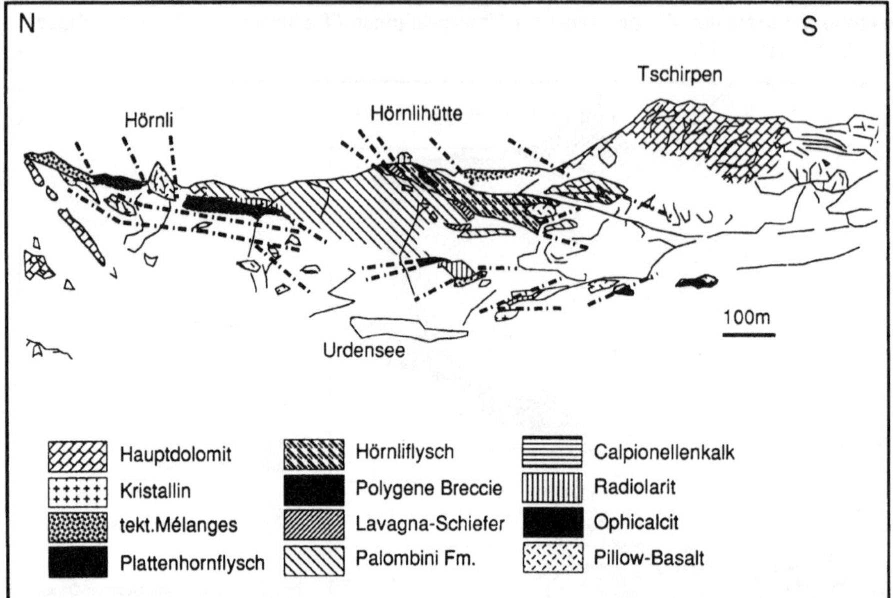

Fig. 9.2 Ansichtsskizze des Hörnligrates mit der chaotischen Verteilung der verschiedenen exotischen Schmitzen der "Arosa Zone" (LÜDIN 1987).
Das Profil (siehe auch Fig. 9.3) beginnt nördlich des Hörnli. Die Kristallinplatte NW des Hörnli gehört zur Mélange (2). Die Kissenlava des Hörnli selbst ist Teil der Ophiolithe von Einheit (4), und jene zwischen Hörnlihütte und Tschirpen sind exotische Blöcke einer weiteren Mélange (9). Was früher als Unterkreideschiefer und Sandsteine beschrieben wurde, sind exotische Blöcke von Flysch in der phyllitischen Matrix der Mélange.

Die südpenninische oder piemontesische Abfolge ist gegenüber der nordpenninischen oder Walliser Abfolge gekennzeichnet durch pelagische Sedimente. Radiolarien werden aus den nordpenninischen Ferret Schiefern und anderen Bündnerschiefern gemeldet, doch machen die wenigen Radiolarienschalen in der überwiegend detritischen Matrix noch keinen Radiolarit aus, der hauptsächlich aus Radiolarienschalen besteht. Die Ablagerung von ausschliesslich biogenen Sedimenten bedeutet, dass nur wenig terrigener Detritus in den piemontesischen Trog gelangte. Silt und Ton wurde in den ultrahelvetischen und nordpenninischen Trögen nördlich der Briançonnais Schwelle abgefangen. Der südliche Kontinent war grossenteils überflutet während dem mittleren und späten Jura, so dass auch von da wenig Detritus zu erwarten war.

Die pelagische Sedimentation dauerte bis zur Sedimentation des Calpionellenkalkes in der frühen Kreide. Die oberen Unterkreideschichten der Palombini sind tonige Kalke, die Lavagnaformation besteht aus schwarzen Schiefern. Das Einschwemmen von terrigenem Detritus in den piemontesischen Trog in der frühen Kreide deutet auf einen markanten Wechsel der Paläogeographie hin. Die Oberkreide wird vom südpenninischen Flysch mit seinem auffallenden Ophiolithdetritus gebildet. Wir kommen auf dieses Problem im nächsten Kapitel zurück, wenn wir die penninische Deformation behandeln.

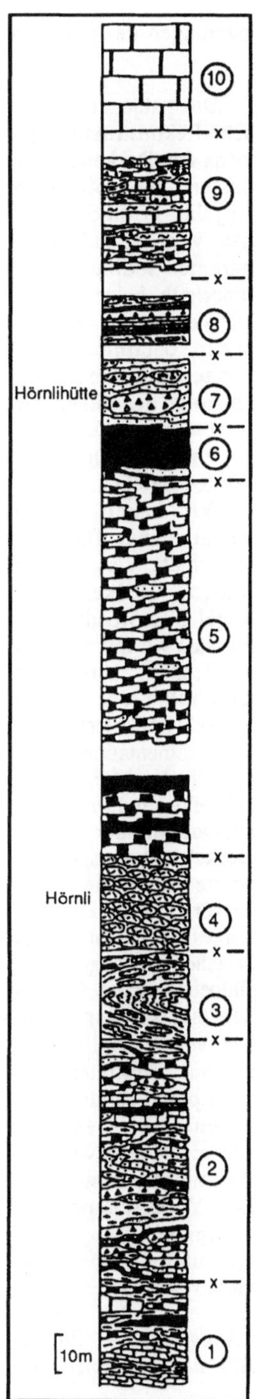

← **Fig. 9.3** Hörnligratprofil (LÜDIN 1987). Die Zahlen sind im Text erklärt.

Diese Beschreibung zeigt uns, dass in einer Scherzone von etwa 200m Mächtigkeit sowohl Tiefseesedimente und Ozeankruste, wie auch Flachmeerablagerungen und Schmitzen kontinentaler Kruste tektonisch zusammengemischt wurden. Letztere stammen deutlich vom ostalpinen Kontinentalrand (Hauptdolomit), die ozeanischen Komponenten sind aus dem südpenninischen Raum (Fig. 9.4).

Die "Margna Decke"

Das komplexe Abscherungspaket zwischen der unterostalpinen Err/Bernina Decke und der penninischen Tambo/Suretta Decke nannte STAUB 1917 Margna Decke. Wir haben früher gesehen, dass die Averser Bündnerschiefer über der Suretta liegen und die "Platta Decke" oder "südpenninische Ophiolithmélange" unter den ostalpinen Decken. Die Margna Decke s.s. beinhaltet demzufolge nur den Kristallinkern bei Maloja und dessen deformierte Sedimentbedeckung zwischen diesen beiden Ophiolithmélanges. Dann sieht die Abfolge so aus:

Unterostalpine Decken
"Platta Decke"
Margna Decke s.s.
Averser Bündnersch./Malenco Ophiolithe
Tambo/Suretta Decke

Der Kristallinkern der Margna besteht hauptsächlich aus Augengneis (TRÜMPY und TROMMSDORFF 1980). Die Sedimentbedeckung der Margna s.s. von oben nach unten (CORNELIUS 1935, CADISCH 1953):

Jura: Radiolarite, Aptychenkalke, Kalkschiefer mit Brekzien.

Trias: Dolomite mit Crinoiden, Rauhwacke, Marmore, Quarzite (Carnian, Ladinian, Anisian und ev. Scythian).

Perm: Konglomerate, Porphyre.

Die Faziesentwicklung der Margnasedimente ist typisch unterostalpin. Trotzdem wurde die Decke ins obere Penninikum gestellt (STAUB 1937,1942,1958; CADISCH 1953), weil die Margna unter der "Platta Decke" liegt. STAUB (1958,p.142) postulierte darum drei Tröge südlich der Briançonnais Schwelle: Avers/Malenco, Margna und Platta. Mit dem südpenninischen Piemont Trog (Platta) stimmen wir überein, und die Möglichkeit eines Averser Troges zwischen Tambo und Suretta kann nicht ganz ausgeschlossen werden. Der Margna Trog aber ist nicht plausibel. Die Margnaserie ist ostalpin: Der Augengneis war der kontinentale Sockel, und die Sedimentbedeckung sind Ablagerungen des passiven Kontinentalrandes.

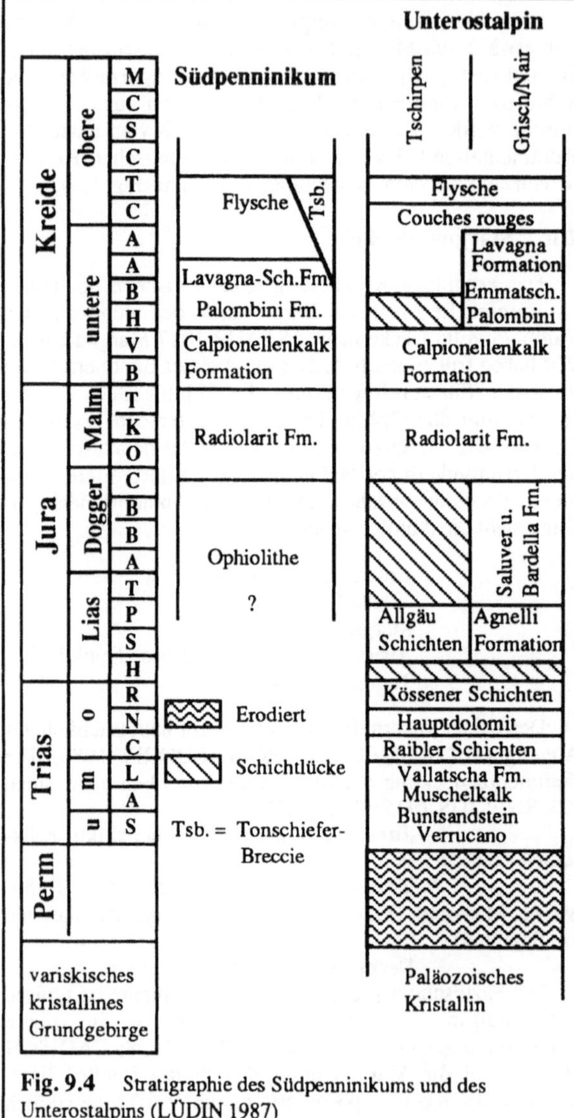

Fig. 9.4 Stratigraphie des Südpenninikums und des Unterostalpins (LÜDIN 1987)

Die paläogeographische Rekonstruktion gemäss der Deckentheorie basiert auf folgenden Regeln: 1) unidirektionale Vergenz und 2) kohärente Sedimentserie innerhalb jeder Decke. Die Vergenz der verschiedenen ostalpinen und oberpenninischen Einheiten folgt der Regel: sie ist von Süden oder Osten gegen Norden oder Westen gerichtet.

Wir haben keinen Anhaltspunkt für eine abnormale Vergenz der Margna Decke. Falls Regel 2) anwendbar ist, müssten wir mit STAUB schliessen, dass die Ophiolithe der "Platta Decke" die Unterlage eines Sedimentationstroges südlich des Margnasokkels bildeten. Der Mélangecharakter der "Platta Decke" und Aroser Zone wurde schon mehrmals hervorgehoben. Die Mélanges des Hörnligrates bestehen vorwiegend aus südpenninischen Gesteinen mit wenigen Blökken von Kristallin und Dolomit, Vertretern des Ostalpins. Andernorts haben die Mélanges wieder anders gewichtete Zusammensetzungen. Die Vermischung von ostalpinem Hauptdolomit und oberpenninischen Ultramafika in der "Aroser Schuppenzone" bei Davos z.B. wurde von CADISCH und STRECKEISEN (1967) anschaulich beschrieben (Fig. 9.5):

Von der Station Weissfluhjoch führt ein guter Weg um die Anhöhe von P. 2685,5 herum nach P. 2629, wo die Wasserscheide zwischen Haupter-Tälli und dem nordwärts verlaufenden Tälchen zwischen Weissfluh und Schwarzhorn liegt. Hier grenzen der hell anwitternde, lagenweise stark brekziöse Triasdolomit und der schwarze bis grünschwarze, oft braun anwitternde Totalp-Serpentin an tektonischer Fläche aneinander. (Man) kann auf dem normalen Weg die Varietäten des Triasdolomits studieren... Von Süd gegen Nord sind aufgeschlossen: l. Triasdolomit von P. 2622, 2. Reibungsbrekzie (tektonische Rauhwacke) mit Ophiolith (Serpentin usw.), 3. Triasdolomit, 4. Quetschzone mit Serpentin (ähnlich 2), 4. Rhätkalk, 6. Lias-kalkschiefer ("Streifenschiefer"), 7. Grüne und Schwarze Schiefer und Arkose (Verrucano?), mit Triasdolomit vermischt, 8. Rhät und 9. Lias (wie 5 und 6), 10. rote und grüne Schiefer mit Radiolarit, 11. dichter Kalk (Calpionellenkalk?), 12. Reibungsbrekzie (wie 2), 13. als Unterlage der Triasdolomit der Weissfluh.

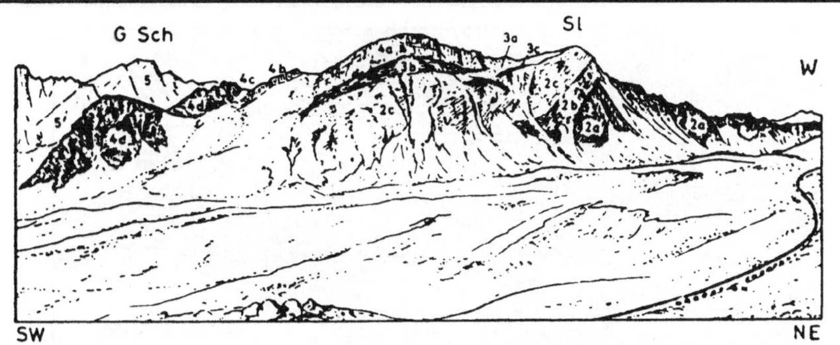

Fig. 9.5 Aroser Schuppenzone bei Davos zwischen Schiahorn (Sch) und Schafläger (Sl) (STRECKEISEN 1948)

1 Totalp Serpentin,
2 Kristallin der Davoser Dorfbergdecke (a: Mittelgratserie, b: Gabbro, c: Gneise),
3 Sedimentzug des Schaflägers (a: Permo-Werfenian, b: Rhätkalk, c: Liaskalkschiefer),
4 Eingeschupptes Silvrettakristallin (a: Mischgneise,b: Paragneise, c: Orthogneise, d: Amphibolite),
5 Dolomit.

Angesichts der ophiolithführenden tektonischen Einheiten (Mélanges) über und unter der Margnadecke könnte man die Margnadecke selbst als Megakomponente eines umfassenden Mélangekomplexes ansehen. Man könnte noch einen Schritt weiter gehen und die Margnadecke (analog zur "Platta Decke") nicht als Decke, sondern als Mélange betrachten.

Wer die geologische Karte des Gebietes von Crap da Chüern (Fig.9.6) bei Sils im Oberengadin studiert, hat Mühe, die Margnaeinheit als Decke zu interpretieren. Ein Profil von Splüga gegen Nordosten müsste folgende Gesteine queren: 1. graphitische Phyllithe (Margnasockel?), 2. Triasdolomite, 3. Liaskalk, 4. Triasdolomit, 5. graphitische Phyllithe, 6. Liasbrekzie, 7. Liaskalk (wie oben), 8. Gneis und Mylonit (Margnasockel, 9. Liaskalk (wie oben), 10. Juraradiolarit, 11. Triasdolomit, 12. Gneis und Mylonit (wie 8), 13. Liaskalk (wie 3), 14. Serpentinit (penninische Ophiolithe), 15. Liaskalk (wie 3), 16. Radiolarit (wie 10), 17. Liaskalk (wie 3) und 18 Serpentinit (wie 14).

Die Abfolge dieser Gesteine am Crap Chüern spricht für eine Mélange, wie jene der Weissfluh, obschon hier vermehrt Liaskalk und Margnasockel auftreten, dagegen überwiegt Triasdolomit an der Weissfluh. Letztere sollte deshalb als oberpenninische "Margna Decke" betrachtet werden, erstere aber als unterostalpine "Platta Decke" zu bezeichnen, ist willkürlich und beruht auf einer irrtümlichen Interpretation der alpinen Tektonik.

Wenn wir das Konzept der tektonischen Mélange anwenden, so ist die paläogeographische Verteilung der Einheiten nicht mehr unbedingt an die tektonische Stellung gebunden, eine tiefere Einheit muss nicht in jedem Fall eine nördlichere Heimat aufweisen, wie die nächsthöhere Einheit. Das Grundgebirge und die Bedeckung des passiven Kontinentalrandes (Ostalpin) und die ozeanischen Gesteine (Südpenninisch) wurden in der Scherzone zwischen dem starren ostalpinen Sockel und den penninischen Kristallindecken in viele tektonische Pakete zerschnitten. Einige der kleineren Pakete sind als exotische Blöcke in der ophiolithischen Mélange (Platta) zu finden. Die "Margna Decke" s.s. im Oberengadin besteht andrerseits aus einem mächtigen Stapel von ostalpinen tektonischen Abscherungspaketen, vermischt mit penninischen Serpentiniten und Bündnerschiefern.

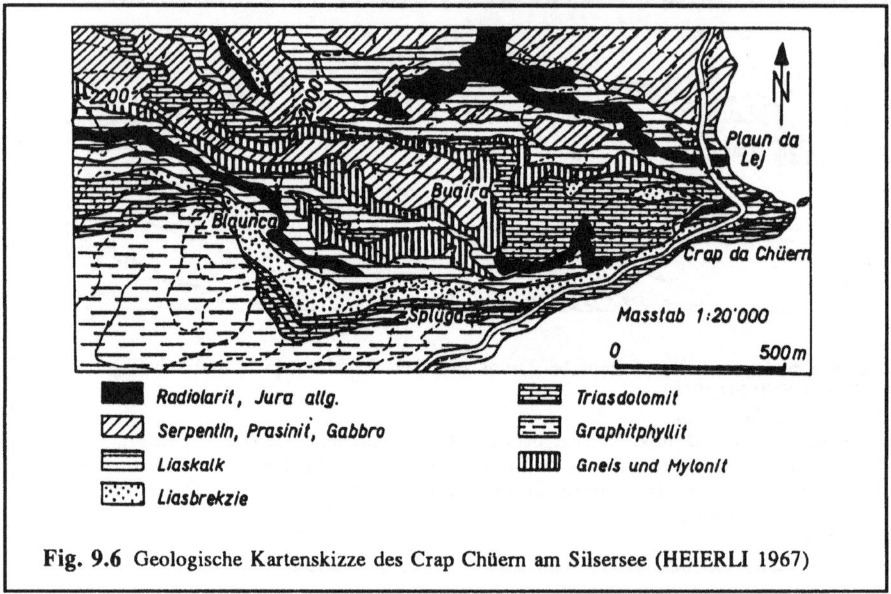

Fig. 9.6 Geologische Kartenskizze des Crap Chüern am Silsersee (HEIERLI 1967)

Die Monte Rosa Decke

Die Tektonik der oberen penninischen Decken in der Westschweiz war für Jahrzehnte sehr kontrovers. Argand betrachtete die Monte Rosa Decke als individuelle Einheit mit eigener Sedimenthülle (vgl. Fig.7.2 und 7.4). STAUB (1937) dagegen kam auf Grund von Feldarbeiten (HUANG 1935) zum Schluss, dass die Kristallinkerne beider Decken eben nicht durch Sedimentzüge getrennt sind. Deshalb betrachtete er beide als Digitationen einer einzigen riesigen Kristallindecke, der sogenannten Mischabel Decke, entsprechend der Tambo/Suretta Decke in Graubünden.

AMSTUTZ (1971) machte eine frühere Phase alpiner Deformation für die Südvergenz der Bernhard Decke verantwortlich. Er glaubte, in der Ophiolith Mélange des Antrona Relikte eines Ozeans zwischen Bernhard und Monte Rosa zu orten, ferner, dass dieser Ozean an einer gegen Norden abtauchenden Benioff Zone geschlossen wurde und dass bei der kretazischen Kontinent-Kontinent Kollision zuerst die Bernhard Decke südwärts auf den Antrona Ophiolith und nachher beide zusammen auf die Monte Rosa Decke geschoben wurden. Diese Hypothese ist aber umstritten, da die Feldkartierung die tektonische Stellung des Antrona Ophiolithes unter der Monte Rosa Decke zuordnet und nicht darüber, wie

Amstutz annimmt. BEARTH (1974) glaubt nicht an einen Südschub der Bernhard- über die Monte Rosa Decke, er korreliert den Antrona Ophiolith mit der Saas-Zermatt Zone und braucht dann keinen weiteren Ozean.

Eine weitere Möglichkeit wäre, dass die beiden Ophiolithe aus zwei verschiedenen Becken stammen: jener der Antrona vom Wallis (Nordwestseite), jener von Saas-Zermatt vom Piemont (Süd- oder Südostseite der Briançonnais Schwelle). Eine nordpenninische Heimat des Antrona ist nicht auszuschliessen. Die Frage von Südvergenz während einer frühen Phase des Zusammenschubs des Nordpenninischen Ozeans wird später nochmals diskutiert, im Zusammenhang mit dem Schamser Problem.

MILNES (1974) wartet mit einer weiteren Interpretation auf. Er fand eine dünne Mélange (Furgg Zone) zwischen Bernhard und Monte Rosa Decken, ein Indiz, das einen Ozean zwischen den Kontinentalsockeln von Bernhard und Monte Rosa nicht mehr ausschliesst. Die Möglichkeit einer ostalpinen Monte Rosa Decke wurde auch von LAUBSCHER und BERNOULLI (1980) vorgeschlagen.

Wir folgen der Ansicht, dass der Monte Rosa Sockel wie auch jener des tektonischen Aequivalentes Gran Paradiso/Dora Maira ursprünglich am südlichen Kontinentalrand der Tethys lagen. Wie bei der Margna Decke ist das kontinentale Grundgebirge heute von Ophiolith Mélanges umhüllt. Anzeichen von Hochdruckmetamorphose zeugen von einer bis 100 km tiefen Subduktion dieses Krustenteiles während der eo-alpinen Deformation, gefolgt von einer Wiederanhebung und Überschiebung auf die Bernhard Decke im Zuge der Kollision der Briançonnais Schwelle mit dem südlichen Tethysrand. Die Gesteine von Monte Rosa/Gran Paradiso/Dora Maira wurden bei ihrer Rückkehr aus der Benioffzone tektonisch mit anderen Gesteinen vermischt. Auf diese Weise können die tektonischen Stellungen von Monte Rosa und Margna verglichen werden.

Die Korrelation der Monte Rosa/Saas Zermatt Einheiten mit den Margna/"Platta" Einheiten müsste für die mesozoischen Monte Rosa Sedimente eine unterostalpine Herkunft postulieren. Diese Möglichkeit wird durch den lithologischen Vergleich der Hörnliserie am Fusse des Matterhorns (nicht zu verwechseln mit dem Hörnli bei Arosa!) mit der unterostalpinen Liasabfolge wahrscheinlich, die Hörnliserie könnte als eine exotische ostalpine Einheit innerhalb der Saas/Zermatt Ophiolith Mélange angesehen werden.

Südpenninische Paläogeographie

Wie im letzten Kapitel bereits erwähnt, war der penninische Ozean durch die Briançonnais Schwelle in zwei Becken geteilt, den Walliser Trog und den Piemont Trog. Im Piemont Trog herrschte im Jura pelagische Sedimentation, abgesehen von den Brekzien am Südfuss der Schwelle. In der frühen Kreide dann, wurde die Sedimentation allmählich hemipelagisch, und gegen Ende der Kreide und im frühen Tertiär wurde im südpenninischen Raum sogar Flysch geschüttet. Die Petrographie dieser Sedimente erlaubt Rückschlüsse auf die Geschichte der eo-alpinen Deformation, wie wir im nächsten Kapitel sehen werden.

Fragen:

1. Wo liegt der Unterschied in den Bezeichnungen "Platta Decke" und Ophiolith Mélange? Welche Bedeutung hat der Befund, die "Platta Decke" sei eine Mélange und keine Decke?
2. Wie werden die Ophiolithe im südpenninischen Raum datiert?
3. Die Sedimente der "Margna Decke" zeigen eine typisch ostalpine Stratigraphie. Die "Margna Decke" ist aber tektonisch unter die "Platta Decke" geschoben worden. Wo liegt das Problem, wenn beide Einheiten wirklich Decken sind? Wie kann das Konzept der tektonischen Mélange dieses Paradoxon erklären?
4. Versuchen Sie, die tektonische Entwicklung der Monte Rosa Decke aufzuzeigen. Welches war die Annahme von Argand, welches jene von Staub? Wie argumentierte Amstutz? Welche Argumente gegen Amstutz brachte Bearth vor? Womit begründeten Milnes et al. die Annahme, Monte Rosa und Bernhard Sockel stammten von verschiedenen Seiten des Piemont Ozeans?
5. Diskutieren Sie die tektonische Korrelation von Monte Rosa Decke im Wallis und "Margna Decke" in Graubünden.

X DIE GESCHICHTE DER PENNINISCHEN DEFORMATION

Elie de BEAUMONT (1831) postulierte periodische Katastrophen, um die wiederholten Regressionen und Transgressionen der Meere zu erklären. Daraus entstand ein Schema zur Abgrenzung geologischer Formationen durch Ereignisse wie z.B. Gebirgsbildungen. Das Konzept war einfach und verlockend. Als James HALL die Theorie der Geosynklinale aufstellte, wurde die Idee der Periodizität zum Paradigma. Die geologische Geschichte wurde mit der Menschheitsgeschichte verglichen: lange ruhige Abschnitte werden von kurzen heftigen Revolutionen unterbrochen (DANA 1873). Dieses Konzept bestimmte die Denkweise der ersten Hälfte unseres Jahrhunderts. BUCHER (1933) und STILLE (1924) erkannten weltweit synchrone Episoden oder "Phasen" von Aktivität gefolgt von langen Ruhepausen.

James GILLULY (1949) hielt vor der Geologischen Gesellschaft von Amerika einen Vortrag über *Distribution of mountain-building in geologic time*. Dabei stellte er fest, dass der lang geübte "Uniformitarianismus" als Leitbild für die Interpretation der Orogenese dienen sollte. Er postulierte kontinuierliche Gebirgsbildung und erklärte, dass die orogenen "Phasen" auf schwachen Füssen standen und jeder Logik entbehrten. Kontroversen wie zwischen Stille und Bucher auf der einen Seite, und Gilluly auf der andern Seite, sind bekannt aus der Geschichte der Geologie. Es war die plausible Theorie der Plattentektonik, welche den Disput entschied: Orogene Aktivitäten sind allein Folge der sich stetig bewegenden Platten der Lithosphäre. Deshalb sind globale orogene Revolutionen, wie sie Beaumont und Stille sahen, nicht möglich.

Die Architektur der Schweizer Alpen ist nicht das Resultat von einer gewaltigen Aufwölbung. Trotzdem glaubte TRÜMPY noch 1973 an relativ kurze Perioden von Kompression, gefolgt von Hebung und Erosion*"compressional deformations took place during distinct, relatively short periods; uplift and erosion followed only after a significant delay"*. Die Hauptphase der Deformation stellte er ins Eozän und/oder frühes Oligozän. Anzeichen früherer oder späterer orogener Aktivitäten wurden den eo-alpinen, respektive neo-alpinen, "Phasen" zugeschrieben.

HSÜ (1989) vertrat anlässlich seiner *Fermor Lecture* vor der Royal Society of London die Ansicht, dass die traditionelle Denkweise von "tektonischen Phasen" oder "orogenen Ereignissen" der Theorie der Plattentektonik widerspricht. Es gab keine Episoden von Gebirgsbildung in der Entwicklung der Alpen, hingegen 130 Mio Jahre kontinuierlicher Kompression und Deformation seit dem Beginn der Kreide.

Dass die Alpen ein Resultat einer Kontinentkollision sind, ist allgemein anerkannt. Nun kann man argumentieren, dass das erstmalige Berühren beider Kontinente ein Ereignis sei. Doch folgt aus der Theorie der Plattentektonik, dass die Alpen nicht bei diesem Ereignis gebildet wurden, sondern durch kontinuierliche Deformation vor und nach diesem Ereignis. Wenn wir den Zeitpunkt der Kollision als Marke nehmen, so können mindestens zwei Stadien von kompressiver Deformation erkannt werden. Vor der Kollision erfolgte die Deformation durch Kontinent-Ozean Wechselwirkung inklusive Subduktion von Ozeankruste. Dies war die eo-alpine Deformation. Die Orogenese (wo auch immer) nach der Kollision ist eine Kontinent-Kontinent Wechselwirkung inklusive Unterschiebung des einen Kontinentalblockes unter den andern. Teile des kontinentalen Grundgebirges und Teile seiner Sedimentbedeckung wurden abgeschält und als Abscherungsdecken auf das Vorland geschoben. Die Deformationen nach der Kollision zwischen dem helvetischen und ostalpinen Kontinentalrand wurde als meso- und neo-alpin bezeichnet (TRÜMPY 1973). In Anbetracht der Kontinuität der Deformation kann die Orogenese seit der Kollision der Kontinentalränder *neo-alpines Stadium* genannt werden.

Eine solche Zweiteilung der orogenen Chronologie deutet auf einen einzigen Marker hin, also eine einzige Kollision. Effektiv aber war ja die mittelpenninische Briançonnais Schwelle auch von kontinentaler Kruste unterlagert und war, so meinen wir, vom helvetischen und vom ostalpinen Rand durch ozeanische Tröge (welcher Breite auch immer) getrennt. So müssen mindestens drei Wechselwirkungen während der alpinen Orogenese stattgefunden haben: Zuerst passierte die Kollision zwischen Briançonnais, dem mittelpenninischen Mikrokontinent, und dem europäischen Kontinent; dann kollidierte der ostalpine Kontinent (Afrika) mit dem an Europa angelagerten Briançonnais, und letzlich überfuhr das Ostalpin noch den europäischen Rand (Helvetikum). Wir schlagen deshalb vor, den Ausdruck Meso-Alpin für jene Deformationen zu verwenden, die durch Kontinent-Kontinent Wechselwirkung entstanden, und zwar nach der Kollision, aber vor der endgültigen Verschweissung von Ostalpin mit Europa. Auf diese Weise würden die Ausdrücke Eo-, Meso- und Neo-Alpin verschiedene Stadien der Deformation beschreiben und nicht fixe Zeitabschnitte. Subduktion kann noch in Gang gewesen sein, als andernorts bereits kollidiert wurde. So können wir uns vorstellen, dass eine spätkretazische eo-alpine Deformation am südpenninischen Kontinentalrand zeitgleich stattfand wie eine meso-alpine Kollision mit Deformationen des Grundgebirges unter der Briançonnais Schwelle. In diesem Sinne stellte auch PFIFFNER (1978) seine lokalen Deformationsphasen im Infrahelvetikum der Ostschweiz auf.

Eo-alpine südpenninische Deformation

Die eo-alpine Deformation war bedingt durch die Ozean-Kontinent Wechselwirkung, als die Ozeankruste des penninischen Raumes unter den ostalpinen Kontinentalrand subduziert wurde. Dieser Kontinentalrand war während der Verbreiterung des penninischen Ozeanes im Jura passiv. Als dann Kompression überhand nahm, entwickelte sich zwischen Penninikum und Ostalpin eine aktive Plattengrenze. Die Ozean-Kontinent Wechselwirkung ist heute bei der Zirkumpazifischen Orogenese veranschaulicht. Wie bereits erwähnt, ist als aktualistisches Modell der Nordwesten von Nordamerika anzusehen. Eine ältere, aber gut dokumentierte Fallstudie, ist das kalifornische Küstengebirge (HSÜ 1971). Ozeanische Kruste wurde unter kontinentale Kruste unterschoben mit einer Geschwindigkeit von Centimetern pro Jahr. Die Deformation in der Subduktionszone ist penetrative Scherung. Anlagerungsprismen (accretionary prisms) und Ophiolithmélanges werden bei der Subduktion gebildet. Das Abtauchen von kalter Kruste in grosse Tiefen erzeugt auch schnell erhöhte Drucke, während der Temperaturanstieg stark verzögert ist. Daraus ergibt sich bei Subduktion eine Hochdruck-Tieftemperatur Metamorphose der Glaukophanschiefer Fazies. In sehr grossen Tiefen, wo auch die Temperatur sehr hoch ist, entsteht die Hochdruck-Hochtemperatur Metamorphose der Eklogit Fazies. Die Anzeichen für eo-alpine Deformation müssen daher in tektonischen Mélanges und Hochdruck-Metamorphose gesucht werden. Leider wurden tektonische Mélanges von aktiven Plattenrändern in der Nahtzone nach der Kontinentkollision erneut deformiert. Ebenso können metamorphe Gesteine des eo-alpinen Stadiums später wieder retrograd in Mittel- oder Tiefdruck und Mittel- oder Tieftemperatur Fazies umgewandelt werden. Wir können darum nur selten Beweise für eo-alpine Deformation beibringen.

Auf Grund von stratigraphischen und sedimentologischen Überlegungen wurde schon lange über eine eo-alpine Deformation spekuliert, erste Beweise konnten aber erst in den frühen 70er Jahren durch Isotopenmessungen an hochdruckmetamorphen Gesteinen des aktiven Plattenrandes zwischen Ostalpin und Penninikum erbracht werden. Frühere radiometrische Messungen metamorpher Gesteine der Alpen ergaben jeweilen Tertiäre Alter. Als aber DAL PIAZ et al. (1972) und HUNZIKER (1974) Rb-Sr Alter von 130 Ma in granitoiden Gesteinen der Eklogitfazies der Sesia-Lanzo Zone fanden, war klar, dass eine

Hochdruckmetamorphose die penninischen Gesteine erfasst hatte, bevor während der neoalpinen Orogenese eine regionale Metamorphose ihre Spuren hinterliess. Seither wurden viele Kreidealter von hochdruckmetamorphen Gesteinen der Alpen gemeldet, welche einen kontinuierlichen Subduktionsprozess andeuten. DEUTSCH(1973) bestimmte Alter von 110-70 Ma und PHILLIP(1982) 90-70 Ma an Alkaliamphibolen aus der Mélange der "Platta Decke". BOQUET et. al. (1974) meldet 100-80 Ma für glaukophanhaltige Gesteine in Ophiolithmélanges der Westalpen, BEARTH (1973) berichtet von radiometrischen Alter von 90-60 Ma für Eklogite und Glaukophanschiefer der Zermatt-Sas Fee Zone im Wallis.

Die Hochdruck-Tieftemperatur Gesteine waren ursprünglich Ozeansedimente oder Ozeankruste. Die Glaukophanschiefer von Zermatt waren Kissenlaven oder Kissenbreccien (BEARTH 1973). Die Radiolarite mit Rb-Sr Alter von 85 Ma waren jurassische Sedimente (Oxfordian, 165 Ma) des Piemont Troges. Der Granitoid in Eklogit Fazies der Sesia-Lanzo Zone dagegen war Teil des kontinentalen Grundgebirges unter dem Ostalpin und wurde während der eo-alpinen Deformation offenbar in grosse Tiefe unterschoben. Andernorts erfuhr das ostalpine Grundgebirge in der Kreide Mitteldruck und Mitteltemperatur Metamorphose von Grünschiefer bis Amphibolith Fazies. SATIR (1975) postulierte den Beginn der Metamorphose in der frühen Kreide (124 Ma), THÖNI (1983) datierte Gesteine der oberostalpinen Decken mit 100-85 Ma.

Diese Metamorphosedaten deuten an, dass der Plattenrand zwischen dem penninischen und ostalpinen Raum sich von einem jurassischen passiven Kontinentalrand oder Transformrand zu Beginn der Kreide in einen aktiven Rand entwickelte. Subduktion von Ozeanboden entlang einer südfallenden Benioff Zone unter den Südkontinent war wahrscheinlich ein kontinuierlicher Prozess seit etwa 130 Ma bis zur Kollision vor etwa 50 Ma. Kinematische Überlegungen führen zu einer Subduktionsrate von etwas weniger als 1 cm/a und zu etwa 650 km von penninischem Ozeanboden, der während der Kreide verschluckt wurde (HSÜ 1989). Auch Teile der Kontinentalkruste des Südrandes wurden mitgerissen (Sesia Lanzo Eklogite) und tief verfrachtet. Tiefgreifende Deformation von ostalpinen Bereichen, möglicherweise durch Krustenverwerfung, wird durch die Rekristallisation von Mineralien in den Grundgebirgsdecken der Silvretta und des Oetztals manifestiert.

Die Ophiolithe und metamorphen Ozeansedimente wurden ziemlich rasch wieder an die Oberfläche gebracht, wo sie ihren Detritus in die Flyschbecken des aktiven Plattenrandes lieferten. So wurde in südpenninischem Flysch aus dem Aptian in Oesterreich ophiolithischer Detritus gemeldet und Lawsonit und Glaukophan wurde in südpenninischem Flysch aus dem Turonian/Coniacian der Ostschweiz gefunden (Fig.10.1). Diese 110-85 Ma alten Sedimente wurden nicht sehr lange nach dem Beginn der eo-alpinen Metamorphose abgelagert (WINKLER und BERNOULLI 1986, LÜDIN 1987). In der Westschweiz besteht die Simmen Decke bekanntlich aus Ophiolithen, pelagischen Sedimenten und Flysch. Die Konglomerate des Simmen Flysch enthalten ebenfalls Gerölle einer Ophiolith Mélange wie auch Detritus ostalpiner Herkunft. Die Sandsteine des Simmenflyschs mit Alter von Cenomanian bis Santonian (95-80 Ma) werden ebenso an ihrem Anteil ophiolithischen Materials bestimmt (z.B. Chromspinell, WILDI 1985).

Der südpenninische Flysch und der Simmen Flysch haben eine vergleichbare paläogeographische Stellung und wurden als Turbidite ins Vortief oder in die Tiefsee nördlich der eo-alpinen Subduktionszone abgelagert. Für eine solche eo-alpine Deformation finden wir ein aktualistisches Modell im Nordwesten von Nordamerika. Der Eozäne Ophiolithkomplex war die ehemalige Ozeankruste des Pazifiks und lag früher unter den Eozänen Ozeansedimenten. Die Ophiolithe und die Sedimente wurden subduziert, fragmentiert und zerschert und dann wieder gehoben, und diese Mélange ist heute auf Vancouver Island aufgeschlossen (MASSEY 1986). Die Ozeansedimente bilden einen dicken Stapel von Anlagerungskeilen (accretionary wedges) und das fortwährende Unterschieben von jüngeren

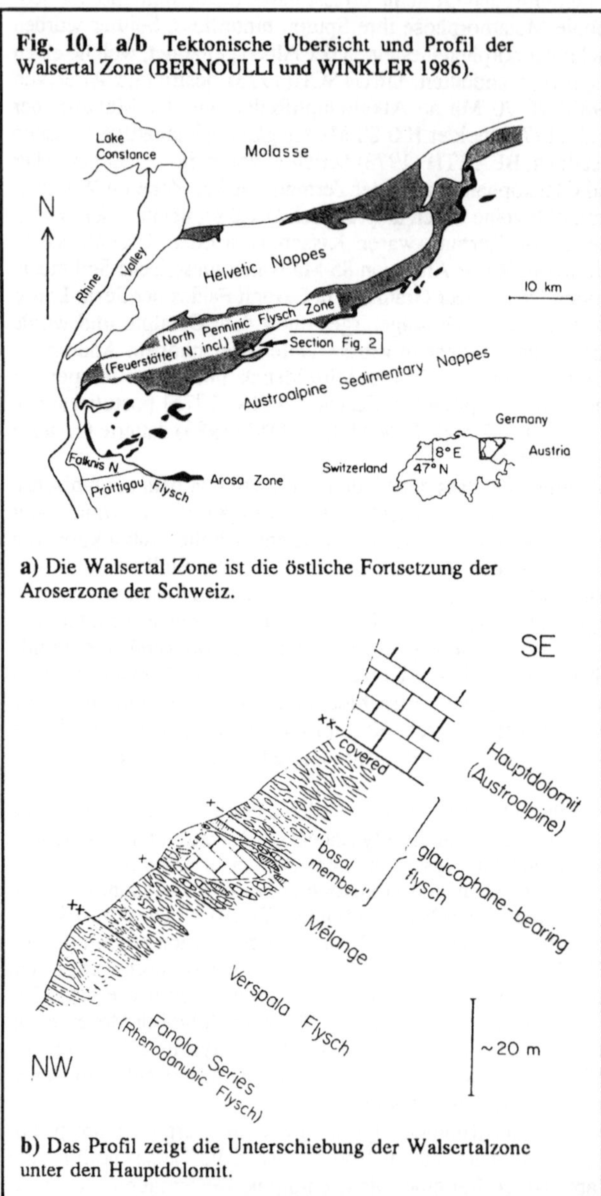

Fig. 10.1 a/b Tektonische Übersicht und Profil der Walsertal Zone (BERNOULLI und WINKLER 1986).

a) Die Walsertal Zone ist die östliche Fortsetzung der Aroserzone der Schweiz.

b) Das Profil zeigt die Unterschiebung der Walsertalzone unter den Hauptdolomit.

Keilen drückte den Ophiolith nach oben, wo er als exotischer Block in einer älteren Mélange steckt. Es genügten 30-40 Ma, um einen subduzierten Ozeanboden soviel anzuheben, dass er heute im Küstengebirge ansteht. In diesem Lichte ist es nicht erstaunlich, dass die Mélange der frühesten eoalpinen Subduktion ihren Detritus in der späten Kreide dem südpenninischen Flysch lieferte (WINKLER und BERNOULLI 1986).

Das Dilemma im Schams

Die Zeugen der mesoalpinen Deformation finden sich im Grundgebirge der Briançonnais Schwelle als Deformation, bevor sie im frühen Tertiär von den ostalpinen Decken überfahren wurde. Anzeichen einer solchen Deformation sind kretazische Metamorphosedaten aus mittleren oder höheren Kristallindecken (HUNZIKER et al. 1989). Noch bessere Evidenz findet sich , so glauben wir, in der komplexen tektonischen Entwicklung der Schamser Decken. Wir stellen hiemit ein mesoalpines Modell vor, um das Schamser Dilemma zu lösen (TRÜMPY 1980).

Die Schamser Decken sind mehrere Abscherungspakete der Sedimentbedeckung der Tambo/Suretta Decke in Graubünden (Fig.10.2, vgl. auch Fig. 9.1). Die Schamser Decken sind ohne Wurzeln, die Sedimente sind allochthon.

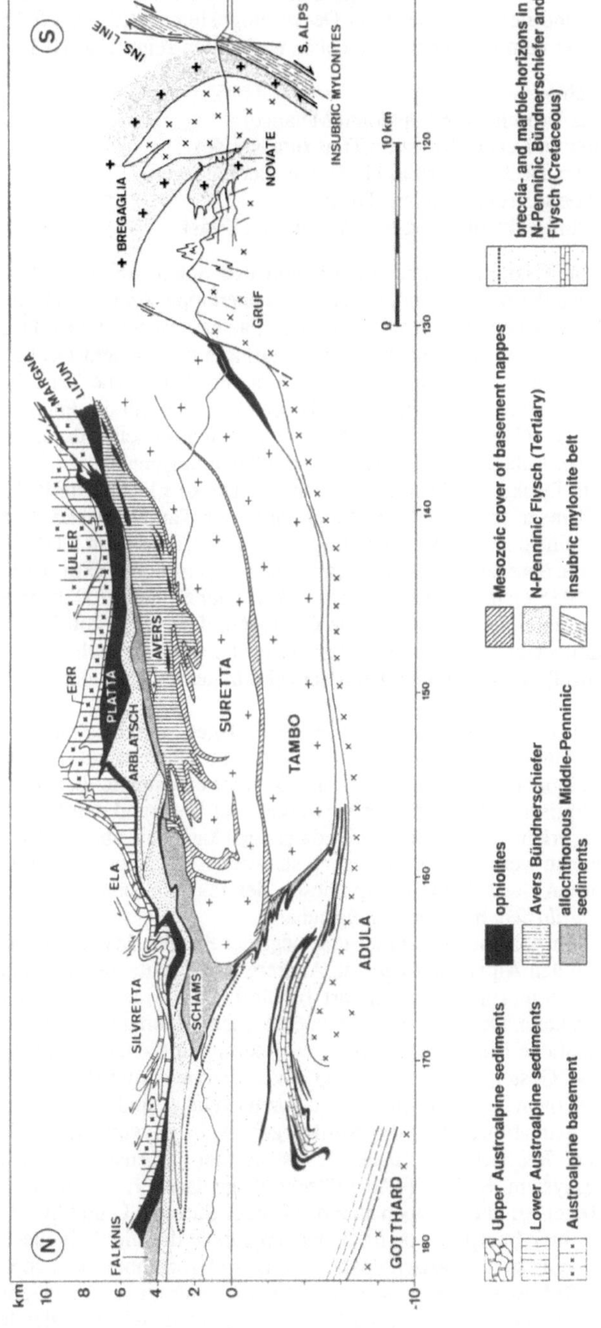

Fig. 10.2 Nord-Süd Profil durch die Ostschweiz (SCHMID et al. 1990)

Die drei wichtigsten Schamser Abscherungspakete sind zwischen einer Mélangezone (Areua-Bruschghorn) und der Tambo/Suretta Decke eingeklemmt (STREIFF 1962). Die tektonische Abfolge über dem Deckenkern von oben nach unten zeigt (Fig. 10.3):

Flysch
Areua-Bruschghorn (Ophiolith Mélange)
Gelbhorn Decke (Kristallin,Trias,Jura Kreide)
Tschera Decke (Obertrias bis Kreide oder Paläogen)
Kalkberg Decke (Mittlere Trias)
Suretta Decke (Rofna Gneis, Verrucano, Trias)

Die Tambo/Suretta Kristallindecke, umhüllt von den Schamser Einheiten und der Mélange, wurde während der neo-alpinen Orogenese als überkippte Antiform nordwärts über die Adula Decke überschoben. Die Ähnlichkeit der Fazies von Schamser Decken und Falknis/Sulzfluh Decke ist bekannt. Die mächtigen Marmore der Tschera-Decke (Marmor Zone) wurden mit den Sulzfluhkalken des oberen Jura verglichen. Die Trias bis Kreide Schichten der Gelbhorn Decke (inklusive Vizzan Breccie) werden mit der Falknisserie und FalknisBreccie korreliert. Gegen Westen finden wir die Aequivalente in den Médianes rigides und plastiques der Präalpen und im Briançonnais/Subbriançonnais.

Die Tambo/Suretta Decke wurde mit der Bernhard Decke gleichgestellt. Es scheint logisch, dass die Schamser Decken die Sedimenthülle der Tambo Decke sind, da das Surettakristallin noch seine eigene Bedeckung trägt (Verrucano,Trias nach STREIFF 1962). Die Schamser Sedimente über der Suretta wurden auf diese überschoben (Fig. 10.3).

Seit Emil HAUG 1925 erstmals die Idee der Herkunft der Schamser Decken von einer nördlichen Schwelle verbreitete, glaubten viele Geologen, dass diese von Norden gegen Süden auf die Suretta überschoben wurden. Diese Schwelle wäre die östliche Fortsetzung der Briançonnais Schwelle gewesen, und deren Sockel müsste den Kern der Tambo Decke bilden.

STAUB 1958 suchte die Heimat der Schamser Serien dagegen im ostalpinen Raum und vermutete eine Überschiebung von Süden her, bevor der Surettakern mit seinen Abscherungspaketen als überkippte Falte nach Norden fuhr. Die Idee einer einheitlichen Vergenz in den Alpen ist im geologischen Denkschema verwurzelt, seit Bertrand den Nordschub der Glarner Überschiebung erkannte. Unter diesen Bedingungen kann eine abgescherte Serie nur nach Norden überschoben werden, eine Bewegung südwärts muss zu einer Unterschiebung führen. Deshalb wurden diese beiden Hypothesen der tektonischen Entwicklung der Schamser Decken *Supralösung* und *Infralösung* genannt.

Aus tektonischer Sicht scheint die Supralösung eleganter zu sein, da eben der Nordschub von Gesteinspaketen in den Alpen die Regel ist. Andrerseits ist heute die Fazieskorrelation mit dem Briançonnais/Subbriançonnais derart fundiert, dass eine ostalpine Herkunft ausgeschlossen werden kann. Doch würde auch eine nördliche Heimat der Schamser Serien eine sehr unwahrscheinliche Rücküberschiebung erfordern. Wir haben einfach Mühe, uns vorzustellen, wie diese Gesteinspakete aus einer "Wurzelzone" unter der Tambo Decke ausgepresst wurden und dann gegen Süden über die Suretta gelangt sind.

Rufen wir uns in Erinnerung, dass die Nordvergenz kein physikalisches Gesetz ist, sondern eine empirische Beobachtung. Tatsächlich ist sie eher die Ausnahme als die Regel im tethyschen Gebirgssystem. SUESS (1916) rätselte lange darüber, warum im Himalaya die Südvergenz die Regel ist, in den Alpen aber das Umgekehrte. HSÜ und SCHLANGER (1971) postulierten in ihrer Interpretation der Paläogeographie des ultrahelvetischen/nord-penninischen Flysches eine spätkretazische/paläogene Benioffzone unter dem europäischen Kontinentalrand, und Deformationen in diesem Zusammenhang müssten südvergent sein. Seismische Studien an der Geotraverse in der Ostschweiz deuten auf nordfallende Reflektoren, was ebenfalls eine Südvergenz impliziert. Es besteht also kein Grund, a priori die Möglichkeit einer nordfallenden Benioffzone am nördlichen aktiven Rand des nordpenninischen Ozeans auszuschliessen.

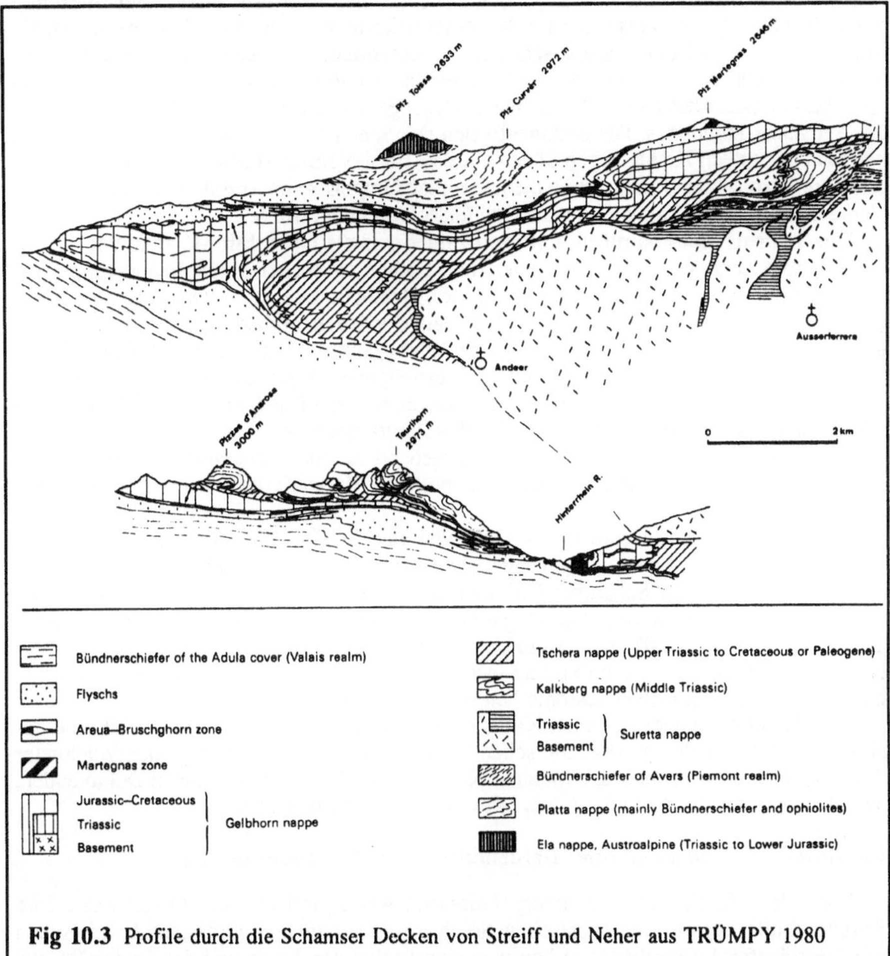

Fig 10.3 Profile durch die Schamser Decken von Streiff und Neher aus TRÜMPY 1980

Der Ozeanboden des nordpenninischen Troges grenzte gegen Norden an das granitische Grundgebirge, das heute den Kern der Adula Decke bildet und gegen Süden an den Tamboraum, der das Grundgebirge des Briançonnais war. Als dieser Ozean verschluckt wurde, musste ja mindestens der eine Rand aktiv gewesen sein, der andere kann ein passiver Kontinentalrand gewesen sein. Die Fazies der Sedimente des Briançonnais s.l. deuten auf einen passiven oder einen Transform-Rand hin, während der nordpenninische Flysch für einen aktiven nördlichen Plattenrand spricht. Deshalb möchten wir, wie bereits HSÜ und SCHLANGER (1971), vorschlagen, dass eine spätkretazische Subduktion des nordpenninischen Troges zur Kollision von Adula (europäischer Rand) und Tambokristallin (Briançonnais Schwelle) führte.

Abscherungspakete wie die Schamser Decken sind charakteristische Elemente von Orogenen des Kollisionstypus (HSÜ 1989). Wir glauben, dass die Schamser Decken Abscherungsdecken sind. Die Gesteinspakete wurden von jenem Teil des Tambokristallins abgeschält, welches heute den liegenden Schenkel der Antiform bildet. Der Südschub geschah während der meso-alpinen Kontinentalkollision zwischen dem Briançonnais Mikrokontinent und dem europäischen Kontinentalrand; sie wurden nicht bei der neo-alpinen Orogenese aus einer Stellung unter der Tambo Decke herausgequetscht und rücküberschoben. Dies ist eine Kombination der sogenannten "supra" und "infra" Lösungen des Schamser Dilemmas. Die Sedimentserien des Schams sind Briançonnais und wurden während der späten Kreide gegen Süden auf den Tambo/Suretta-Raum überschoben, bevor die "Wurzelzone" der Tambo durch die neo-alpine Orogenese im Tertiär deformiert und der Verkehrtschenkel der Tambo/Suretta Kristallindecke gebildet wurde.

Die Sutur der meso-alpinen Kollision finden wir als Ophiolith Mélange der Areua-Bruschghorn Zone, welche tektonisch auf die Abscherungsdecken geschoben wurde, wobei letztere vom passiven Kontinentalrand des Briançonnais s.l. stammen. Die nordpenninischen Bündnerschiefer und die Mélange wurden obduziert und die Schamser Elemente durch das Adulakristallin auf die Tambo/Suretta Schwelle geschoben. Anders ausgedrückt: die Adula wurde während der meso-alpinen Orogenese als *traineau écraseur* südwärts gegen die Briançonnais Schwelle überschoben, die Bündnerschiefer, Mélange und Abscherungspakete vor sich her auf die Tambo/Suretta stossend.

Diese ausgeklügelte Hypothese beruht weitgehend auf einem theoretischen Modell. Gibt es Feldbefunde, die diese "Supralösung" mit nördlicher Herkunft der Schamser Sedimente in Frage stellt?

Strukturgeologische Detailstudien (MILNES und SCHMUTZ 1978) unterstützen die "Supralösung". Ihre Schlussfolgerungen wollten nicht recht überzeugen, da sie eine südliche Provenienz der Schamser Sedimente annahmen. Diese sind aber Briançonnais s.l. und nicht ostalpin und können deshalb gar nicht aus dem Süden kommen. Unsere Annahme der nördlichen Herkunft der Schamser Decken und deren "Supraposition" vor der Faltenüberkippung der Tambo/Suretta macht die negativen stratigraphischen Argumente gegenstandslos, die positiven tektonischen aber sehr aktuell.

Das Postulat der meso-alpinen Kollision von Briançonnais und Adula setzt eine eo-alpine Subduktion des nordpenninischen Troges voraus. Dank einiger ausgezeichneter Dissertationen über Struktur und Metamorphose der Adula Decke von jungen Doktoranden, wird die komplexe Geologie der Adula Decke langsam durchleuchtet.

Eo-alpine und meso-alpine Deformation im Nordpenninikum

Die Adula Decke ist eine unterpenninische Kristallindecke der Ostschweiz. Ihre Sedimenthülle besteht aus triasischen Seichtwasserserien und jurassisch-kretazischen Bündnerschiefern. Zwischen dem kontinentalen Sockel der Adula und der Tambo/Suretta Schwelle lag ein Trog mit Ozeankruste, dessen Zeugen die Ophiolithe der Misoxer Zone und von Chiavenna sind.

Die strukturgeologische Analyse des Adulakristallins erlaubt vier Deformationsstadien (LÖW 1987).

1. Scherung, Verwerfung und Überschiebung des Adulasockels und seiner mesozoischen Bedeckung. (S-Stadium).
2. Intensive Scherung und isoklinale Falten der planaren S-Strukturen, vor allem der Scherflächen zwischen Sockel und Überdeckung (Z-Stad.).
3. Ausbildung einer liegenden Falte. Der Adulasockel und seine zerscherte Bedeckung bilden eine Decke (L-Stadium).
4. Flexur der Adula Decke mit Nordvergenz (C-Stadium).

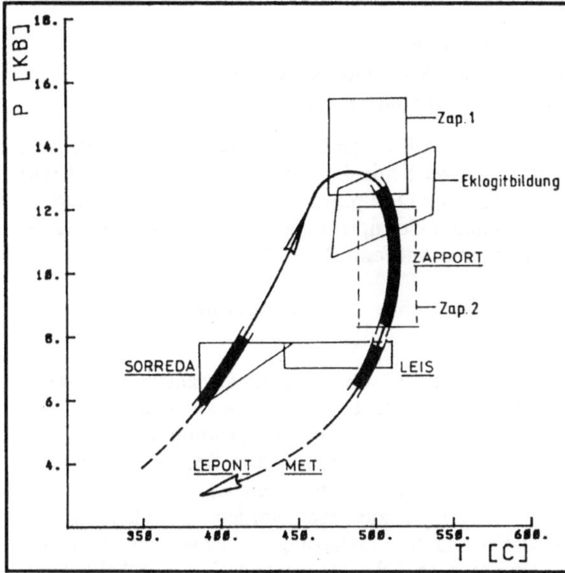

Fig. 10.4 Druck-Temperatur-Weg (P-T-Diagramm) der alpinen Metamorphose der Adula-Decke in bezug zu den Deformationsstadien Sorrenda, Zapport und Leis (S-, Z- und L-Stadien). (LÖW 1986)
Die metamorphen Mineralvergesellschaftungen des Adula Kristallins deuten auf eine primäre Subduktion und nachfolgende Überschiebung und schliesslich auf die Faltung der Adula zur Zeit der nordvergenten neo-alpinen Orogenese (C-Stadium).

Die Metamorphose der ersten beiden Stadien der Deformation war charakterisiert durch Hochdruckreaktionen. Disthen, Zoisit und Chloritoid entstanden beim S-Stadium, eine Eklogitfaziesassoziation beim Z-Stadium (LÖW 1986). Löw unterstreicht die kontinuierliche Art von Deformation und Metamorphose, insbesondere im ersten Stadium. Die Rekonstruktion des P/T Weges während der prograden Metamorphose deutet auf eine rasche Bewegung der Adula Gesteine in Tiefen bis 120 oder 150 MPa Druck, wo zuerst Hochdruck-Tieftemperatur Mineralvergesellschaftungen gebildet wurden, später dann auch solche der Hochdruck-Hochtemperatur Eklogitreihe (HEINRICH 1986). Das kontinuierliche Abtauchen der kalten Platte (S-Stadium von Löw) war definitionsgemäss Subduktion. Das Versenken des Adulasockels mitsamt Sedimentbedeckung in Tiefen von 40-50 km kann im Rahmen des Plattentektonikmodells nur im Zusammenhang mit der Subduktion einer Ozeanplatte erklärt werden. Die nachfolgenden Stadien von Deformation und Metamorphose der Adula auf Grund des P/T Diagrammes müssen mit Dekompression oder Überschiebung einhergehen und würden als meso-alpine und neo-alpine Deformation betrachtet.

Deformation durch durchdringende Scherung ist typisch für Subduktionstektonik. Das Adulakristallin, seine Sedimentbedeckung und Teile der Ozeankruste wurden während des ersten Stadiums der Deformation entlang einer Benioff Zone hinunterbefördert. Diese Subduktion war Eo-Alpin. Die isoklinale Verfaltung der Scherflächen ist Ausdruck einer Kollisionstektonik: Die Gesteine der Adula wurden nach einer Kollision wieder nach oben geschoben, was ja auch aus dem P/T–Wegdiagramm der Metamorphose herausgelesen werden kann (Fig.10.4). Das Scharnier der Isoklinalfalte scheint gegen Süden gerichtet. Ein Szenarium mit eo-alpiner Subduktion der Adula, entlang einer nordfallenden Benioffzone passt gut in unser Schema des tektonischen Südtransportes während der meso-alpinen Kollision zwischen den Kontinentalkrusten Adula und Tambo/Suretta.

Wir interpretieren Löw's S- und Z-Stadien als eo-alpine Deformation in der Subduktionszone und sein L-Stadium als meso-alpine Kollision. Am Ende dieser Kollision ,im frühen Tertiär, finden wir eine südvergente Abfolge:

Adulakristallin
Misoxerzone (Ophiolith Mélange)
Schamser Decken (Bedeckung des Tambo Kristallins)
Tambo/Suretta (autochthones Grundgebirge).

Das C-Stadium der Aduladeformation gemäss Löw gehört in die neo-alpine Orogenese, als die mittelpenninische Briançonnais Schwelle mit dem Südkontinent (Adria/Afrika) kollidierte. Unter der tektonischen Überlast der Ostalpinen Decken wurden die Tambo-Suretta Kristalline gegen Norden gepresst und bildeten, umhüllt von den Schamser Massen und Ophiolith Mélanges, die riesige überkippte Antiform (Fig. 10.3).

Paläogeographie und tektonische Geschichte des nordpenninischen Raumes

Palinspastische Rekonstruktionen erfordern eine Zweiteilung des Ozeantroges zwischen dem europäischen und südlichen Kontinentalrand. Der südpenninische Piemonttrog und der nordpenninische Wallisertrog waren durch die Briançonnais Schwelle getrennt. Das Tambo/Suretta, wie auch das Falknis/Sulzfluh Kristallin mit ihrer Sedimentbedeckung bilden die östliche Fortsetzung dieser mittelpenninischen Schwellenzone.

Die ozeanische Kruste des Walliser Troges grenzte gegen Norden an die kontinentale Kruste der Adula. Ob der Unterbau der Adula die Fortsetzung des Unterbaus des Ultrahelvetikums war, oder ob die Adula selbst eine Art Schwelle war zwischen Ultrahelvetikum und Walliser Trog, ist noch nicht klar. Die Breccien in den nordpenninischen Bündnerschiefern südlich des Gotthardmassivs deuten auf eine submarine, wenn nicht gar subaerische Hochzone im mittleren oder späten Jura hin (BOLLI et al 1979).

Die Interpretation der Flyschgeographie erfordert einen Inselbogen am Ende der Kreide: die Habkern Insel von HSÜ und SCHLANGER (1971) oder das ultrahelvetische Randhoch von HOMEWOOD (1984). Diese Inselkette zwischen Ultrahelvetikum und Penninikum lieferte auf beide Seiten Detritus, also in den ultrahelvetischen wie auch in den nordpenninischen Flysch. Der ultrahelvetische Schlieren Flysch war eine Hinterbogenablagerung. (back arc). Der Graben auf der Südseite dagegen (Gurnigel, Wägital) war wahrscheinlich das Resultat einer nordfallenden Subduktionszone. Somit könnte sich diese spätkretazische Inselkette aus der Adulaschwelle entwickelt haben, und die Subduktion unter dem Gurnigel/Wägital Graben war verantwortlich für die Deformation und die Metamorphose der Adula Gesteine.

Die Anzeichen für eine Südvergenz während der meso-alpinen Kollision zwischen Europa und der Briançonnais Schwelle drängen uns die Frage auf nach der Bedeutung der nordfallenden Scherflächen zwischen Monte Rosa und Bernhard Decken im Mattertal. Sind diese auf neo-alpine Rückfaltung zurückzuführen, oder sind sie meso-alpine Strukturen mit Südvergenz? Wäre es möglich, dass die triasischen und jüngeren Schichten der Barrhorn Serie allochthon sind wie die Schamser Decken? Könnten die Gesteine des Briançonnais Abscherungspakete von einer "Sub-Bernhard" Stellung sein, südwärts geschoben bei der meso-alpinen Kollision?

Mit dem heutigen Wissensstand lassen sich diese Fragen nicht beantworten. Andrerseits sollten wir uns trotz aller Hochachtung für unsere grossen Pioniere wie Haug, Argand etc. nicht von ihren Ideen zu stark blenden lassen. Die Frage nach einer südvergenten meso-alpinen Deformation in den westlichen Schweizer Alpen muss gestellt werden und bedarf einer sorgfältigen Abklärung.

Eo-alpine und meso-alpine mittelpenninische Deformation

Die Betrachtung der Tambo/Suretta Gneiskerne als kontinentales Grundgebirge unter der mesozoischen Schwelle, auf welche die Schamser Serien abgelagert wurden, ist eine grobe Vereinfachung der Situation und höchstens den Anfängern der "Geologie der Schweiz" zuzumuten. Effektiv sind die Schamser Sedimente allochthon zum Surettaunterbau und deshalb nicht deren eigene Bedeckung. Wenn die Schamser Serien wirklich der Briançonnais Fazies angehören, müssen die surettaeigenen Sedimente auf Kontinentalkruste südlich der Briançonnais Schwelle abgelagert worden sein.

In der Westschweiz enthalten die Sedimente des Südrandes der Briançonnais Schwelle Jurassische Breccien. Die einzige bekannte Jura Breccie in unserem Gebiet, ist die Vizan Breccie der Gelbhorn Decke im Schams, jedoch finden wir keine Breccien in den Gesteinen der Surettabedeckung, die mit jenen der Präalpen verglichen werden könnten (RÜCK 1990). Die parautochthone Bedeckung der Suretta könnte tektonisch mit den Bündnerschiefern des Avers vermischt sein, welche tektonisch auf die Suretta-Trias geschoben wurden. Wie die Misoxer Bündnerschiefer sind auch jene des Avers eine tektonische Mélange mit exotischen Ophiolithblöcken in einer schiefrigen Matrix.

Tektonische Untersuchungen der Suretta ergaben vier tektonische Stadien der Deformation (MILNES und SCHMUTZ 1978):

1. Überschiebung und penetrative Scherung des Avers (A-Stadium)
2. Frühe Isoklinalfalten mit Südvergenz (F-Stadium)
3. Tektonische Platznahme der Schamser Abscherungspakete (S-Stadium)
4. Späte Isoklinalfalten (N-Stadium)

Der kristalline Unterbau der Suretta, der Rofnagneis, wurde während dem zweiten Stadium deformiert und metamorphisiert. Das Metamorphosealter ist Kreide (110-80 Ma nach HANSON et al. 1969). Damit wäre eine penetrative Scherung der Avers Mélange in der frühen Kreide anzusetzen, und diese eo- und/oder meso-alpine Deformation hatte Südvergenz.

Wenn wir eine Südvergenz für die meso-alpine Deformation der nord- und mittelpenninischen Decken annehmen, müssten die Averser Bündnerschiefer tektonisch südlich der Briançonnais Schwelle gelangen, in eine Stellung zwischen Tambo und Suretta Decke. Das Avers selbst war möglicherweise ein schmaler Trog mit Ozeankruste und wurde während der eo-alpinen Deformation in der frühen Kreide geschlossen (1. Stadium bei MILNES und SCHMUTZ). Die Bündnerschiefer wurden ausgequetscht, wogegen die Triasgesteine zwische Tambo und Suretta eingeklemmt wurden während der meso-alpinen Kollision in der mittleren Kreide (2. Stadium). Diese Kollision zwischen Tambo und Suretta erfolgte zur Zeit der Subduktion des Ozeans zwischen Tambo und Adula. Die Schamserpakete wurden in der späten Kreide verfrachtet (3. Stadium), nach der Kollision von Adula und Tambo. Im letzten Stadium der Isoklinalfalten wurde die überkippte Falte der neo-alpinen Suretta Decke gebildet.

Ein ähnliches Problem, das Verhältnis von Bernhard und Monte Rosa betreffend, wurde über ein halbes Jahrhundert diskutiert. Wir haben eine tektonische Korrelation von Monte Rosa und Margna Decken vorgeschlagen, doch gibt es noch immer eine Reihe von Mosaiksteinchen mit Fragezeichen, wie z.B. die eo-alpinen Hochdruckmineralien der Bernhard Decke (HUNZIKER et al. 1989). Wir stellen uns vor, dass die Lösung dieser Probleme zu ganz neuen Erkenntnissen der alpinen Geologie führen wird.

Neo-alpine penninische Deformation

Das neo-alpine Stadium haben wir als Deformation definiert, die nach der letzten Kontinentalkollision der alpinen Orogenese stattfand. Die Kollision beinhaltet die Abschürfung einer Sequenz des passiven Randes und die Bildung von Überschiebungsdecken. Das Alter der jüngsten Sedimente in solchen Decken kann deshalb Aufschluss über das Alter der Kollision geben.

Die Kollision zwischen Adula und Tambo/Suretta muss nach der Ablagerung der jüngsten Schamser Sedimente erfolgt sein. Über den Schamser Decken liegt tektonisch ein tertiärer Flysch. Das jüngste Schamser Sediment, abgelagert vor der Abscherung, ist der "*obere Hyänenmarmor*". Es ist ein metamorpher pelagischer Kalk und dürfte das Aequivalent der oberkretazischen *couches rouges* der Falknis Decke sein (STREIFF 1962). Das erste Abgleiten der Schamser Decken könnte vor der Ablagerung der ältesten Sedimente der Oberhalbsteiner Flyschdecken passiert sein, nach ZIEGLER (1956) im Maastrichtian. Daraus schliessen wir, dass die Kollision zwischen Adula und Tambo/Suretta in der späten Kreide begann. Nach der Kollision war der penninische Ozean zwischen Adula/-Tambo/Suretta im Norden und dem ostalpinen Kontinentalrand im Süden ein Flyschbecken, in welches der Oberhalbstein Flysch, der Prättigau Flysch und vielleicht noch andere penninische Flysche geschüttet wurden.

Die Kollision zwischen Briançonnais und Ostalpin muss nach dem Einsetzen des Tertiärs erfolgen. Die Formation der *couches rouges* in der Klippen Decke enthält noch hemipelagische Sedimente des Paläozän. Der Flysch der Klippendecke aus dem unteren und/oder mittleren Eozän dürfte in einen Tiefseegraben geschüttet worden sein, der sich kurz nach der Kollision über der Sutur ausbildete.

Die Kollision zwischen Ostalpin und Europa erfolgte im späten Eozän. Gurnigel und Schlieren Flysch, welche vor diesem Ereignis abgelagert wurden, enthalten Sedimente bis ins mittlere Eozän. Die ostalpine Front näherte sich Europa gegen Ende des Eozäns, wenn die ersten nordpenninischen Flyschsedimente in eine Vortiefe geschüttet wurden.

Das Alter der Kollision kann auch mit den Metamorphosedaten der penninischen Kristallindecken eingegabelt werden. Die südgerichtete Unterschiebung des penninischen Grundgebirges konnte erst nach der Kollision Ostalpin-Briançonnais stattfinden. Die Analyse von über 50 alpinen Phengiten und Biotiten der Monte Rosa Gegend ergab den Anfang der neo-alpinen Regionalmetamorphose im späten Eozän bei 38 Ma (HUNZIKER 1970). Das heisst, dass der Sockel des Monte Rosa weit unter den ostalpinen Decken unterschoben war, als die ostalpine Front den Südrand des südhelvetischen Raumes erreichte. Der gesamte penninische Raum wurde während den 10-15 Ma des mittleren bis späten Eozäns von den ostalpinen Decken überfahren. Gerechnet mit der früher geschätzten Rate von 1 cm/a war das Penninikum auf weniger als 100-150 km zusammengepresst, als die ostalpinen Decken den europäischen Kontinentalrand erreichten.

Fragen

1. Welches sind die Definitionen von Eo-Alpin,Meso-Alpin,Neo-Alpin als Stadien der Deformation auf Grund der Chronologie der Kontinentalkollisionen?

2. Nennen Sie petrologische und startigraphische Anzeichen für die eo-alpine Deformation.

3. Was war das Dilemma im Schams, wie lautet unser Vorschlag zu dessen Lösung?

4. Welche petrologischen und stratigraphischen Daten deuten auf eine meso-alpine Deformation der penninischen Alpen?

5. Mit welchen petrologischen und stratigraphischen Indizien kann die Ankunft der ostalpinen Decken am Europäischen Kontinentalrand zeitlich eingegrenzt werden?

XI DIE OSTALPINEN DECKEN UND DAS BERGELL

Wenn man von Zernez her dem Schweizer Nationalpark zufährt, so beobachtet man gleich hinter dem Dorf im Strassenanschnitt Kristallin der ostalpinen Decken. Nach etlichen Strassenkehren durchfährt man dann die Trias mit Dolomiten und Kalken, und auf dem Ofenpass kann man die Sedimentstrukturen im Hauptdolomit der späten Trias studieren. Diese Schichten sind wohl deformiert, doch sucht man vergebens nach schönen liegenden Falten. Wo sind denn die Decken? Das sieht ja nach autochthoner Sedimentbedeckung eines Massives aus! Der Zweifler kehrt um und betrachtet einen Aufschluss südlich des Dorfes Schuls. Dort wird er Serpentinite und Bündnerschiefer finden. Er hat somit das Engadiner Fenster entdeckt mit seinen penninischen Ophiolithen und Bündnerschiefern, welche unterhalb der Gneise des ostalpinen Sockels anstehen und somit die Deckenstruktur beweisen. Ähnlich mag es den Entdeckern anfangs dieses Jahrhunderts ergangen sein, insbesondere Pierre Termier.

Maurice LUGEON (1902) hatte gerade erst seine Synthese der Deckentektonik in den Westalpen veröffentlicht, als die Crème der Geologie sich in Wien 1903 zum Internationalen Geologenkongress versammelte. Dabei nahm Termier an einer Exkursion in die Tauern im Westen Oesterreichs teil.

Die Gesteine der Hohen Tauern scheinen altes Grundgebirge zu sein. Über dem Gneiskern liegt eine Schieferhülle, welche an der Basis noch einige unzusammenhängende Lagen von Quarziten und Marmoren aufweist. Über der Schieferhülle lagern dann die mächtigen mesozoischen Schichten der Ostalpen, z.T. sogar noch mit fossilführendem Paläozoikum. Die Oesterreicher hielten deshalb auch die Schieferhülle für paläozoisch. Aus dem Westen kommend erkannte Termier sofort die Ähnlichkeit der *Schieferhülle* mit den *schistes lustrés* der Westalpen. Man entgegnete ihm, dass bereits vor 30 Jahren Charles Lory dieselbe Idee hatte, was aber unmöglich sei, da Devonfossilien in den Schiefern gefunden wurden. Für Termier war aber die Ähnlichkeit allzu frappant, der Hauptteil der Schiefer musste wie die *schistes lustrés* mesozoisch sein und die Devonfossilien aus einer anderen Formation stammen. Seinen Befund zu Ende denkend, stellte TERMIER (1903) die Hypothese auf, die Ostalpen seien genau wie die Westalpen ein Deckenstapel (Fig. 11.1).

Das Westende der Ostalpen ist auf der rechten Seite des Rheintales aufgeschlossen. Die tektonische Überlagerung von oberostalpinem Kristallin und den Nördlichen Kalkalpen auf die Prättigau Schiefer (Penninikum) ist unzweifelhaft (Fig.9.1). ROTHPLETZ (1900) zog eine westgerichtete Überschiebung der Ostalpen über die Westalpen in Betracht. In einem Geologischen Führer der Ostschweiz und West-Oesterreichs wurde vor Termier das Engadiner Fenster von J. BLAAS (1902) erwähnt. Die *schistes lustrés*, welche unter der Bezeichnung Bündnerschiefer bis in die Ostschweiz ziehen, tauchen im Prättigau unter die Decken des Rhätikons (Falknis, Sulzfluh) ab, um weiter östlich im Engadiner Fenster wieder zu Tage zu treten. Die geologische Bedeutung der beiden grossen Fenster, des Engadiner Fensters und des Tauern Fensters, wurde aber bis zur pfiffigen Hypothese von TERMIER (1903) nicht gewürdigt. Termiers Argumentation war aber derart einleuchtend, dass zwei Jahre später sogar Eduard SUESS (1905), der oesterreichische Geopapst, zugeben musste: *The Lower Engadine is a structural window !*

Das Engadiner Fenster

Der Inn hat sich tief ins Unterengadin (Graubünden) eingeschnitten und hat das tektonische Gebäude bis hinunter in die Bündnerschiefer ausgeräumt (Fig.11.2). CADISCH et. al (1968) haben in Anlehnung an die Deckentheorie folgende tektonische Abfolge (von oben nach unten) aufgezeichnet:

Starre Grundgebirgsdecken von Silvretta und Ötztal
Hauptdolomit Schuppenzone
Tasna Decke
Ophiolithe
Champatsch Zone
Bündnerschiefer

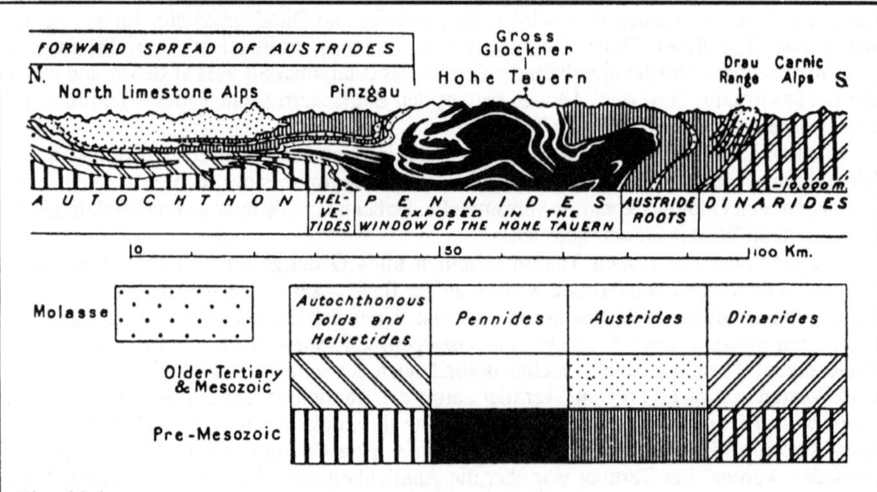

Fig. 11.1 Das Tauernfenster (BAILEY 1935)
Termier korrelierte die Schiefer der Hohen Tauern in Oesterreich mit den mesozoischen schistes lustrés der Schweizer Alpen. Die Formationen mit ihren paläozoischen und mesozoischen Fossilien über den Schiefern werden seither als Überschiebungsmasse, die sogenannten ostalpinen Decken, erkannt (Austride im Profil).

Die Silvretta und Ötztal Decken sind oberostalpine Grundgebirgsdecken, die Hauptdolomit-Schuppenzone besteht aus oberostalpinen Schürflingen. Die Sedimente der sogenannten Tasnadecke, auf kontinentaler Kruste abgelagert, bilden die folgenden Einheiten:

Flysch
pelagische Oberkreide Kalke (Couches rouges)
unter und mittelkretazische Kalke und Glaukonitsandsteine
oberjurassische dickbankige Kalke
Unterjura Kalke
Triasdolomite, Gips und Anhydrit.

Die Autoren bemerkten dieVerwandtschaft dieser Fazies mit jener des Falknis und des Schams.

Die Champatschzone wurde ins Oberpenninikum gestellt. CADISCH et al.(1968, p.5) notierten:

Die Randzone besteht in der südwestlichen Fensterecke nördlich des Inns zunächst aus oberpenninischen Schiefermassen, die durch schmale Lager von Diabas, Triasdolomit,

Liaskalk und Radiolarit usw. getrennt werden, deren Zugehörigkeit zu den Schiefern oder Herkunft aus dem Unterostalpin fraglich ist. Wir haben diese Elemente mit den Ophiolithen des Piz Nair als Zone von Champatsch zusammengefasst.

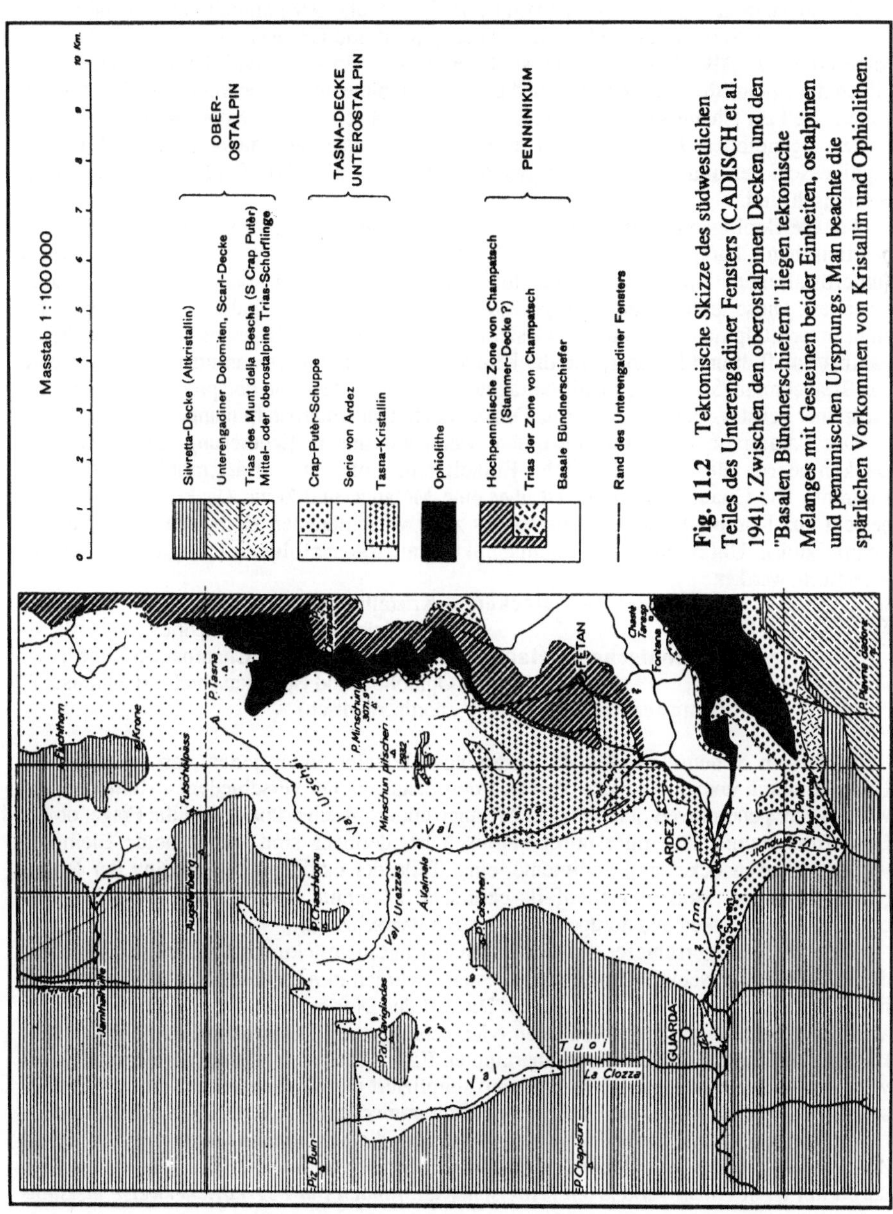

Fig. 11.2 Tektonische Skizze des südwestlichen Teiles des Unterengadiner Fensters (CADISCH et al. 1941). Zwischen den oberostalpinen Decken und den "Basalen Bündnerschiefern" liegen tektonische Mélanges mit Gesteinen beider Einheiten, ostalpinen und penninischen Ursprungs. Man beachte die spärlichen Vorkommen von Kristallin und Ophiolithen.

Damit beschrieben sie Komponenten, die typisch sind für zwei verschiedene startigraphische Abfolgen: nämlich für das Ostalpin (Triasdolomit, Liaskalk) und für das Südpenninikum (Ophiolithe, Bündnerschiefer und Radiolarite). Wir akzeptieren eine penninische Stellung der Champatsch Gesteine. Dagegen möchten wir festhalten, dasss es sich mit der Champatschzone ebenso verhält wie mit ihrem Aequivalent, der "Platta Decke", es sind beides keine Decken, aber tektonische Mélanges.

Die sogenannte Ophiolitheinheit von CADISCH et al.(1938) enthält vorwiegend grosse Schmitzen von Serpentinit, Ophikalzit, Diabas, Spilit und Grünschiefer in einer Bündnerschiefermatrix. Alle diese Gesteine sind penninisch. Entsprechend der Campatschserie bilden die Ophiolithe (Ozeankruste) und die Ozeansedimente eine penninische Mélange. Im Unterschied zur Champatscheinheit fehlen hier die exotischen Blöcke des Ostalpins.

Die eigentlichen Bündnerschiefer im Engadiner Fenster sind metamorphe kalkige und sandige Schiefer und Siltsteine; sie gleichen jenen der Via Mala Schlucht, welche nordpenninisch sind.

Für die Geologen der ersten Hälfte unseres Jahrhunderts lag die Tasnadecke über der penninischen Champatschzone und den Ophiolithen, denn sie wurde ja mit den damals "unterostalpinen" Einheiten der Falknis/Sulzfluh, des Schams oder der Klippendecke korreliert. Diese tektonische Abfolge war einer der Gründe, weshalb STAUB (1958) auf einer unterostalpinen Herkunft der Gesteine mit Briançonnais Fazies bestand. Wenn heute Falknis/Sulzfluh und Schams, wie die Klippen Decke, als mittelpenninische Aequivalente des Briançonnais/Subbriançonnais betrachtet werden, so kann die entsprechende Fazies im Engadiner Fenster, nämlich die Tasna Decke, kaum dem Unterostalpin angehören.

Das Paradoxon kann gelöst werden, wenn wir uns in Erinnerung rufen, dass die Deckentheorie für jede tektonische Einheit eine kohärente stratigraphische Abfolge annimmt. Die Champatsch Zone ist aber eine Mélange und keine Decke. Eine Mélange besteht aus Komponenten von mindestens zwei verschiedenen Einheiten (Ostalpin und Penninikum). Unter diesem Gesichtspunkt kann die Abfolge im Engadiner Fenster vereinfacht werden:

Oberostalpine Decken	– Kristallin und Parautochthon – Hauptdolomit Schuppenzone
Tektonische Mélange	mit "Tasna Decke", "Champatsch Zone", Ophiolithe und Bündnerschiefer (penninisch)
Bündnerschiefer	(nordpenninisch)

In diesem Schema werden die ostalpinen Gesteine unter jenen von penninischer Herkunft durch unterschiedliche Verfrachtungsdistanzen der verschiedenen Komponenten während der penetrativen Scherung der Mélange erklärt. Auch erübrigt sich die Frage, ob die Ophiolithmélange süd- oder nordpenninisch ist, denn es sind sicher beide Elemente vertreten. Tasnasockel und Sedimente, einst Teile der östlichen Fortsetzung der Briançonnaisschwelle, sind nun ebenfalls exotische Elemente der Mélange zwischen den oberostalpinen Decken und nordpenninischen Bündnerschiefern.

Dass die Bündnerschiefer des Unterengadins in einem tektonischen Fenster anstehen, dürfte unbestritten sein. Die ostalpinen Gesteine wurden in Abscherungspakete zerlegt und in der Literatur als Decken beschrieben. Die Art der Deformation dieser Einheiten weicht aber beträchtlich von der helvetischen oder penninischen Deformation ab. Das Deckenkonzept, welches auf den grossen überkippten Falten basiert, wie etwa der Morcles (Helvetikum) oder der Antigorio (Penninikum), impliziert das Vorhandensein eines Verkehrtschenkels, welcher jedoch im Ostalpin praktisch immer fehlt. CORNELIUS schrieb 1940:

Es war eine Quelle vieler Missverständnis, dass die westalpinen Geologen vielfach die Abkunft der Decken von liegenden Falten so sehr betont haben. Die Gegner suchten daraufhin nach einem verkehrten Mittelschenkel, fanden ihn begreiflicherweise meistens nicht und schlossen daraus, dass es eben keine "Decken" gäbe! Dabei wäre schon in Heim's Mechanismus der Gebirgsbildung zu lesen gewesen, wie aus Übertreibung einer liegenden Falte durch Zerreissung und Verwalzung des Mittelschenkels eine Überschiebung hervorgeht; dass somit ein vollentwickelter Mittelschenkel überhaupt im allgemeinen nicht erwartet werden darf."

Die ostalpinen Decken sind starre Kristallinabscherungspakete (**rigid-basement thrusts**) (TRÜMPY 1960): die Sedimentbedeckung ist teilweise abgeschürft und teilweise als autochthone oder parautochthone Serien auf dem Kristallin erhalten geblieben. Abscherungspakete, wie die Hauptdolomitschuppenzone rund ums Engadiner Fenster, existieren in den Ostalpen, aber sie bilden kaum liegende Falten wie wir sie vom Helvetikum kennen.

Eine Datierung der früheren alpinen Deformation ist mit den spärlich vorhandenen Daten im Gebiet des Engadiner Fensters schwierig. Die Bildung der tektonischen Mélange mit Ophiolithen, Bündnerschiefern und den Tasnagesteinen muss wohl während der eo-alpinen Subduktion und der meso-alpinen Kollision während der Kreide erfolgt sein. Die Platznahme der oberostalpinen Decken war aber ein frühtertiärer Prozess. Mikrofossilien des Maastrichtian wurden in den Champatschschiefern gefunden, und der Tasna Flysch wurde mit tertiären penninischen Flyschformationen korreliert (CADISCH et.al. 1963).

Die Sedimentation auf dem ostalpinen Kontinentalrand

Die Ostalpen der Schweiz, Liechtensteins und West-Oesterreichs sind ein komplexes Deckengebäude von mächtigen kohärenten Serien. TRÜMPY (1980) machte eine Dreiteilung dieser Masse:

Nördliche Kalkalpen	
Zentraler ostalpiner Komplex	– Silvretta/Ötztal Decken etc.
	– Campo/Languard, Ela/Ortler Decken etc.
Unterostalpine Decken	– Err/Bernina Decken etc.

Heute werden die beiden oberen Abteilungen zusammen als **Oberostalpin** (TRÜMPY 1980) bezeichnet. Früher wurde dieser Ausdruck nur für die Silvretta und Ötztal Decken gebraucht, die Campo/Languard und Ela/Ortler Decken aber zum Mittelostalpin gezählt (CADISCH 1953). Wir folgen hier der neueren Auslegung.

Die permischen und triadischen Sedimente des ostalpinen Raumes sind Teil der Seichtwasser Sedimentbedeckung des Superkontinentes Pangäa (vgl. Kapitel XII). Die Extensionstektonik in diesem Teil von Pangäa, welche zur Ausbildung der Tethys zwischen Europa (Helvetikum) und Afrika (Ostalpin) führte, begann in der späten Trias. Während dieser Zeit (Norian) wurden im ganzen ostalpinen Raum Karbonate in flachen Lagunen und Gezeitenebenen abgelagert, die heute die Hauptdolomit Formation bilden. Die Formationen des Rhätian bestehen aus Kalken und kalkigen Schiefern, die am absinkenden Kontinentalrand gebildet wurden. Die Jurasedimente, gebildet zur Zeit der Verbreiterung und Vertiefung der Tethys sind hauptsächlich Resedimente des tektonisch aktiven ostalpinen Randes und Zeugen eines sehr ausgeprägten Reliefs (Fig. 11.3). Die erste gebildete Ozeankruste der Tethys ist aus dem frühen mittleren Jura. Der Kontinent südlich der Tethys blieb ein Teil von Afrika bis mindestens Anfang Kreide (HSÜ 1989).

Die Subsidenzgeschichte des unterostalpinen Raumes ist in den verschuppten Sedimenten der obersten Err Decke nördlich von St.Moritz (Oberengadin) aufgezeichnet (Fig.11.4). Die Liaskalke zeigen wenig Anzeichen von Resedimentation (FINGER 1978). Der Beginn der Bruchspaltenbildung ist durch die mächtige Formation der Saluver Breccien des Doggers angezeigt. Diese durch Sturzströme (sediment-gravity flows) transportierten und abgelagerten Sedimente sind charakterisiert durch Kristallinkomponenten, auch wenn lokal Dolomitklasten überwiegen können. Darüber findet man resedimentierte Arkosen und Mikrobreccien, sowie manganhaltige Pelite. Die tektonische Aktivität und das Relief verringerten sich gegen das Ende des Doggers, wenn die ersten Radiolarite auftreten. Eine sich verstärkende Zufuhr von Detritus in der frühen Kreide veränderte das Bild der Sedimentation. Die pelagischen Radiolarite und Aptychenkalke gehen nach oben in hemipelagische Sedimente über, welche zu Dachschiefern und Phyllithen wurden. Seltene pelagische Zwischenlagen von Kalken wurden mit den Palombini Schiefern verglichen. Die jüngsten hemipelagischen Sedimente in diesem Gebiet haben Cenomanian-Alter.

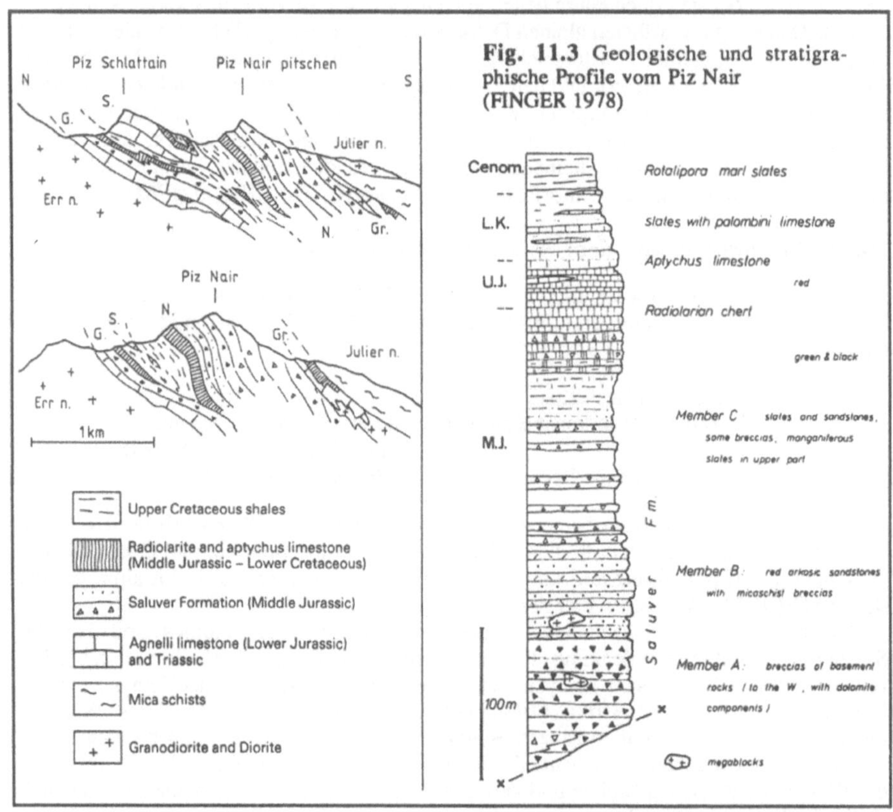

Fig. 11.3 Geologische und stratigraphische Profile vom Piz Nair (FINGER 1978)

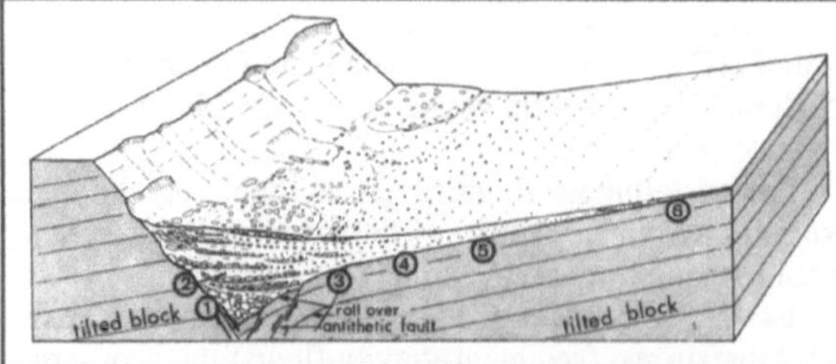

Fig. 11.4 Ablagerungsraum der Beckensedimente der ostalpinen Allgäu Formation (EBERLI 1987)
Die Sedimenttypen sind im Text beschrieben.

Bruchspaltenbildung (rifting) erfolgte nicht nur im Gebiet des Unterostalpins; Megabreccien und andere Resedimente deuten auch auf Extensiontektonik innnerhalb des Kontinentes hin, im Gebiet des Zentralostalpinen Komplexes. Die Allgäu Formation besteht aus Sedimentprismen, welche in oberostalpinen Becken, entstanden bei der jurassischen Extension der Tethys, deponiert wurden. Die Formation besteht aus Mergeln und Kalken und Zwischenlagen von verschiedenen resedimentierten Karbonaten. EBERLI (1988) erkannte folgende Assoziationen von Resedimenten (Fig. 11.4):

1. Talus Assoziation: Mächtige chaotische Breccienlagen, bis 100m mächtig, wahrscheinlich am Fusse der Bruchstufe abgelagert, entweder als Sturzblöcke und/oder in katastrophalen Schuttströmen. Die grössten Blöcke messen mehrere Meter. Die Breccien sind komponentengestützt, die Matrix besteht aus Dolomittrümmern.

2. Basale Breccienassoziation. Hier finden wir MegaBreccien, dünnbankige Turbidite, Mergel und Kalke. Diese Sedimente sind die eigentlichen basalen Sedimente in den Jurabecken des oberostalpinen Raumes. Sie wurden während der beginnenden Extension deponiert, als das Gebiet tektonisch am aktivsten war.

3. Dickbankige Turbidit Assoziation. Dickbankige Turbiditsandsteine, Konglomerate und Mergel wurden unweit des Hangfusses abgelagert.

4. Dünnbankige Turbidit Assoziation. Dünnbankige Turbidite und Mergel der weiteren Umgebung des Hangfusses.

5. Turbidit/Mergel Assoziation. Dünnbankige Calciturbidite in hemipelagischen Mergelserien.

6. Hemipelagische Assoziation. Darin finden wir hemipelagische Mergel und tonige Kalke, sehr selten Turbidite.

Die von Eberli rekonstruierte Paläogeographie des Doggers zeigt eine Reihe von ungefähr nord-süd verlaufenden Halb-Graben Becken, entstanden durch extensionale Brüche (Fig.11.5). Der Kontinentalrand wurde progressiv gegen Norden oder Westen fragmentiert. Die oberostalpinen Becken entstanden im frühen Jura, die unterostalpinen Becken (Err, Bernina) erst im mittleren Jura. Die bevorzugte Fallrichtung der Brüche im oberostalpinen Becken zeigt gegen den Kontinent hin, während die Brüche im Unterostalpin gegen den Ozean fallen (Fig. 11.5). Es kann keine Symmetrie beobachtet werden, wie sie die einfachen Dehnungsmodelle zeigen (McKENZIE 1978).

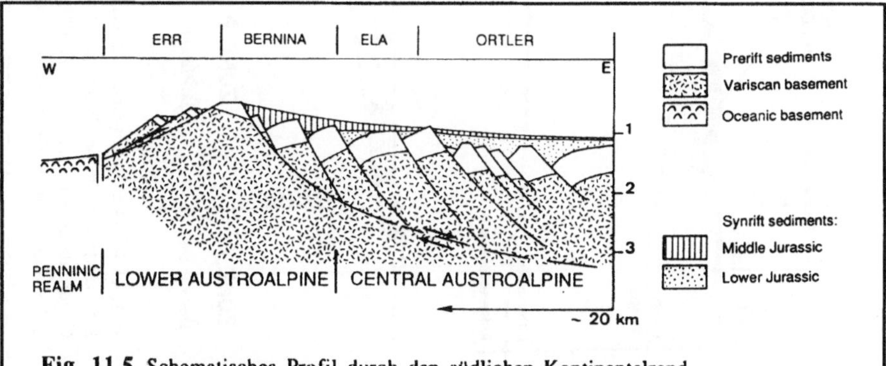

Fig. 11.5 Schematisches Profil durch den südlichen Kontinentalrand im frühen Dogger (EBERLI 1988)
Der penninische Ozean öffnet sich westlich der Err Decke. In die östlichen Becken wird die Allgäu Formation abgelagert.

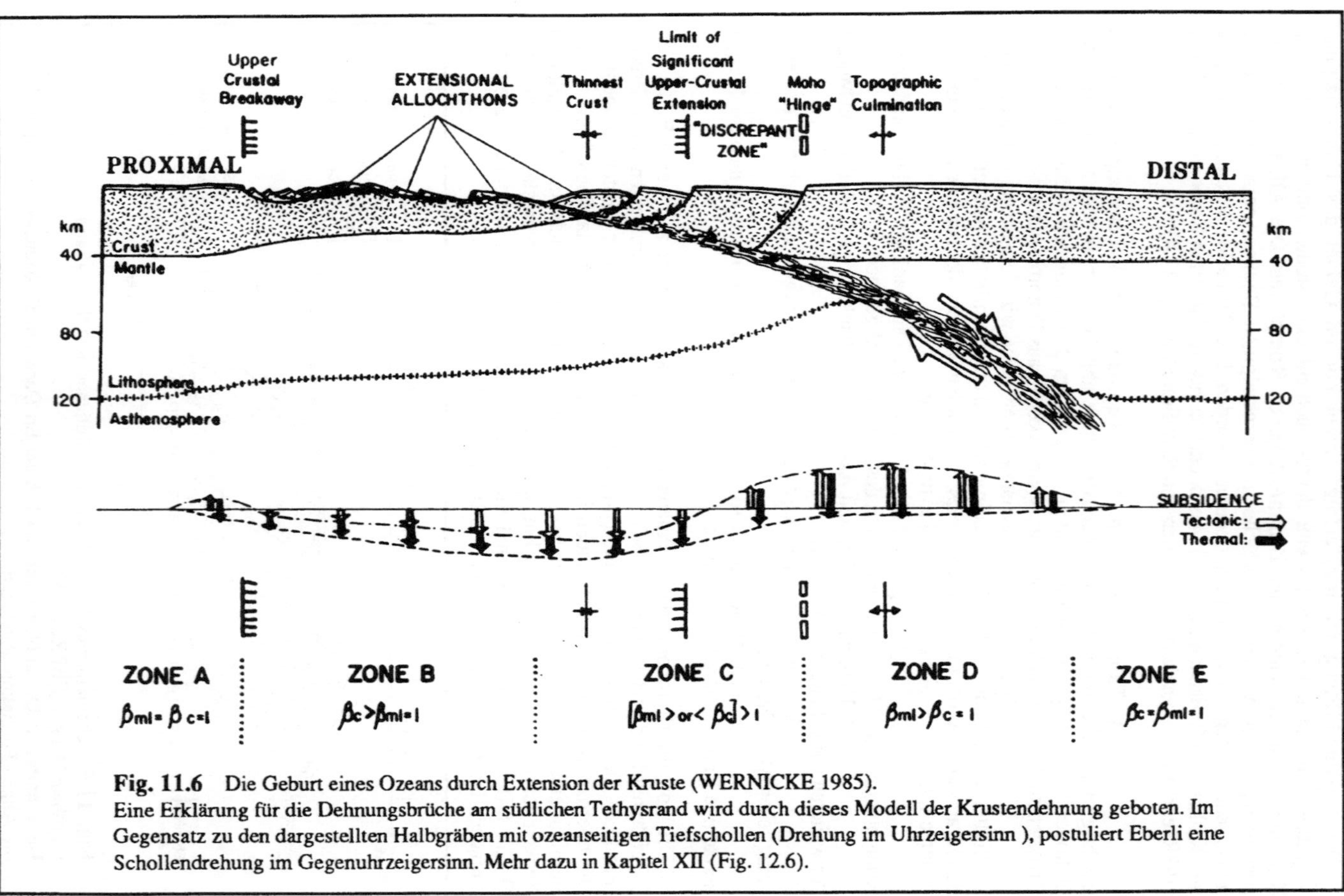

Fig. 11.6 Die Geburt eines Ozeans durch Extension der Kruste (WERNICKE 1985).
Eine Erklärung für die Dehnungsbrüche am südlichen Tethysrand wird durch dieses Modell der Krustendehnung geboten. Im Gegensatz zu den dargestellten Halbgräben mit ozeanseitigen Tiefschollen (Drehung im Uhrzeigersinn), postuliert Eberli eine Schollendrehung im Gegenuhrzeigersinn. Mehr dazu in Kapitel XII (Fig. 12.6).

Eher kommt das Modell von WERNICKE (1985) in Frage, welches einen Hauptabscherungsbruch durch die Kruste postuliert (Fig.11.6). Die Achse der maximalen Krustenverdünnung wanderte nordwärts, und im Dogger wurde dann Afrika von Europa entlang einer Achse nördlich oder westlich des unterostalpinen Raumes endlich ganz getrennt. Eine neue Rekonstruktion des ostalpinen Raumes von WEISSERT und BERNOULLI (1985) verdeutlicht die Ost-West gerichtete Öffnung der Tethys im Jura.

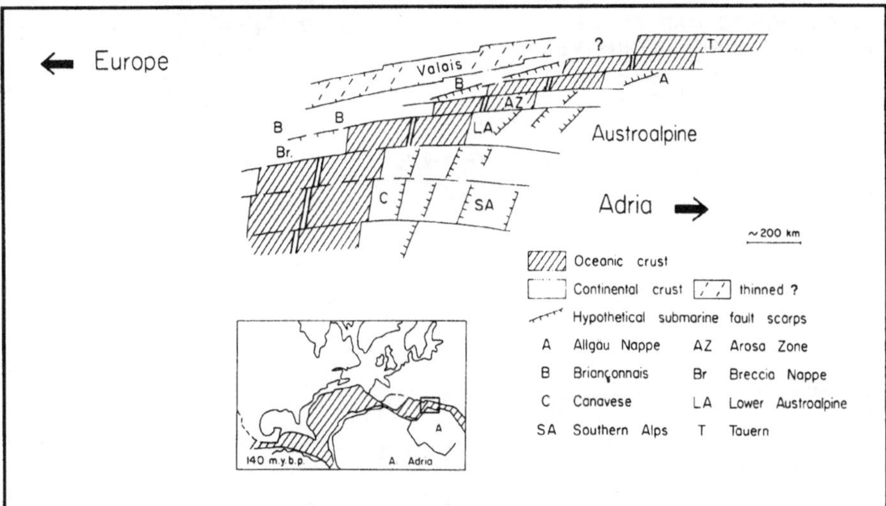

Fig. 11.7 Versuch einer paläotektonischen Rekonstruktion des Nordrandes der Tethys im Gebiet Ligurien -Piemont während des Juras (WEISSERT und BERNOULLI 1985)

Die Bergeller Granite

Im Gegensatz zu anderen Gebirgsgürteln kennen wir in den Alpen sehr wenig Granitintrusionen. Der Bergeller Granit ist der einzige Pluton in den Schweizer Alpen. Die Intrusion zwischen dem Maloja und dem Mera Tal wird durch drei spättertiäre Verwerfungen begrenzt: von der Insubrischen Linie, der Engadiner Linie und der Muretto Linie (Fig.11.8). Die Abfolge der tektonischen Einheiten der Umgebung von oben nach unten ist:

"Platta Decke"
"Margna Decke"
Forno Serie/Malenco Gabbro
Suretta Decke
Tambo Decke
Chiavenna Ophiolithe
Gruf Einheit/Adula Decke

Drei typische kalk-alkalische Gesteine charakterisieren je drei ausgeprägte Intrusivkörper: die Tonalite, die Granodiorite und die Leukogranite.

Der Tonalit oder Quarzdiorit ist ein mittelkörniger Biotit-Hornblende Quarzdiorit. Diese Gesteine kommen vor allem am Südrand des Plutons vor (Fig. 11.7). Gegen Westen (San Jorio) wird der Tonalit stark verschiefert, steil einfallend und parallel der Insubrischen Linie. Duktile Deformation des Tonalits bei mehr als 500°C wird durch die Deformation von

Aplitgängen angedeutet. Der Südrand der Tonalite besteht aus jungem Augengneis. VOGLER und VOLL (1981) postulieren eine duktile neo-alpine Deformation der Tonalite. Das schmale Band der Tonale Serie zwischen dem Bergeller Massiv und der Insubrischen Linie kann als Wurzelzone der penninischen Decken betrachtet werden (Fig. 11.9), wobei eine erhebliche Krustenverkürzung stattfand.

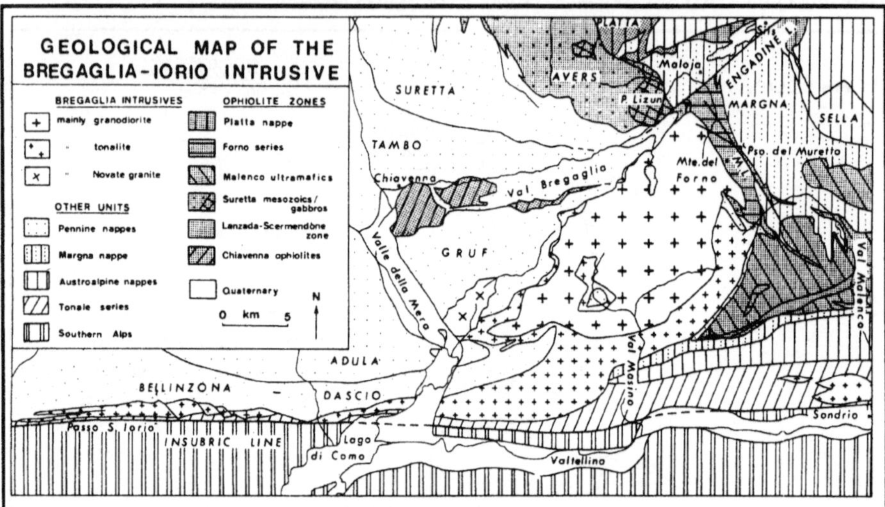

Fig. 11.8 Geologische Karte des Bergeller Intrusivs im schweizerisch-italienischen Grenzgebiet (TROMMSDORFF und NIEVERGELT 1983)
Man beachte die Trennung zwischen den Zentralalpen und Südalpen durch die sehr steile Verwerfung, deren Ausbiss die Insubrische Linie heisst.

Tonalite finden sich auch am Nordrand des Bergells. Einregelung von Hornblendekristallen ergibt eine Lineation parallel zum Kontakt mit den Gruf Gesteinen. Hier können keine intrusiven Relationen beobachtet werden (WENK 1973).

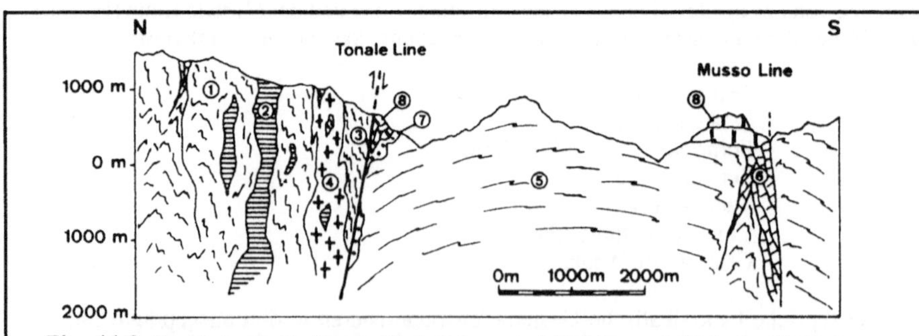

Fig. 11.9 Profil durch die Grenze Zentralalpen und Südalpen nördlich des Comersees (nach FUMASOLI 1974, aus TRÜMPY 1980)
1 Gneise der Wurzelzone, 2 Amphibolithe, 3 Gneise, Glimmerschiefer und Marmore der Tonaleserie, 4 Tertiäre Tonalite, 5 Grundgebirge der Südalpen mit (6) Marmoren, 7 Permische Sandsteine und Konglomerate, 8 Triasdolomite.

Im Gebiet des Fensters von Masino erscheint der Tonalit unter verschiefertem Granodiorit und es scheint, als wäre der Bergell-Jorio Komplex als Abscherungspaket über die penninischen Kristallindecken geschoben worden (Fig. 11.10).

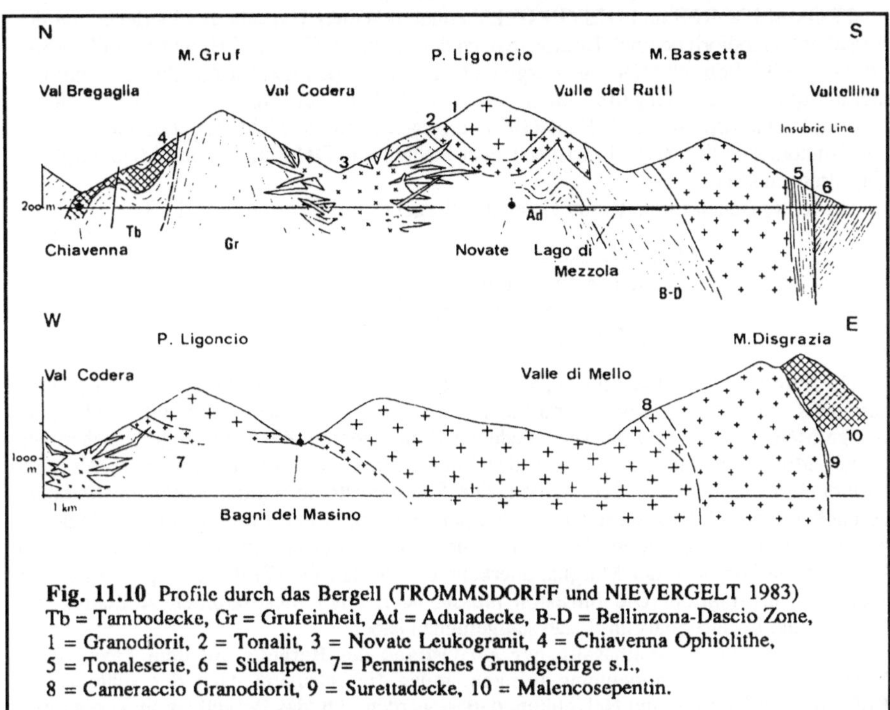

Fig. 11.10 Profile durch das Bergell (TROMMSDORFF und NIEVERGELT 1983)
Tb = Tambodecke, Gr = Grufeinheit, Ad = Aduladecke, B-D = Bellinzona-Dascio Zone,
1 = Granodiorit, 2 = Tonalit, 3 = Novate Leukogranit, 4 = Chiavenna Ophiolithe,
5 = Tonaleserie, 6 = Südalpen, 7= Penninisches Grundgebirge s.l.,
8 = Cameraccio Granodiorit, 9 = Surettadecke, 10 = Malencosepentin.

Der Tonalit fehlt im Osten, wo ein Biotit-Granodiorit das Umgebungsgestein intrudiert. Die Kontaktverhältnisse lassen erkennen, dass massiver Granodiorit den Monte del Forno Komplex intrudierte, nachdem diese Gesteine penetrativ zerschert und metamorphisiert waren (Fig. 11.8). CORNELIUS beschrieb schon 1913 eine Kontaktmetamorphose entlang dem Ostrand mit einer Kontaktaureole von 2km Breite.

In der Nähe des Ostrandes wurden Gänge von andesitischem Basalt gefunden (NIEVERGELT und DIETRICH 1977). Die Gänge nahe dem Kontakt wurden von der Kontaktmetamorphose des eindringenden Granodiorites erfasst, weiter entfernt durchschlagen sie undeformiert und unmetamorph die Gesteine der metamorphen "Margna Decke" und den Malenco Serpentinit. STAUB (1920) machte Vulkane im Bergell für den Detritus der späteozänen Taveyannaz Sandsteine des Helvetikums verantwortlich. Vorläufige Datierungen, chemische Analysen und die Lage der Gänge scheinen diese Hypothese zu bestätigen (TROMMSDORFF und NIEVERGELT 1983).

Der Leukogranit ist ein junger, meist schiefriger, mittelkörniger, inhomogener, lokal granatführender Zweiglimmeraplitgranit. Diese Intrusion, der Novate Leukogranit, durchschlägt alle älteren Strukturen und Intrusionen des Bergells. Sein genetischer Zusammenhang mit dem Tonalit und Granodiorit ist fraglich (GULSON 1973).

Die tektonische Bedeutung des Bergeller Granits ist umstritten. Angesichts der intrusiven Verhältnisse am Ostrand betrachtete STAUB 1924 das Bergell als posttektonische Intrusion. Dagegen vertrat WENK 1982 die Ansicht, das Bergell sei eine Decke, konkordant in der höheren penninischen Deckenabfolge.

TROMMSDORFF und NIEVERGELT konnten Wenks Hypothese widerlegen, da der Bergeller Granodiorit deutlich Deckengrenzen durchschlägt. GAUTSCHI und MONTRASIO (1978, p.329) betrachteten das Bergell ebenfalls als posttektonisch, da die Kontaktmetamorphose des Bergeller Intrusivs im östlichen Teil jünger ist als die alpine Regionalmetamorphose. BUCHER (1977) dagegen schliesst nicht aus, dass die Tonalite und Granodiorite des Bergell zwischen zwei Stadien von Deformation und Metamorphose eingedrungen seien.

Die tektonischen Einheiten im Osten des Bergeller Plutons sind (Fig. 11.8):

4 "Margna Decke".
3 Malenco Serpentinit und
2 Monte del Forno Komplex,
1 Suretta Decke,

Die Suretta ist mittelpenninisch, wie wir bereits erwähnt haben. Ihre Gesteine bestehen aus Gneis, Quarziten, Marmoren und Bündnerschiefern. Die Einheiten 2,3 und 4 bilden eine riesige Mélangeserie, und die verschiedenen Komponenten dieser Mélange bestehen aus Ozeansedimenten und Ozeankruste des Südpenninikums und ebenso aus ostalpinem Grundgebirge und seinen Sedimenten. Die Surettagesteine wurden unter die Mélange geschoben, und all diese Gesteine wurden penetrativ deformiert und regional metamorph bevor das Bergell intrudierte. Auf Grund eines Isotopenwertes von 70 Ma (JÄGER 1983) für die Metamorphose der Margna, anerkannte BUCHER(1977) das eo-alpine Alter der Mélange-Deformation. Die Intrusion musste nach einer meso-alpinen Kollision von Ostalpin und Briançonnais im Eozän stattgefunden haben.

Wenn wir die Andesitbasaltgänge am Ostrand des Bergells mit dem Taveyannaz Vulkanismus in Zusammenhang bringen, muss die Intrusion nach der späteozänen Kollision von Ostalpin und Helvetikum datiert werden, d.h. das Bergell ist ein neo-alpiner Granitkörper.

Das Alter der Intrusion wurde auch noch mittels Isotopen sowie stratigraphischer Kriterien abgeschätzt. Die U/Pb Daten an Zirkonen des Bergeller Granits geben ein Kristallisationsalter von 30 Ma (GRÜNENFELDER und STERN 1960, GULSON und KROGH 1973). Dieses Alter stimmt mit der Beobachtung überein, dass Gerölle des Bergeller Plutons in der spätoligozänen/frühmiozänen Molasse von Como gefunden werden.

Mit andern Worten: Ostalpine und penninische Decken waren im Osten des Bergells bereits *en place* und deformiert, als die Intrusion begann. Im Westen dagegen waren eine hochgradige Regional-Metamorphose und duktile Deformation noch im Gang oder überdauerten die Intrusion (TROMMSDORFF und NIEVERGELT 1983). Damit wäre auch die konkordante Grenze und die schiefrige Ausbildung des Granodiorits erklärbar. Die Überschiebungsbewegung an der Basis des Bergeller Massivs erfolgte nach der Intrusion von Tonalit und Granodiorit.

Isotopenalter an Glimmer ergaben 22 bis 25 Ma für Tonalit und Granodiorit und noch jüngere für den Novategranit. Der Pluton wurde gehoben und die duktile Deformation wurde von sprödem Zerbrechen abgelöst, welches die Ausbildung der Engadiner, Insubrischen und Muretto Linien zur Folge hatte.

Fragen.

1. Woraus schliessen Sie, dass die ostalpinen Decken weit überschoben wurden? Was sind die geologischen Zusammenhänge im Unterengadin?

2. Welches ist die Stratigraphie der Tasnasedimente? Sind diese Gesteine mittelpenninisch oder unterostalpin? Begründen Sie Ihren Entscheid.

3. Welches sind die verschiedenen Fazies-Assoziationen der unteren und mittleren Jurasedimente der ostalpinen Decken? Wie sind diese Assoziationen verteilt im Extensionsbecken (rift basin)?

4. Beschreiben Sie die Bergeller Granite und die Kontaktverhältnisse zu umgebenden tektonischen Einheiten. Sind es posttektonische Granite? Wenn nicht, warum?

5. Was deutet beim Bergell auf ein Überschiebungspaket hin? Was ist das Alter der Überschiebung.

XII DIE GEOLOGISCHE ENTWICKLUNG DER SCHWEIZ

Aus paläogepgraphischen Rekonstruktionen geht hervor, dass Europa und Afrika während des Perms Teile des Superkontinents Pangäa waren. BULLARD et al. (1965) rekonstruierten die Kontinente rund um den Atlantik und Indik, ohne die Form der Kontinente zu verändern. Dabei fehlte ihnen ein keilförmiges Stück in Pangäa, welches gegen Osten immer breiter wurde. Dieser riesige Ozean zwischen Gondwanaland und Laurasia war die Paläotethys, deren Zeugen wir heute im Orogengürtel des Kimmeridgian finden von der Dobrudscha in Rumänien zur Krim und zum Kaukasus, von der Türkei über Iran nach Afghanistan, von dort weiter durch Tibet, Yünnan und Indochina bis zum Südwest Pazifik (Fig.12.1).

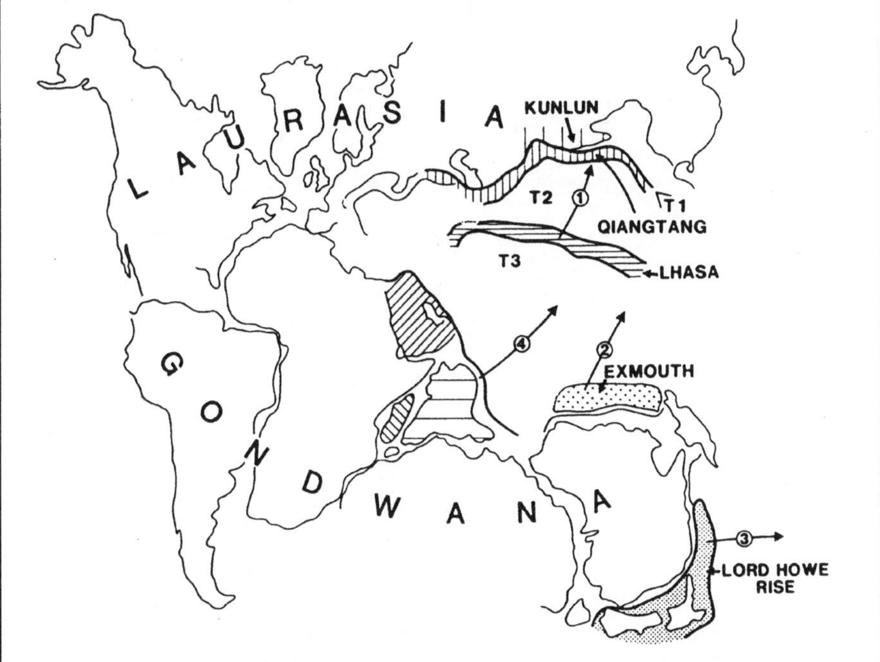

Fig. 12.1 Paläotektonische Rekonstruktion der Tethys für den frühen Jura (DEWEY 1988) Die keilförmige Paläotethys (Sutur T1) wurde verschluckt, als der Kimmerische Kontinent (Qiangtang) sich vom Gondwanarand löste und im frühen Jura mit Laurasia kollidierte. Die ebenfalls keilförmige Neotethys (T2, T3) wurde während der alpino-himalayischen Orogenese verschluckt, als sich weitere Fragmente von Gondwanaland lösten, so etwa der Lhasablock (1), Indien (4) und Arabien, und sich sukzessive an Laurasia anlagerten.

Pangäa begann während der Trias aufzubrechen, und Gondwanaland driftete während des frühen Juras von Eurasien weg, die Neo-Tethys war entstanden (Fig. 12.1). Die Mittelmeerregionen Italien und Balkan bildeten einen nördlichen Fortsatz von Afrika (Fig. 12.2, 160 Ma), trennten sich dann in der frühen Kreide und wurden die selbständige Adriatische Platte

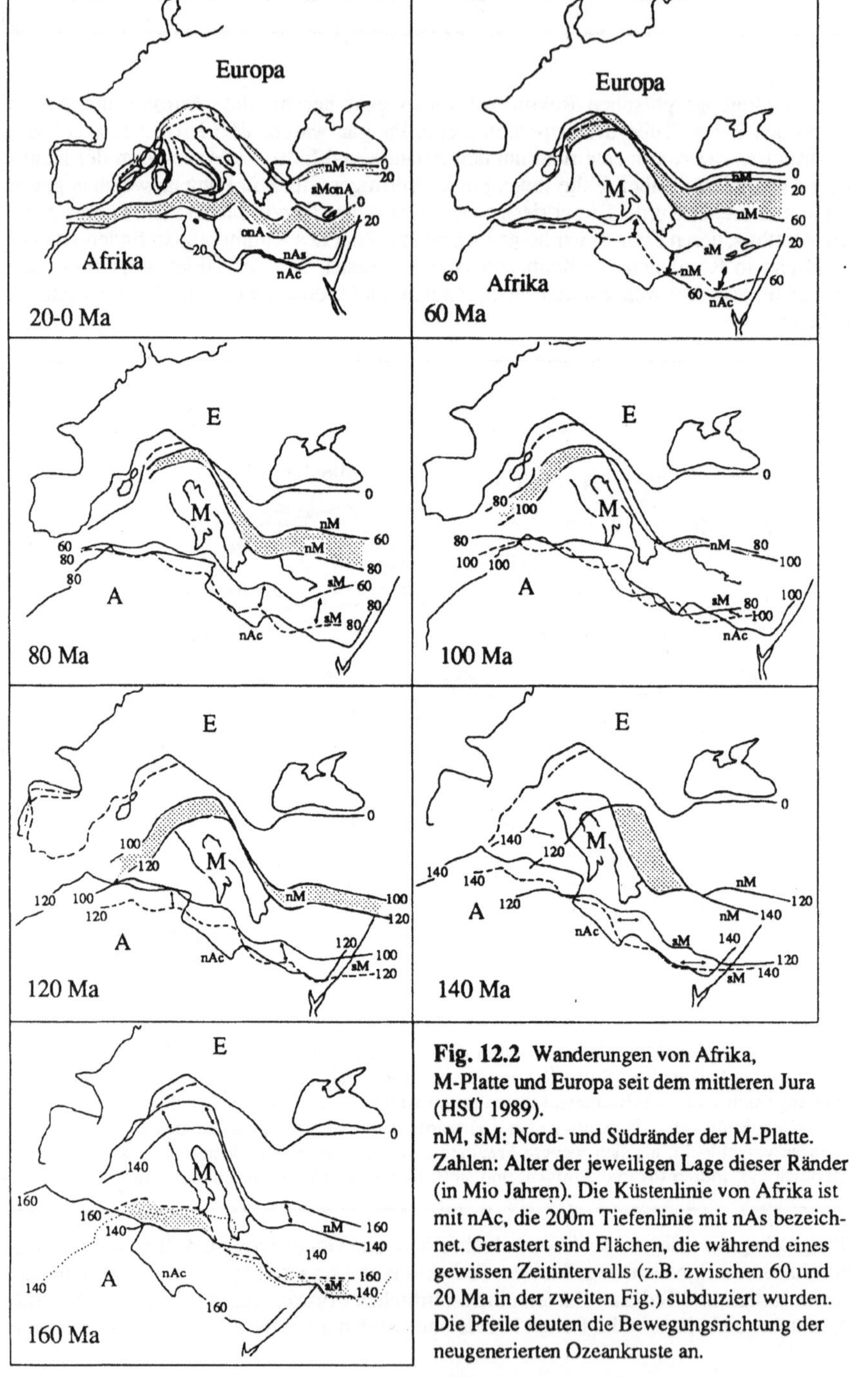

Fig. 12.2 Wanderungen von Afrika, M-Platte und Europa seit dem mittleren Jura (HSÜ 1989).
nM, sM: Nord- und Südränder der M-Platte. Zahlen: Alter der jeweiligen Lage dieser Ränder (in Mio Jahren). Die Küstenlinie von Afrika ist mit nAc, die 200m Tiefenlinie mit nAs bezeichnet. Gerastert sind Flächen, die während eines gewissen Zeitintervalls (z.B. zwischen 60 und 20 Ma in der zweiten Fig.) subduziert wurden. Die Pfeile deuten die Bewegungsrichtung der neugenerierten Ozeankruste an.

oder M-Platte für Mediterrane Platte (Fig. 12.2, 120 Ma). Diese wanderte nordwärts und bewirkte die eo-alpine Subduktion der Neo-Tethys und später die neo-alpine Kontinentalkollision (Fig. 12.2, 60 Ma). Die Schweiz sitzt auf dieser Sutur, und die geologische Geschichte der Schweiz widerspiegelt die Öffnung und Schliessung der Meeresbecken zwischen diesen Platten.

Das herzynische Europa

Die Geologie von Europa deutet auf spätpaläozoische Gebirgsbildung mit Kontinentalkollision hin. Das herzynische Europa umfasst jene Gebiete, deren kompressive Deformation zur Zeit des Karbons endete. ***Herzynisch*** wird im romanischen Sprachgebiet gebraucht und ist Synonym von ***variszisch*** des germanischen Sprachgebietes. Der herzynische Vorlandfalten/Schollengürtel ist in den Ardennen aufgeschlossen, wo wir eine deformierte Abfolge eines passiven Kontinentalrandes des Devon und Karbon finden. Die vorwiegend karbonatische Sequenz geht gegen Osten und Süden in die Schiefer und Turbidite des Rheinischen Schiefergebirges über. Dieses dürfte die Flyschdecken des Herzynikums darstellen. Weiter südlich finden wir das Kristallin und die Metamorphika der Herzyniden, entstanden durch die Mobilisation des nach der Kollision unterschobenen Grundgebirges.

Die klassische Abfolge der orogenen Chronologie der Herzyniden sind Ausdruck der episodischen Orogenese von STILLE (1924). Dieses Dogma postuliert auf Grund von lokalen Diskordanzen folgende "orogene Episoden":

Pfälzische (zwischen Perm und Trias)
Saalische (frühes Perm)
Asturische (spätes Spätkarbon)
Erzgebirgische (Spätkarbon)
Sudetische (zwischen Frühkarbon und Spätkarbon)
Bretonische (zwischen Devon und Karbon)

Gemäss der klassischen Lehre wurde die sudetische Episode als wichtigste orogene Phase betrachtet, da in den vermuteten Dehnungsbecken Sedimente des Oberkarbons sehr oft auf herzynischem Kristallin und Metamorphikum liegen. Scheinbar hörte die kompressive Bewegung, welche zu einer duktilen Deformation des Grundgebirges führte, schon vor der spätkarbonen Extension auf. In Frankreich, Belgien und im Ruhrgebiet dürfte die Hauptphase der kompressiven Deformation im späten Spätkarbon stattgefunden haben, also in der Asturischen Episode.

Aus der Analyse der alpinen Orogenese schliessen wir, dass das Konzept der episodischen Orogenese nicht zutrifft (HSÜ 1989). Verschiedene Arten der Deformation finden in verschiedenen Teilen eines orogenen Gürtels zu verschiedenen Zeiten statt. In den Alpen kann folgendes beobachtet werden: Die penninischen Gesteine Liguriens wurden deformiert, gehoben und erodiert, bevor die oligozäne Molasse abgelagert wurde; die helvetischen Abscherungspakete wurden erst im Miozän gefaltet (TRÜMPY 1973), doch die kompressive Deformation dauerte von der Kreide bis ins Tertiär. Analog zu diesem Modell postulieren wir, dass der während der herzynischen Kontinentalkollision unterschobene Block während des frühen Karbons gehoben wurde. Die herzynischen kristallinen und metamorphen Gesteine des Massif Central, der Westalpen und andernorts bildeten das Grundgebirge unter den oberkarbonen Sedimenten, lange bevor die Deformation des Vorland-Falten/Schollen-Gürtels in Frankreich und Belgien beendet war. Anstelle der sechs Episoden von Stille, glauben wir eine kontinuierliche Deformation zu sehen, welche das herzynische Europa nach der Kontinentalkollision formte. Die regionale Dehnung mit Krustenneubildung setzte erst im späten Perm ein.

Karbon und Perm

Oberkarbone und permische Formationen gelten in der Schweiz als post-orogen, da sie diskordant auf dem prä-oberkarbonen Grundgebirge auflagern, gefolgt von Sedimenten der Trias. Das Grundgebirge besteht aus metamorphen wie auch granitoiden Gesteinen. Die alpine Deformation hat die herzynisch gebildeten metamorphen Gesteine der autochthonen Massive und der ostalpinen Decken kaum verändert. Am häufigsten findet man Metamorphite der Amphibolithfazies, daneben aber auch solche der Grünschiefer- oder Granulitfazies. Die granitischen Gesteine haben Alter von Karbon und Perm, d.h. zwischen 360 und 260 Ma (TRÜMPY 1980).

Die Geologie der Alpen lehrt uns, dass die alpine Metamorphose und magmatische Tätigkeit über einen Zeitraum von 100 Ma andauerte, von 125 bis 25 Ma. Wir vermuten darum, dass auch der herzynische Metamorphismus und die Granitintrusionen von ähnlicher Dauer waren, von 360 bis 260 Ma. Weiter glauben wir, dass die ältesten kontinentalen Sedimente, solche in Molassefazies, lange vor dem Ende der plutonischen Aktivität im Untergrund, abgelagert wurden. Die alpine Molasse ist nämlich nicht post-orogen, die oligozäne Molasse sedimentierte lange vor der miozänen Deformation der helvetischen Decken. Analog müssen auch die oberkarbonen Sedimente der Schweiz nicht post-orogen sein, sie wurden in schmalen grabenartigen Trögen abgelagert, während tief unten plutonische Aktivitäten in Zonen von mobilisiertem Grundgebirge noch im Gange waren.

In Gebieten starker alpiner Deformation ist die Stratigraphie des Karbons und Perms nicht sehr klar. Ein relativ undeformiertes spätpaläozoisches Sedimentationsbecken wurde unter dem abgescherten Tafeljura gefunden (Fig.12.3). Dieser nordschweizerische Permokarbontrog (Konstanz/Frick Trog) ist mindestens 80 km lang, etwa 10 km breit und über 4 km tief (Fig. 12.4). Solche lange, schmale und tiefe Grabenbecken entstehen häufig bei Blattverschiebungstektonik. Darum wurde dieser Trog von LAUBSCHER (1987) auch als "**transpressives Becken**" bezeichnet. Weitere spätpaläozoische penninische Becken in der Schweiz könnten unter gleichen Bedingungen entstanden sein.

Perm und Oberkarbon des Permokarbontroges wurden über 2 km tief erbohrt. Das Karbon besteht hauptsächlich aus Sandstein, Silt und Tonschiefer, unterbrochen von einigen Kohleflözen. Das Perm besteht aus bituminösen Schiefern, Silten, Sandsteinen und Konglomeraten. Diese Sequenz belegt eine Geschichte von fluviatiler, lakustrischer und arider Wüstensedimentation (Fig. 12.5). Gelegentliche Aschenlagen bezeugen aktiven Vulkanismus.

Die kreuzgeschichteten, gradierten Karbonsandsteine sind alluviale Rinnenablagerungen, die Silte und Tone jedoch Flussufer-, respektive Sumpfablagerungen. Die Kohleflöze, bis 6 m mächtig, sind Sedimente von alluvialen Sümpfen. Die Hochmoore Neuseelands könnten ein rezentes Analogon sein: Die umgebenden Hügel sind mit Vegetation überwuchert, und die mäandrierenden Flüsse bestreichen eine breite, flache Talsohle mit geringem Gefälle. Torf akkumuliert in diesen Tälern, wo nur wenig terrigener Detritus zugeführt wird. Die Kohle des Permokarbontroges dürfte in ähnlichen klimatischen, tektonischen und topographischen Bedingungen entstanden sein.

Während des frühen Perms entstand dann ein grosser See. Die lakustrinen Sedimente enthalten bituminöse Tonsteine, turbiditische Siltsteine, wie auch Deltasedimente, Sandsteine und Konglomerate. Gegen Ende des Perms wurde das Klima arider. Das untere Rotliegende besteht aus "playa-Tonen" und alluvialen Konglomeraten.

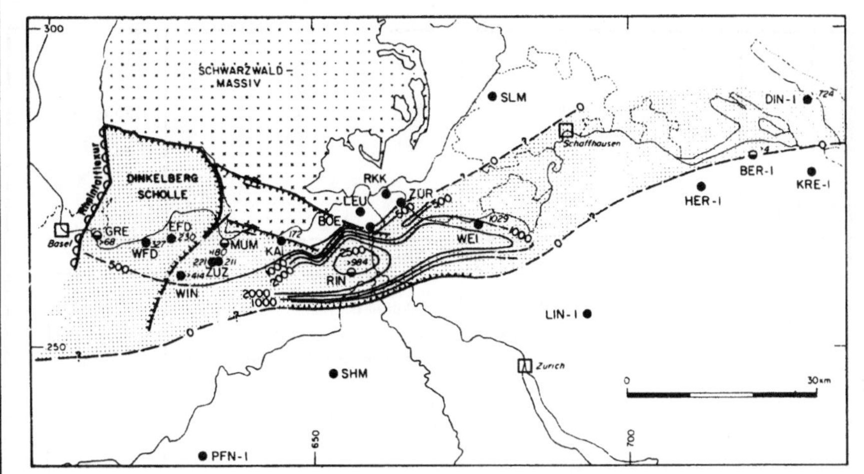

Fig. 12.3 Der nordschweizer Permokarbontrog (MATTER 1987)
Die Isopachen zeigen die Mächtigkeit des Permokarbons in Metern. Die Kreise sind Bohrlöcher.

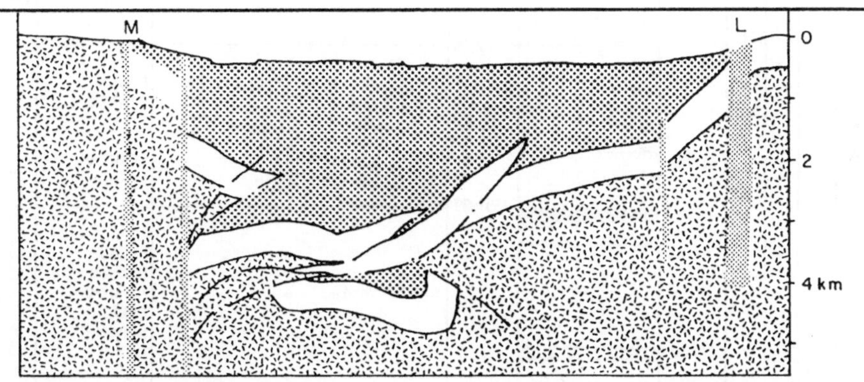

Fig. 12.4 Geologische Interpretation des Permokarbon Troges aus seismischen Daten (LAUBSCHER 1987).
Mesozoische Bedeckung: weiss, Perm: Punktraster, Karbon: weisses Band, Kristallin: Strichraster.
Blattverschiebungen in Kompression oder Transpression, und nicht Extension, führten nach Laubscher zu dieser Struktur.

Auch die anderen oberkarbonen und permischen Formationen der Schweiz wurden in intramontanen Becken abgelagert. Das Oberkarbon der autochthonen Massive besteht aus arkosen Sandsteinen, siltigen Schiefern und Konglomeraten, ebenfalls mit Kohlelagen (Anthrazit). Diese alluvialen und lakustrinen Ablagerungen entstanden in feuchtem Klima.

Fig. 12.5 Lithostratigraphisches Übersichtsprofil der Bohrung Weiach (MATTER 1987)

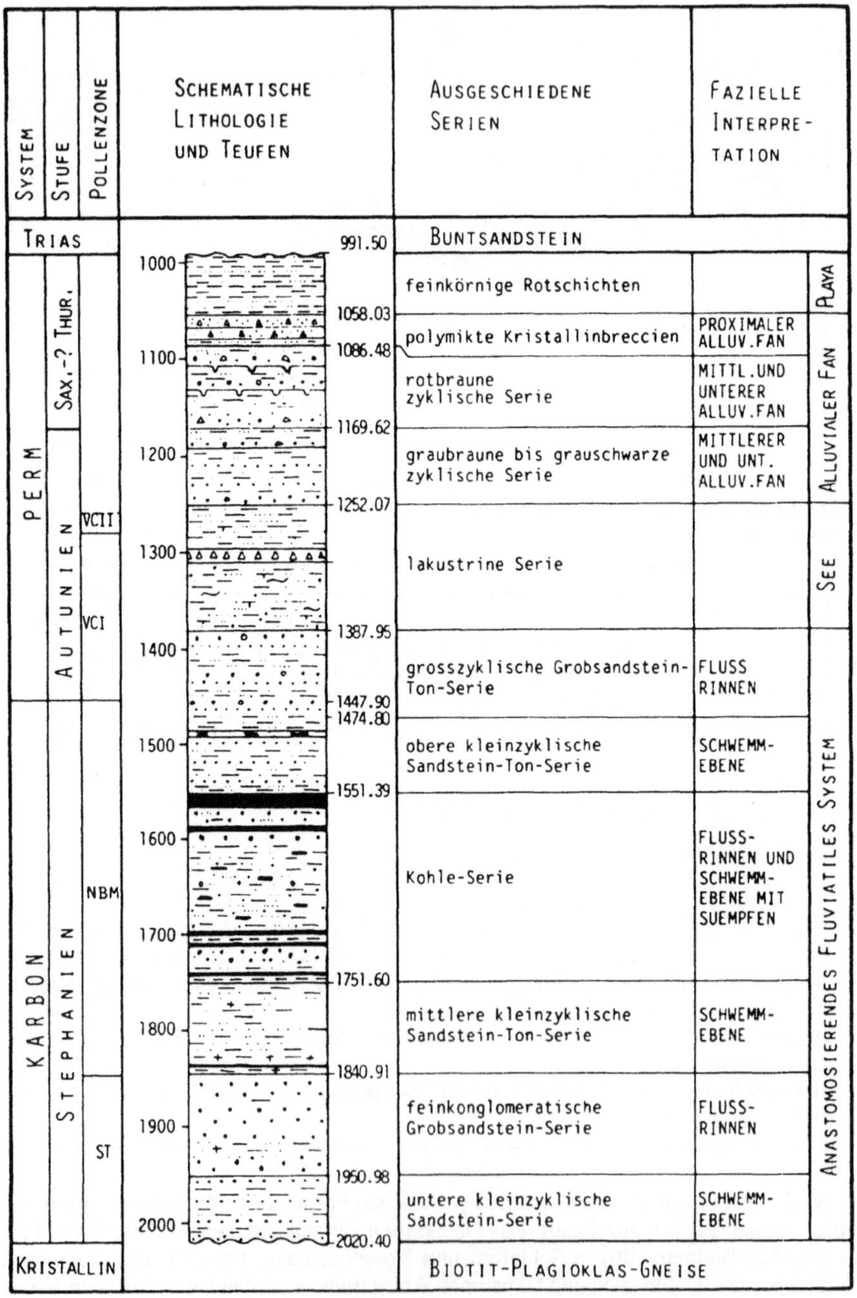

System	Stufe	Pollenzone	Schematische Lithologie und Teufen	Ausgeschiedene Serien	Fazielle Interpretation	
Trias			991.50	Buntsandstein		
Perm	Sax.-? Thur.		991.50 – 1058.03	feinkörnige Rotschichten		Playa
Perm	Sax.-? Thur.		1058.03 – 1086.48	polymikte Kristallinbreccien	Proximaler Alluv.Fan	Alluvialer Fan
Perm	Sax.-? Thur.		1086.48 – 1169.62	rotbraune zyklische Serie	Mittl.und unterer Alluv.Fan	Alluvialer Fan
Perm	Autunien		1169.62 – 1252.07	graubraune bis grauschwarze zyklische Serie	Mittlerer und unt. Alluv.Fan	Alluvialer Fan
Perm	Autunien	VCII / VCI	1252.07 – 1387.95	lakustrine Serie		See
Perm / Karbon	Autunien / Stephanien	VCI / NBM	1387.95 – 1447.90 – 1474.80	grosszyklische Grobsandstein-Ton-Serie	Fluss Rinnen	Anastomosierendes Fluviatiles System
Karbon	Stephanien	NBM	1474.80 – 1551.39	obere kleinzyklische Sandstein-Ton-Serie	Schwemm-Ebene	Anastomosierendes Fluviatiles System
Karbon	Stephanien	NBM	1551.39 – 1751.60	Kohle-Serie	Fluss-Rinnen und Schwemm-Ebene mit Suempfen	Anastomosierendes Fluviatiles System
Karbon	Stephanien	NBM	1751.60 – 1840.91	mittlere kleinzyklische Sandstein-Ton-Serie	Schwemm-Ebene	Anastomosierendes Fluviatiles System
Karbon	Stephanien	ST	1840.91 – 1950.98	feinkonglomeratische Grobsandstein-Serie	Fluss-Rinnen	Anastomosierendes Fluviatiles System
Karbon	Stephanien	ST	1950.98 – 2020.40	untere kleinzyklische Sandstein-Serie	Schwemm-Ebene	Anastomosierendes Fluviatiles System
Kristallin			2020.40	Biotit-Plagioklas-Gneise		

Der Verrucano der Glarner Alpen, vorwiegend permisch, ist eine Sequenz von Konglomeraten, arkosen Sandsteinen, bunten Schiefern, Süsswasserkalken, roten Tonen, etc. Diese Sedimente sind typisch in mehr ariden Zonen. Vulkanische Gesteine wie Rhyolithe, Rhyodazite, Andesite und albitisierte Basalte sind verbreitet.

Der Kern der "*Zone houillère*"am Nordrand der Bernhard Decke besteht aus anthrazitführenden Schiefern und Metasedimenten. Die "oberen Casanna Schiefer" der Bernhard Decke wurden der alpinen Metamorphose unterworfen. Diese vulkanogenen Sedimente sind ein Aequivalent zum Oberperm der Nordseite der Alpen (vgl. Kapitel VII).

Die germanische Trias

Das tektonische Regime wechselte gegen Ende des Paläozoikums von kompressiv zu extensional. TRÜMPY (1980) bezeichnete die Mitte des Perm als Wendepunkt, welcher zugleich das Ende des herzynischen und den Beginn des alpinen Zyklus markiert. Dieser Wendepunkt ist natürlich der Wechsel vom letzten Stadium der spätpaläozoischen kompressiven Deformation, die zum Zusammenschluss aller Kontinente zum Superkontinent Pangäa führte, zum extensiven Regime, welches das Aufbrechen dieses Kontinentes bewirkte. Die Sedimentologen beobachten dann eine Verflachung des Reliefs auf dem Kontinent, wie auch eine Verstärkung des ariden Klimas.

Die Trias, wie wir bereits ganz am Anfang erwähnten, hat ihren Namen von der Dreiteilung dieser Epoche im germanischen Raum:

Keuper
Muschelkalk
Buntsandstein

Die untere Trias im Jura und im Helvetikum sind vorwiegend kontinentale Ablagerungen des Typs Germanische Trias. Der Muschelkalk zeugt von einer europaweiten Transgression und besteht hauptsächlich aus Karbonat-Evaporit Assoziationen. Das Vorkommen von Evaporiten in der mittleren Trias ist für die alpine Tektonik von spezieller Bedeutung, da deren rheologisches Verhalten die Ausbildung einer Anzahl von Überschiebungshorizonten ermöglichte. Die Beziehung der Mitteltriasfazies von den Alpen bis zum Jura wird von TRÜMPY (1959), wohl richtig, folgendermassen diskutiert (p.430):

Unter dem Westteil des Molasselandes wäre der mittlere Muschelkalk also in der Anhydritfazies entwickelt, unter dem Ostteil hingegen ausschliesslich als Dolomit. Die Grenzlinie schneidet den Nordrand der Massive bei Innertkirchen. Über ihren weiteren Verlauf unter der Molasse wissen wir vorderhand nichts. Diesem Fazieswechsel kommt aber grundlegende tektonische Bedeutung zu, ist doch die Anhydritgruppe das Abscherungsniveau des schweizerischen Faltenjura. Das Aussetzen dieser Kette bei Dielsdorf und der auffallende Gegensatz zwischen der gefalteten mittelländischen Molasse der West- und Zentralschweiz zur kaum gefalteten, aber zerbrochenen ostschweizerischen und bayerischen Molasse ist vielleicht eben durch diesen seitlichen Wechsel von inkompetenter zu kompetenter Ausbildung des mittleren Muschelkalks mitbedingt. Wir wagen die Vermutung aufzustellen, dass die Evaporite des mittleren Muschelkalks auf das Gebiet WNW einer Linie Innertkirchen-Winterthur beschränkt seien .

Die Fazies des germanischen Keupers besteht aus bunten Mergeln, Sandsteinen, Dolomit und Evaporiten. Der Gipskeuper des Jura ist über 100 m mächtig (Fig.), das Auftreten von roten Tonen deutet auf einen zunehmenden detritischen Einfluss gegen Ende der Trias hin.

Der Keuper der Massive und des Helvetikums ist als Quartenschiefer ausgebildet. Die meist kontinentalen Sedimente sind bunte Mergel, Dolomit, Quarzsandstein, Kieselschiefer und Breccien. Evaporite fehlen ganz. Gegen Westen, in der Gotthardregion und natürlich im Ultrahelvetikum des Unterwallis bei Bex, sind Sulfide und Sulfate vorhanden, doch sind sie wahrscheinlich nur lokal entstanden (TRÜMPY 1960, 1980).

Die Trias des nordpenninischen Raumes wird ebenfalls dreigeteilt:

Quartenschiefer (Keuper)
Rauhwacke und Dolomit (Muschelkalk)
Quarzite (Buntsandstein)

Diese Abfolge ist somit vergleichbar mit jener des Helvetikums und der Germanischen Trias. In den Tessiner Decken fehlt jedoch die unterste Einheit, der Quarzit (CADISCH 1953).

Die Trias des Briançonnais/Subbriançonnais

Neuere stratigraphische Arbeiten in den Voralpen deuten auf geringe Faziesänderungen der Trias im Briançonnais-Raum s.l. hin. Über den basalen Quarziten folgt die mittlere Trias (Anisian, Ladinian) und die obere Trias (Carnian, Norian und Rhätian). Jedoch wurde der Briançonnais-Raum s.l. vor der Transgression des mittleren Jura von der Erosion erfasst (TRÜMPY 1960), so dass die ganze obere Trias und ein guter Teil der mittleren Trias erodiert wurden, bevor die Mytilus Schichten des Doggers abgelagert wurden. Die Abfolge im Subbriançonnais ist recht komplett, und ihre Affinität zum Ostalpin ist unbestreitbar.

Die alpine Trias

Die Trias der Ostalpen und der Südalpen ist durch eine mächtige Karbonatserie charakterisiert. Rotschichten wurden vom Perm bis weit in die untere Trias gebildet. Im Ostalpin treten die ersten Karbonate gegen Ende der unteren Trias auf. Während des Anisian und unteren Ladinian wurden Kalke gegen oben mit einigen Kieselschiefereinlagen sedimentiert. Das obere Ladinian und untere Carnian bestehen aus Dolomit. Die triasische Abfolge der Südalpen ist korrelierbar mit jener der Ostalpen. In den Südalpen bildeten sich während der Trias stagnierende Becken in der Karbonatplattform. In einem dieser euxinischen Becken wurden dünne Karbonate abwechselnd mit bituminösen Schiefern abgelagert und dieses lieferte eine der best erhaltenen Reptilienfaunen der Welt aus der mittleren Trias (Monte San Giorgio).

Das Karnian besteht aus gelb anwitternden Dolomiten mit Einschaltungen von Gips, Rauhwacken, Schiefern und Sandsteinen. Die gipsführenden Schichten sind wichtige Abscherungshorizonte im ostalpinen Raum. Die mächtigste Dolomitformation von über 1000 m, der Hauptdolomit, ist eine typische, intertidale Bildung mit Sedimentstrukturen wie Stromatolithen, Onkolithen und eingeregelten Konglomeraten. Die ursprünglichen Kalkschlammsedimente wurden kurz nach ihrer Ablagerung in supratidaler Umgebung dolomitisiert.

Dieser Hauptdolomit des Norian ist das wichtigste Merkmal der alpinen Trias. Der obertriasische Dolomit im Subbriançonnais ist nicht sehr mächtig, und die kalkigen, mergeligen und sandigen Einschaltungen erinnern eher an den Keuper der germanischen Trias. Die stratigraphischen Befunde deuten auf ausgedehnte Gezeitenebenen über weiten Teilen Europas während der späten Trias. Solche riesigen Gezeitenebenen geben den Stratigraphen Rätsel auf, da aktualistische Analoga zum Hauptdolomit, wie etwa die Sedimente auf der Westseite von Andros Island (Bahamas), in relativ schmalen inter- und supratidalen Räumen von höchstens einigen km Breite abgelagert werden.

Wenn wir den Hauptdolomit interpretieren wollen, sollten wir uns bewusst sein, dass der Aktualismus sich auf die chemischen und physikalischen Prozesse bezieht, die zu verschiedenen geologischen Zeiten etwa gleich ablaufen. Dagegen dürfen wir nicht annehmen, dass das Aktualitätsprinzip sich auch auf die Geschwindigkeit oder die räumliche Ausdehnung anwenden lässt. Grossflächige Ablagerungen der Gezeitenebene, wie jene des triasischen Hauptdolomites, existieren heute nirgends, doch sind solche aus dem permischen Zechstein oder dem spätmiozänen Mittelmeer bekannt (HSÜ 1972). Diese beiden Beispiele werden jedoch eher periodisch austrocknenden Becken zugeschrieben. Ganz oder teilweise vom Ozean abgetrennt war der Wasserspiegel weniger von den Gezeiten, als vielmehr vom allgemeinen Wasserhaushalt abhängig. Dadurch dürften die Meerespiegelschwankungen viel grösser gewesen sein als in Gezeitenebenen. Während der Austrocknung eines abgeschlossenen Beckens kann die Intertidalzone vom Rand der Karbonatplattform lateral in immer tiefere Zonen gegen das Beckeninnere wandern und schliesslich Dutzende oder gar Hunderte von Metern unter dem Meeresspiegel sein. Auf diese Weise können über grosse Flächen Gezeitensedimente abgelagert werden, ähnlich wie zur Zeit des Hauptdolomits. Wir versuchen zur Zeit mit D. Bernoulli, diesen Mechanismus als Modell zur Erklärung der Europäischen Trias heranzuziehen.

Das Rhätian und der darüber folgende unterste Jura bestehen hauptsächlich aus Kalken, die während einer Zeit der Subsidenz gebildet wurden, als Afrika und Europa sich voneinander entfernten.

Die Wanderung der Kontinente

Es wurden schon verschiedene Modelle zur Bildung von passiven Kontinentalrändern (Auseinanderbrechen eines Kontinentes) durch Dehnung der Lithosphäre vorgeschlagen. Das einfachste Modell von Walter BUCHER (1933) geht von einer Krustenausdünnung aus, vergleichbar mit der beobachteten Einschnürung von Metallstäben im Zugversuch. Ein modernes Modell mit reiner Scherung (pure-shear) zur Erklärung der Subsidenzgeschichte an passiven Rändern wurde von D.P.McKENZIE (1978) aufgestellt.

Die Folge der Krustendünnung bei lithosphärischer Dehnung ist Subsidenz, die auf zwei Arten erklärt wird: Der Ersatz von leichtem Krustenmaterial durch schweres Mantelmaterial bewirkt isostatische Subsidenz, welche von LePICHON und SIBUET (1981) als "subsidence immediately after streching" genannt wurde. Zweitens entsteht Subsidenz infolge des Abbaus der Wärmeanomalie, entstanden durch den Ersatz von Krustenmaterial durch heisses Mantelmaterial OXBURGH 1983). Dieser Prozess (thermale Subsidenz) unter einer gedehnten kontinentalen Kruste ist analog jenem von neugebildeter Ozeankruste, die sich vom mittelozeanischen Rücken langsam entfernt (SCLATER et.al. 1971).

Das Pure-shear-Modell verlangt eine symmetrische Entwicklung der beiden neuen Kontinentalränder. Auch muss der Ort der anfänglichen Subsidenz und jener der maximalen Subsidenz mit dem Ort der ersten Bruchspalte und zugleich jenem des Aufbrechens übereinstimmen. Die Bewegung der beiden Teile sollte senkrecht und weg von der anfänglichen Bruchspalte gerichtet sein. Die steile Seite jedes Halbgrabens sollte gegen den Ort der ersten Subdidenz schauen (siehe Skizze).

Das Modell von Bucher kann am Beispiel der Entstehung der Tethys getestet werden. Wir erinnern uns, dass der Hauptdolomit im Norian durchwegs in der Gezeitenzone abgelagert wurde. Die Mächtigkeit z dieser Formation ist also ein Mass für die Subsidenz während dieser Zeit: die älteste Dolomitschicht war z m unter die Meeresoberfläche subsidiert, als die jüngste Schicht gerade gebildet wurde. Grössere Dolomitmächtigkeit bedeutet deshalb grössere Subsidenzrate. In den oberostalpinen Decken finden MÜLLER und DÖSSEGGER (1976) über 1000m, im Gebiet des Unterostalpins werden wenige 100 m gemessen und im Subbriançonnais, im Gebiet der Trennung von Afrika und Europa, weniger als 100 m. Noch dünner ist die entsprechende Formation im Helvetikum. Somit können wir keine Symmetrie feststellen. Auch die Achse der maximalen Subsidenz während der späten Trias liegt wesentlich südlicher als die spätere Trennlinie der Kruste.

Ein anspruchsvolleres Modell für die Krustendehnung wurde als "Simple-shear-Modell" von B.WERNICKE (1985) vorgestellt. Dabei deformiert die Kruste unter Dehnungskraft im Sinne der "einfachen Scherung" entlang einer flach einfallenden Verwerfung (Fig.11.6). Die steil einfallenden Verwerfungen am Rande der jungen Becken sind sekundäre Strukturen als Folge des grossen Scherbruches. Bei diesen Bedingungen sind keine Symmetrien zu erwarten, und die maximale Subsidenz muss nicht mit der Trennlinie übereinstimmen.

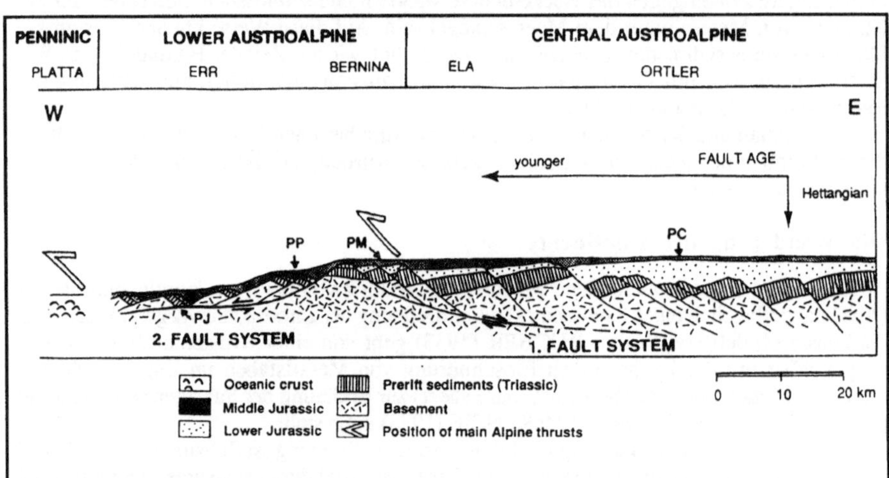

Fig. 12.6 Rekonstruktion des passiven ostalpinen Kontinentalrandes im späten Jura mit zwei Systemen von Dehnungsbrüchen (FROITZHEIM und EBERLI 1990).
Man beachte, dass die Hauptabschiebungen nicht im Bereich der grössten Subsidenz entstanden sind, sondern weiter westlich, jenseits des Grundgebirgshorstes. Die Breite dieses passiven Kontinentalrandes dürfte 50-80 km betragen haben. An vielen Stellen können die Abschiebungen heute beobachtet werden: PJ (Piz Jenatsch), PP (Piz Padella),. PM (Piz Mezzaun) und PC (Piz Chaschauna)

Die komplizierten Bruch und Bewegungsstrukturen entlang des ostalpinen Kontinentalrandes wurden anhand sedimentologischer Studien von EBERLI (1988) analysiert. Die Geschichte dieses Randes dürfte noch viel komplexer sein, als dass sie mit dem "simple-shear-model" und einer Hauptverwerfung erklärt werden könnte. FROITZHEIM und EBERLI (1990) modifizierten deshalb das Modell von Wernicke und postulierten zwei flache Verwerfungen unter dem Ostalpin (Fig. 12.6). Oberflächenstrukturen im Zusammenhang mit solch flach einfallenden Scherzonen wurden bei Feldarbeiten in Graubünden beobachtet.

Die Entstehung der passiven Kontinentalränder

Das extensionale Kraftfeld, welches das Zerstückeln von Pangäa bewirkte, dauerte von der Trias bis in den Jura hinein, als Afrika "wegtrieb" (Fig. 12.2, 160 Ma, 140 Ma). Diese Verschiebung der afrikanischen Platte bewirkte das Öffnen der Tethys und des nördlichen Zentralatlantiks (HSÜ 1971, SMITH 1971, DEWEY et al. 1973). Während die Tethys im Laufe von Kreide und Tertiär wieder verschwand, entwickelte sich der Atlantik immer weiter, so dass heute der Bewegungsablauf von Afrika in bezug zu Nordamerika im magnetischen Streifenmuster des Ozeanbodens erhalten geblieben ist (Fig. 12.7). Da aber Europa und Nordamerika bis in die späte Kreide (81 Ma) eine Einheit bildeten, kann aus diesem Streifenmuster auch die Bewegung von Afrika gegenüber Europa herausgelesen werden. Diese belegt eine sinistrale Bewegung von Afrika, d.h. Afrika trieb gegen Osten oder Südosten relativ zu Europa, und auf diese Weise entstand die Tethys.

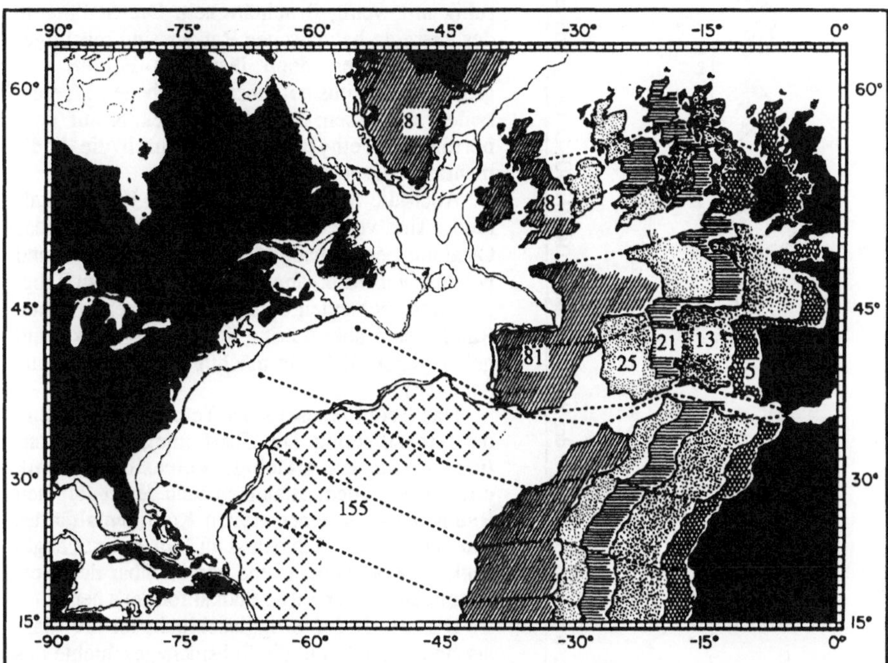

Fig. 12.7 Die Lage von Europa und Afrika relativ zu Amerika (DEWEY et al. 1973). Schwarz sind die Kontinente in der heutigen Lage. Die Zahlen bezeichnen das jeweilige Alter (in Ma) der früheren Lagen an. Die Relativbewegung von Europa und Afrika ist an der jeweiligen Entfernung Gibraltar - Tanger ersichtlich.

Diese junge Tethys der Juraperiode war ein schmaler Ozean (Fig. 12.2, 160 Ma), wie heute etwa das Rote Meer oder der Golf von Kalifornien. Ersteres hat eine Längsachse mit Neubildung von Ozeanboden (seafloor spreading), während im letzteren diese Achse durch viele Querversetzungen (transform faults) unterbrochen ist. Der Golf gilt heute als aktualistisches Modell für die jurassische Tethys zwischen Helvetikum und Ostalpin (KELTS 1981).

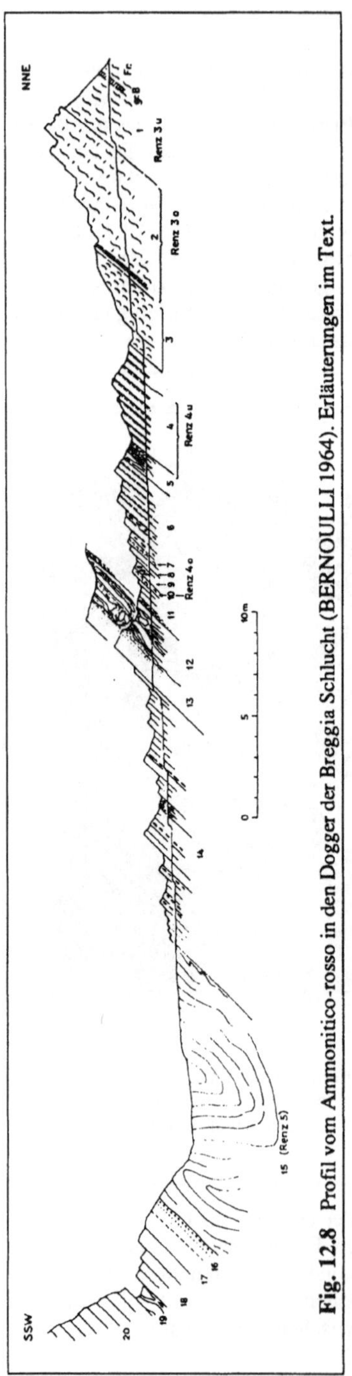

Fig. 12.8 Profil vom Ammonitico-rosso in den Dogger der Breggia Schlucht (BERNOULLI 1964). Erläuterungen im Text.

Der Ozeanboden der alpinen Tethys wurde in verschiedene Becken unterteilt, welche durch submarine Bänke oder Inselketten begrenzt waren. Die kontinentalen Sockel dieser Bänke und Inseln sind heute als die Kristallinkerne der Bernhard/Monte Rosa, der Adula und der Tambo/Suretta Decken erhalten. Die einzelnen Ozeanbecken werden Walliser Trog und Piemont Trog genannt (Fig. 6.5).

Die passiven Kontinentalränder des Juras sind nicht symmetrisch. Brekzien sind häufig am ostalpinen Rand, am Südrand des Briançonnais und am Nordrand von Tambo und Falknis. Der europäische Kontinentalrand aber war dagegen eher ruhig mit wenig Bruchtätigkeit. Die Sedimente des äusseren helvetischen Randes sind mächtiger und pelitischer, doch lässt das Fehlen von gröberem Detritus auf einen eher ebenen Meeresboden schliessen; Relief des Sockels auf dem nördlichen Tethysrand wurde durch die Sedimentation ausgeglichen.

Auch die Sedimente der beiden Kontinentalränder sind verschieden. Mittel und Oberjura des Ostalpins besteht hauptsächlich aus Radiolarit und pelagischem Kalk, ähnlich wie im Piemont Trog. Die entsprechenden Sedimente des helvetischen Randes sind aber marine Seichtwasserkalke und gehen gegen Süden in mächtige monotone graue Schiefer über.

Das Relief beidseits der Tethys war während der Jurazeit gering. Die Überflutung des Südkontinents war grossflächig. Extensionstektonik erfasste nebst dem ostalpinen auch den südalpinen Raum. Anstelle eines steilen Kontinentalrandes war der südliche Tethysrand im Jura eine tief abgesunkene Kontinentalebene vergleichbar den Verhältnissen vor der Küste Südkaliforniens heute.

Das Profil der Breggiaschlucht ist die klassische Lokalität, um die Subsidenzgeschichte des Juras zu studieren. BERNOULLI (1964) beschreibt eine Abfolge von pelagischen Sedimenten über marinen triasischen und unterjurassischen Kalken. Der obere Lias (Toarcian) und Dogger enthält die Formation des *ammonitico rosso* (Fig. 12.8, 1+2), pelagische Kalke und Mergel (dito 3+4, 6-11, 17+18, 20), Rutschungsablagerungen (dito 5, 12, 15, 19) und Turbidite (dito 13, 16). *Ammonitico rosso* sind rote, knollige Mergelkalke, in der Tiefsee abgelagert, wo die chemische Aktivität und die Bodenströmung zu Lösung, Zementation und zur Bildung von Konkretionen und Knollen führten (HSÜ

1973). Die Einschaltungen von submarinen Rutschungen (Slumps) zeugen von ausgeprägter Topographie in einzelnen Becken (BERNOULLI 1964). Der Malm besteht hauptsächlich aus Radiolarit mit ähnlicher Lithologie wie im ostalpinen und penninischen Raum.

Da grosse Teile des Südkontinents im Jura überschwemmt waren, erreichte nur wenig terrigener Detritus den ostalpinen Kontinentalrand. Der nördliche Kontinent war ebenfalls teilweise überschwemmt und bestand aus seichten Karbonatplattformen und lokalen Becken. So sind marine Schichten des Jura weit verbreitet unter dem Mittelland, dem Juragebirge und Süddeutschland. Ein anderer Teil Europas blieb jedoch trocken, und auch die Schelfmeere waren zu Regressionszeiten der Verwitterung ausgesetzt. So konnte feiner Detritus vom Land bis zum äusseren Rand gelangen und dort helvetische und ultrahelvetische hemipelagische Sedimente aufbauen.

Die Jurasedimente des ostalpinen und südpenninischen Raumes waren pelagisch oder hemipelagisch, selten sind distale Turbidite vorhanden. Radiolarit und Aptychenkalk entstanden bei minimalem terrigenem Eintrag. Andernorts entstehen feine Silte und Tone mit variablem Anteil Karbonat, typisch für die Bündnerschiefer und Schistes lustrés. Ausser in der Nähe von steilen submarinen Verwerfungen sind die Turbidite feinkörnige Silte oder tonige Kalke.

Grobe detritische Sedimente kommen im ostalpinen Raum im unteren und vor allem mittleren Jura vor. Im oberen Jura fehlen sie fast ganz. Daraus wurde geschlossen, dass die tektonische Aktivität gegen Ende des Juras abnahm. Die kinematischen Analysen der magnetischen Streifenmuster des Ozeanbodens lassen jedoch keine markanten Änderungen in der Bewegungsrate erkennen. Offenbar war das Ozeanrelief ausgeprägt zu Beginn der Beckenbildung im frühen und mittleren Jura. Beim weiteren Auseinanderdriften wurde dann kaum mehr neues Relief gebildet, ausser beim Mittelozeanischen Rücken oder in "transform-fault" Zonen. Serpentinbrekzien mit Ophiolithschmitzen sind Anzeichen für grobklastische Sedimentation am Fusse von ozeanischen Abschiebungen.

Gröbere Sande mit kristallinen Komponenten werden sehr selten im Jura des Penninikums gefunden. Sie wurden aus dem Schams beschrieben, wo das Kristallin zu jener Zeit offenbar auf Inseln aufgeschlossen war (RÜCK 1990).

Eo-Alpine und Meso-Alpine Deformationen in der Kreide

Die ersten Versuche, die alpine Gebirgsbildung in den Rahmen der Theorie der Plattentektonik zu stellen, liegen 20 Jahre zurück. Dabei wurde die alpine Deformation in einem Zweiplattenmodell mit dem relativen Bewegungsbetrag zwischen Afrika und Europa in Zusammenhang gebracht (z.B. SMITH 1971, HSÜ 1971, BIJU DUVAL et al. 1977). Es wird ein Wechsel von Extension zu Kompression im Santonian (81 Ma) angenommen, da Europa nach der Loslösung von Nordamerika schneller gegen Osten wanderte als Afrika. Dieser Zeitplan ist jedoch schwerlich mit der alpinen Geologie vereinbar. Eo-Alpiner Hochdruckmetamorphose wird bereits vor 120 oder 130 Ma, sehr früh in der Kreide beobachtet (HURFORD et al. 1989). Dic Subduktion des südlichen Tethysrandes muss gar etwa 10 Ma früher begonnen haben, damit das Krustenmaterial bis um die 100 km tief versenkt war und zu Eklogit umgewandelt werden konnte. Die Kompression muss also mindestens 50 Ma früher eingesetzt haben, als das Zweiplattenmodell annimmt. Wie schon öfters erwähnt, kommen wir immer wieder zum Schluss, dass wir während der Kreide eine kontinuierliche Deformation haben mit mehreren Eo- und Meso-Alpinen Metamorphosedaten. Parallel dazu kann lokal extensionale Tektonik aktiv sein, z.B. in Back-arc Becken.

Um die geologischen und geophysikalischen Daten besser unter einen Hut zu bringen, schlug HSÜ (1989) schon im Jahre 1979 ein Dreiplattenmodell für die Westalpen vor. Italien und Afrika waren während des Juras eine Einheit und wanderten zusammen, doch nach Beginn der Kreide teilten sie sich und ihre Wege divergierten. Während die Bewegung Afrikas während der Kreide bis vor 81 Ma relativ zu Europa sinistral blieb, war die Bewegung der mittleren Platte (inklusive Italien) oder M-Platte oder Adriatische Platte seit 130 Ma eine dextrale. Der nordwestliche Vorstoss Italiens während der Kreide bewirkte die Eo- und Meso-Alpine Deformation des Tethysraumes.

In diesem 3-Plattenmodell bewegte sich die M-Platte (als Anhängsel von Afrika) synchron und parallel zu Afrika, solange die alpine Tethys unter extensionalem Einfluss stand. Seit 130 Ma muss die M-Platte eigene Wege gegangen sein. Die Bewegungsrichtung muss mit der Geologie der Alpen vereinbar sein, und der Bewegungsbetrag wird so berechnet, dass die Überlappung der Platten minimal wird. Auf dieser Basis wurden Kartenskizzen für 7 Zeiträume konstruiert, beginnend im Jura: 160-140, 140-120 etc, 60-20 und 20-0 Ma (Fig. 12.2)

Die Rekonstruktion ergibt eine maximale Ausdehnung der Tethys während der frühen Kreide (140-120 Ma), mit einer Breite der Ozeankruste von 750 km. Diese Zahl liegt im Bereich anderer Schätzungen, wie z.B. TRÜMPY (1960), der eine Verkürzung der Alpen von 700 km annimmt. Die Paläogeographie der alpinen Tethys in der frühen Kreide dürfte mit dem heutigen westlichen Mittelmeer vergleichbar sein. Während der südliche (afrikanische) Plattenrand ein konvergierender (aktiver) Rand wurde, ist der nördliche Kontinentalrand passiv geblieben. Inseln und Untiefen überragten den Tiefseeboden, einige können sogar Berge gewesen sein wie Korsika oder Sardinien. Die Tiefen zwischen diesen Inseln und Kontinenten waren vorwiegend von hemipelagischen Sedimenten bedeckt.

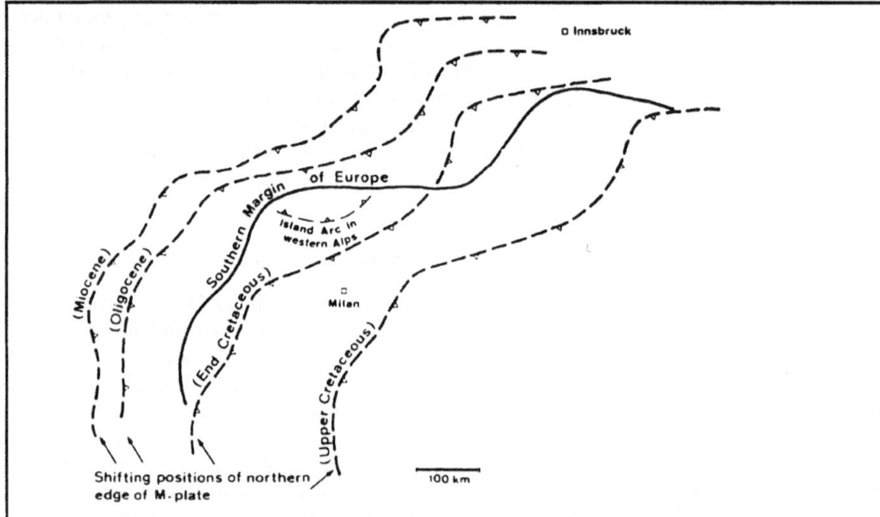

Fig. 12.9 Die zeitliche Annäherung des Nordrandes der M-Platte (Adria) an die europäische Platte (HSÜ 1989)
Die Richtung des Plattenrandes und die sich ändernde Bewegungsrichtung der M-Platte bewirkten eine frühere Kollision in der Ostschweiz bereits in der späten Kreide.

Ebenso zeigt die Rekonstruktion, dass der Nordrand der M-Platte sich seit der frühen Kreide stetig dem europäischen Südrand näherte. Der erste Kontakt beider Ränder erfolgte im Osten vor über 60 Ma. (Fig. 12.9). Die kinematische Analyse bestätigt damit den geologischen Befund, dass die kontinentale Kollision im Gebiet Westoesterreich/Ostschweiz während der späten Kreide begann . Diese Kollision entspräche der Meso-Alpinen Deformation (während der späten Kreide) des Adulakristallins und der Rücküberschiebung der Schamser Decken.

Wir haben die geologischen Befunde für die "Verschluckung" des östlichen Teiles des nordpenninischen Troges zu einem Zeitpunkt vor der Kollision der "Mikrokontinente" Adula und Tambo in der späten Kreide, schon in Kapitel X diskutiert. Der Averser Trog zwischen Tambo und Suretta wurde noch früher subduziert. Als im Eozän die grosse Masse der ostalpinen Decken über das Helvetikum geschoben wurde, war nur noch ein kleiner Rest eines ursprünglich schmalen Segmentes des Piemont Troges übrig geblieben.

Die Lage der Südspitze Europas, gezeigt als gestrichelte Linie in Fig. 12.2, ist zwischen der Lage der Nordspitze der M-Platte vor 60 Ma, resp. vor 20 Ma. Daraus ergibt sich, dass die Kollision in der Zentral- und Westschweiz etwa vor 40 Ma während des späten Eozäns erfolgte, was mit den geologischen Befunden übereinstimmt.

Noch vor der Kollision, im Paläozän, dürfte die Breite der alpinen Tethys mit Ozeanboden noch etwa 250 km betragen haben, etwa die Distanz zwischen Kreta und Ägypten. Ebenso wird noch ein Randmeer von etwa 150 km Breite bestanden haben, analog der Ägäis heute. Somit ist unsere palinspastische Rekonstruktion der Schlieren/Gurnigel Becken (Fig. 5.7) konform mit der kinematischen Analyse basierend auf der Platten-Tektonik.

Die Subduktion der ozeanischen Lithosphäre und die Abdeckung der Hochdruckgesteine

Eklogite und coesitführende Gesteine sind in den "hochpenninischen" Einheiten der Westalpen aufgeschlossen (Dora Maira, Gran Paradiso, Monte Rosa). Hochdruckmineralien sind in Gesteinen mit granitischer Zusammensetzung enthalten, so,dass zweifellos kontinentale Kruste in Tiefen über 100 km versenkt wurde (z.B. SCHREYER 1988). Aber wie kamen diese Hochdruckmineralien wieder an die Oberfläche?

Die Hebung und Abdeckung der Gesteine der Hochdruckmetamorphose ist ein tektonisches Problem. Die üblicherweise genannten beiden Mechanismen sind (1) Auftauchen entlang der Subduktionszone durch Auftrieb von einzelnen leichten Schollen (CLOOS 1982) und (2) Diapirismus (ENGLAND and HOLLAND 1979). PLATT (1987) erkannte die Nachteile beider Gedankenmodelle und entwickelte ein weiteres Modell mit extensionaler Denudation als Grundgedanke. Die Hochdruckgesteine stiegen auf, da die darüberliegende Lithosphäre unter Extension ausgedünnt und erodiert wurde, während der darunterliegende Akkretionskeil sich isostatisch nach oben bewegte. Die Eklogite der Dora Maira, Gran Paradiso und Monte Rosa sollen alle während einer vermuteten alpinen Extensionsphase aufgestiegen sein.

Platt's Modell widerspricht jedoch der kinematischen Analyse der Plattenbewegungen. Die afrikanische Platte stiess seit der Kreide unaufhörlich gegen Europa zu. Regionale Extension in ausseralpinen Gebieten sind unbestritten, doch kennen wir keine Anzeichen von tertiärer Extension in den Westalpen in dem Ausmass, wie sie für Platt's Modell benötigt würde.

Die Schwierigkeit, ein befriedigendes Modell für die Freilegung der alpinen Eklogite zu finden, liegt wohl im Kober-Stille'schen Leitbild der Orogenese. Während der Ausdruck "Geosynklinale" seit 1970 in der geologischen Literatur immer seltener wird, ist ELIE de BEAUMONT's (1830) Postulat der episodischen Orogenese noch immer in der Denkweise vieler Geologen tief verwurzelt, auch wenn sich diese zum neuen Leitbild der Plattentektonik bekennen. Der Ausdruck "orogene Phase", ein Relikt aus der Zeit Stilles, persisitierte bei der Beschreibung der alpinen Deformation: Da ist z.B. die Hauptphase oder die Meso-Alpine Phase im späten Eozän, welche 5 Ma dauerte, als wahrscheinlich die "paroxysmale" Deformation der Alpen stattfand (TRÜMPY 1973). Dann gibt es Pulse und womöglich ebenso kurzzeitige Episoden der Eo- und Neo-Alpinen Phasen. Voreingenommen vom "Episodismus" konnte bis jetzt kein Modell der orogenen Deformation einen Mechanismus zur Hebung der Eklogite aus 100 km Tiefe und deren Freilegung durch Erosion aufzeigen.

Wir möchten einmal mehr betonen, dass es weder **Episoden** noch **Phasen,** sondern nur **Stadien** der alpinen Deformation gibt. Wenn wir das Modell einer kontinuierlichen Plattenbewegung akzeptieren, so finden wir auch eine befriedigende Erklärung für das Auftauchen der Eklogite in den Westalpen.

Das Muster der alpinen Tektonik ist in Fig 12.10 dargestellt. Unter der Ivreazone liegt Mantelgestein der afrikanisch/adriatischen Platte, und die Sesia-Lanzo Zone ist Teil des afrikanisch/adriatischen Kontinentalrandes, der zuerst verschluckt und dann wieder abgedeckt wurde. Unter der Voraussetzung, dass der Monte Rosa Sockel vom südlichen Rand der Tethys stammt (vgl. Kapitel IX), sind die Eklogite der Monte Rosa und Sesia-Lanzo Zone gebildet worden, als zu Beginn der Eo-Alpinen Deformation jener Teil des kontinentalen Grundgebirges auf eine Tiefe von 100 km subduziert wurde (Fig.12.10, 120 Ma). Betrachten wir eine Subduktionsrate von 1.25 cm/a entlang einer 30° geneigten Benioff Zone, so können die Gesteine sehr gut 20 Ma nach dem Beginn der Subduktion vor 130 Ma metamorphisiert worden sein.

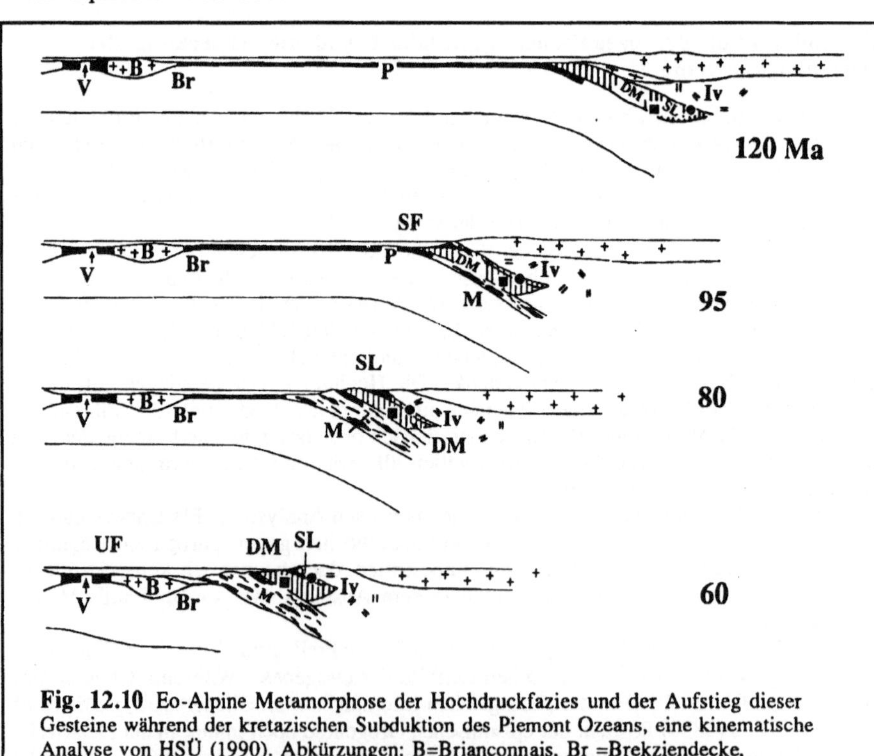

Fig. 12.10 Eo-Alpine Metamorphose der Hochdruckfazies und der Aufstieg dieser Gesteine während der kretazischen Subduktion des Piemont Ozeans, eine kinematische Analyse von HSÜ (1990). Abkürzungen: B=Briançonnais, Br =Brekziendecke, DM=Dora Maira, M=Mélange, Iv=Ivrea, P=Piemont Trog, SF= Simmen Flysch, SL=Sesia Lanzo, UF= Ultrapenninischer Flysch, V=Walliser Trog.

Gemäss unserem Modell wandert die Subduktionszone in den Westalpen später, zwischen 110 und 40 Ma, meerwärts (gegen Norden), und die Subduktion der ozeanischen Lithosphäre mit etwa 0.7 cm/a führte zur "Verschluckung" des Piemont Troges (HSÜ 1989). Parallel dazu wanderte die afrikanische Platte nordwärts und bewirkte die Umkehr und Aufwärtsbewegung der Monte Rosa/Dora Maira und Sesia Lanzo Zone entlang der Benioff Zone (Fig. 12.10). Damit werden die bereits unter Hochdruck umgewandelten Gesteine wieder in höhere Teile der Kruste gebracht.(Fig. 12.11); die afrikanische Platte wurde auf der Rampe hochgeschoben, während der Piemont Ozean unterschoben und verschluckt wurde. Um die Gesteine wieder 100 km in 70 Ma zu heben, brauchen wir eine Hebungsrate jenes aktiven Koninentalrandes von etwa 1.5mm/a, was sogar mit der heutigen Hebungsrate der Alpen vergleichbar ist.

Was passierte mit den 100 km Gestein, welche über den Eklogiten lagerten während deren Metamorphose? Diese ganze Masse wurde erodiert und deren Trümmer vorwiegend als kretazische Tiefseesedimente im Piemont Trog abgelagert, z.B. als Flysch oder Bündnerschiefer. Der Simmenflysch der mittleren und oberen Kreide enthält Material sowohl von kontinentalem Grundgebirge, wie auch von Ophiolithen. Der südalpine Flysch besteht nicht nur aus Quarzsand kontinentaler Herkunft, Schwermineralien deuten auf die Erosion von Gesteinen der Hochdruckmetamorphose hin, die in einem Küstengebirge am Südrand des Piemont Troges aufgeschlossen waren. Mit zunehmender Subduktion der ozeanischen Platte wurden diese Sedimente mit Fragmenten der ozeanischen Lithosphäre vermischt und es entstanden die Ophiolith Mélanges der Subduktionszone. (vgl. Kapitel IX).

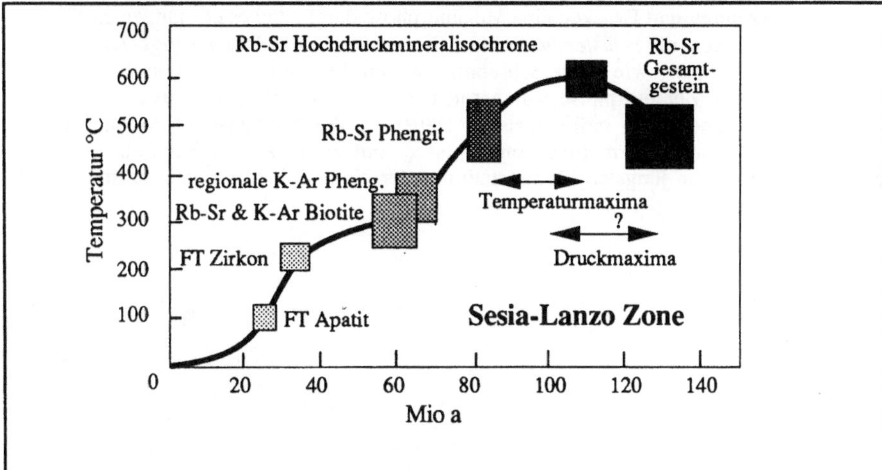

Fig. 12.11 Zeit-Temperatur Weg für die Sesia-Lanzo Zone (HURFORD et al.1989) auf Grund radiometrischer Messungen. Die Temperaturabnahme bezeugt den Aufstieg der metamorphen Gesteine entlang der Benioff Zone.

Kollision und nachfolgende Neo-Alpine Deformation

Die Briançonnais Schwelle war von kontinentaler Kruste unterlagert, und die Sedimente der Briançonnais/Subbriançonnais Fazies sollten als Sedimentbedeckung eines Mikrokontinentes betrachtet werden. Es wird allgemein angenommen, dass diese Sedimente von ihrem Sockel abgeschert wurden und als Abscherungspackete durch den Vorstoss der Ostalpinen Decken gegen Norden verfrachtet wurden, so,dass die präalpinen Decken der

Zentral- und Westschweiz nach der Kollision von Italien mit Europa auf die Helvetischen Decken geschoben wurden (vgl. Kapitel VI).

Auch die Gesteine der Schamser Decken waren Teil der Briançonnais Schwelle, bevor sie als Abscherungspakete verfrachtet wurden. Allerdings haben diese Abscherungsflächen eine Südvergenz und wir versuchen, das mit einer spätkretazischen Abscherung als Folge der Kollision des europäischen Randes (Adula) mit dem Briançonnais zu erklären (vgl. Kapitel X). Das nun vereinigte Europa-Briançonnais kollidierte mit der M-Platte im frühen Tertiär. Nordvergente Neo-Alpine Deformation nach der letzten Kollision verfrachtete die Ostalpinen Decken und den südpenninischen Flysch sowie die Bündnerschiefer über das Schams, das Nordpenninikum (Flysch, Bündnerschiefer und Kristallindecken) und die Helvetischen Decken.

Die Einwicklung der helvetischen Decken durch den "ultrahelvetischen" Flysch deutet auf eine Unterschiebung des helvetisches Kontinentalrandes kurz nach der Plattenkollision. Die sich fortsetzende Bewegung nordwärts des ostalpinen *traineau écraseur* auf dem Helvetikum/Ultrahelvetikum reitend, bewirkte die Abkoppelung dieser Schichten von ihrem Untergrund und die Bildung der einzigartigen überkippten Falten, die die helvetischen Decken aufbauen (vgl. Kapitel IV, V).

Die ostalpinen Decken erreichten den helvetischen Kontinentalrand im späten Eozän und stiessen auch während des Oligozäns weiter nach Norden vor. Damit verursachten sie die Bildung des Molasse Vorlandbeckens (vgl. Kapitel II). Während der Hauptteil der Sedimentbedeckung abgeschert und überschoben wurde, wurde der europäische Sockel und der Rest seiner Bedeckung unterschoben (HSÜ 1979). Letztere Gesteine machten unter hohen Temperaturen und Drucken eine Metamorphose durch, und es entstanden die Gneise der Kristallindecken, die *schistes lustrés* und die metamorphen Schiefer (vgl. Kapitel VII, VIII). Sowohl Über- wie Unterschiebung waren kontinuierlich. Die Neo-Alpine Deformation und Metamorphose waren seit der Kollision aktiv, wie aus der Molassesedimentologie und durch radiometrische Datierung des penninischen Metamorphose ersichtlich ist. Die Deformation von Molasse und Jura, wie in Kapiteln II und I beschrieben, sind die jüngsten Manifestationen der Neo-Alpinen Orogenese und dauern offenbar noch an.

NACHWORT

Dies ist nicht das erste Buch mit diesem Titel, doch das erste, das grossenteils von keinem gebürtigen Schweizer geschrieben wurde. Ein passenderer Titel wäre deshalb:" Die Geologie der Schweiz aus der Sicht eines Sino-Amerikaners", oder "Wie ein Sino-Amerikaner die Geologie der Schweiz interpretiert".

Dieser dünne Band ist weder ein monographisches Werk, noch eine grosse Synthese wie etwa Heim's *Geologie der Schweiz* (1919-1922) oder Cadisch's *Geologie der Schweizer Alpen* (1953). Ebensowenig ist es ein umfassender Führer mit Beschreibungen sämtlicher wichtiger Aufschlüsse und Lokalitäten, wie etwa die *Geologischen Führer der Schweiz* 1934 und 1967 oder *Geology of Switzerland, a Guidbook* von TRÜMPY 1980. Dies ist ein Lehrbuch für einen Anfängerkurs mit zwölf wöchentlichen Doppelstunden. Viele Teilnehmer kommen ohne geologische Vorbildung. Deshalb war es nötig, auch die Grundlagen einzubauen. Trotzdem findet auch der Fortgeschrittene oder gar der Experte neue, von der Tradition abweichende Gesichtspunkte für die Interpretation der Schweizer Geologie.

Der Inhalt dieses Werkes geht aus einem über drei Jahre geschriebenen und revidierten Vorlesungsskript hervor. Wie schon in der Einleitung erwähnt, soll die Taktik im Geologieunterricht dieselbe sein, wie im Sprachunterricht: man gibt dem Studenten gerade soviel mit, dass er sich dann selbständig in die Materie vertiefen kann.

Die Auseinandersetzung mit der Geologie der Schweiz ist die grossartige schöpferische Tradition der Schweizer für die Schweizer. Ich bin stolz darauf, die Erkenntnisse der ganz Grossen der Schweizer Geologie, wie Studer, Escher, Heim, Schardt, Lugeon, Argand, Staub und viele andere mehr, und auch deren würdige Nachfolger Gansser, Trümpy und den Kollegen der heutigen Generation, wiederzugeben. Mir als Ausländer ist jedoch eine etwas andere Tradition und wohl auch etwas mehr Distanz zum Schauplatz gegeben, weshalb ich hie und da von den traditionellen und orthodoxen Interpretationen abweichende Ansichten vertrete. Ich bin froh, dass mein Ko-Autor Ueli Briegel die Zügel fest in der Hand hielt und meinen zeitweise übersprühenden Enthusiasmus im Zaume zu halten vermochte.

Zu grossem Dank verpflichtet bin ich meinen Kollegen Gregor Eberli, Hanspeter Funk und Helmuth Weissert, die das Manuskript kritisch durcharbeiteten. Eva Pour gab der Rechtschreibung und Interpunktion den letzten Schliff und Urs Gerber zeichnet für die fotographische Reproduktion vieler Figuren.

Abschliessend möchte ich nochmals ausdrücklich festhalten, dass das Ziel dieser Vorlesung und des Buches ist, den Anstoss zu einer eigenen wissenschaftlichen Philosophie zu geben, indem ich meine eigene zu vermitteln trachte und gleich auch die entsprechende Methodologie demonstriere. Sollte sich die eine oder andere Folgerung aus meinem Blickwinkel als anfechtbar oder gar falsch erweisen, so sollte der interessierte Student nun gerüstet sein, selbst in die Bibliothek oder ins Feld zu gehen, um sich vom einen oder andern zu überzeugen.

Im Herbst 1990 Kenneth J. Hsü

Literatur zur Geologie der Schweiz.

ACKERMANN, A., 1986: Le Flysch de la nappe du Niesen. Eclogae geol. Helv. 79/3, p. 641-684.

ALLEMANN, F., 1952: Die "Couches rouges" der Suzfluh-Decke im Fürstentum Lichtenstein. Eclogae geol.helv. Vol.45/2, p. 294-298.

AMPFERER, O. und HAMMER, W., 1911: Geologischer Querschnitt durch die Ostalpen vom Allgäu zum Gardasee. Jahrb. geol. Reichsanstalt, v. 61 (3/4), p. 531-710.

AMSTUTZ,A. 1952: Sur l'evolution des structures alpines. Archives sci., v. 4 (5), p. 323-329.

AMSTUTZ, A., 1971:Formation des Alpes dans le segment Ossola-Tessin. Eclogae geol. Helv., v. 64, p. 149-150.

ARBENZ, K., 1947: Geologie des Hornfluhgebietes. Beitr. geol. Karte Schweiz, n.f. 89, 91 pp.

ARGAND,E., 1911: Les nappes de recourvrement des Alpes Penniques et leurs prolongements structuraux. Mat. Carte géol. Suisse, n. s. v. 31, p. 1-26.

ARGAND, E., 1916: Sur l'arc des Alpes Occidentales. Eclogae geol. Helv., v. 14, p. 145-191.

ARBENZ, P., 1919: Probleme der Sedimentation und ihre Beziehung zur Gebirgsbilung in den Alpen. Naturf. Ges. Zürich, Vierteljahresschrift, v. 64, p. 246-275.

ARGAND, E., 1922: La géologie des environs de Zermatt. Actes Soc. helv. Sci. nat. v.8, p. 96-110

BADOUX, H. 1945: La géologie de la Zone des cols entre la Sarine et le Hahnenmoos. Beitr. geol. Karte Schweiz, n.f. 84, 70 pp.

BADOUX, H., 1967: Géologie abrégée de la Suisse. Guide géol. Suisse, Fasc. l, p. 1-44. Basel: Wepf.

BADOUX, H. und WEISSE, G. de, 1959: Les bauxites siliceuses de Dréveneuse. Soc. vaudoise Sci. nat. Bull., v. 67, p. 169-177.

BADOUX, H., BURRI, M., LANTERNO, E. und VUAGNAT, M., 1967: Excursion No. 6. Geol. Führer Schweiz, Fasc. 2, p. 95-108.

BAILEY, E.B. 1935: Tectonic essays, mainly Alpine. Oxford: Clarendon, 200 pp.

BARBIER, R. 1951. La prolongation de la zone subbriançonnaise de France en Italie et en Suisse. Trav.Lab.Géol.Univ.Grenoble t.29, p. 3-46.

BAYER, A., 1982: Untersuchungen im Habkern-Mélange ("Wildflysch") zwischen Aare und Rhein. ETH diss. Nr. 6950, 184 pp.

BEARTH, P., 1973: Gesteins- und Mineralparagenesen aus den Ophiolithen von Zermatt. Schweiz. mineral. petrogr. Mitt., v. 53, p. 299-334.

BEARTH, P.,1974: Zur Tektonik der Ossola- und Simplon-Region. Eclogae geol. Helv., v. 67, p. 509-513.

BEARTH, P., NABHOLZ, W., STRECKEISEN, A. und WENK, E., 1967: Simplonpass: Brig-Domodossola. Geol. Führer Schweiz, Heft 5, Basel: Wepf, p. 336-350.

BECK, P. 1911: Geologie der Gebirge nördlich von Interlaken. Beitr. geol. Karte Schweiz. n. f. v. 29, 100 pp.

BECK, P. 1918: Die Niesen-Habkerndecke und ihre Verbreitung im helvetischen Faciesgebiet. Eclogae geol. Helv., v. 12, p. 65-151.

BERNOULLI, D., 1964: Zur Geologie des Monte Generoso. Beitr. geol. Karte Schweiz, n.f. 118, 134 pp.

BERTRAND, M,1884: Rapports de structure des Alps de Glaris et du bassin houiller du Nord. Bull. Soc. géol. France, v. 3 (12), p. 18-330.

BIJU-DUVAL, B., DERCOURT, J., and LE PICHON, X., 1977: From the Tethys Ocean to the Mediterranean Sea: a plate tectonic model of the evolution of the western Alpine system: In Biju-Duval, B & Montadert L (eds), Structural History of the Mediterranea Bsins, Paris: Editions Technip, p. 143-183.

BITTERLI, P. 1945: Geologie der Blauen- und Landskronkette südlich von Basel. Beitr. geol. Karte d. Schweiz, NF 81, 73.pp.

BLAAS, J., 1902: Geologischer Führer durch die Tiroler und Vorarlberger Alpen. Innsbruck. Bd.1, 246 pp.

BLAU, R.V., 1966: Molasse und Flysch im östlichen gurnigelgebiet (Kt. Bern). Beitr. geol. Karte Schweiz, NF 125, 151 pp.

BOCQUET, J., DELALOYE, M., HUNZIKER, J.C., und KRUMMENACHER, D., 1974: K-Ar and Rb-Sr dating of blue amphiboles, micas and associate minerals from the Western Alps. Contrib. to Min. and Pet., v. 47, p. 7-26.

BOLLI H., BURRI, M., ISLER, A., NABHOLZ, W., PANTIC, N., und PROBST, P., 1980: Die nordpenninische Saum zwischen Westgraubünden und Brig. Eclogae geol. Helv. v. 73, p. 779-797.

BOLLI, H. 1944: Zur Stratigraphie der Oberen Kreide in den höheren helvetischen Decken. Eclogae geol. Helv. 37, 218-328.

BOUSSAC, J., 1909: Les Méthodes stratigraphiques et le Nummulitique alpin– Observations sur le Nummulitique des Alpes suisses. Bull. Soc.Géol. France, 4ème Série,t.IX, pp.30-39 und 179-196.

BUCHER, W.,H., 1933: The Deformation of the Earth Crust. Princeton, NJ: Princeton Univ. Press, 518 pp.

BUCHER, K., 1977: Die Beziehung zwischen Deformation, Metmorphose und Magmatismus im Gebiet der Bergeller Alpen. Schw. Min. Pet. Mitt., v. 57, p. 414-434.

BULLARD, E.C., EVERETT, J.E., und SMITH, A.G., 1965: The fit of the continents around the Atlantic. In: P.M.S. BLACKETT, E. BULLARD und S.K.RUNCORN (eds), A symposium on continental drift. Phil. Trans. Roy. Soc. London, A.,1088, p. 41-51.

BÜRGISSER, H.M., 1980: Der "Appenzellergranit"-Leitniveau des Hörnli-Schuttfächers. Diss. ETH Zürich, Nr. 6582, 196 pp.

BURRI, M., 1958: La zone de Sion-Courmayeur au Nord du Rhône. Beitr. geol. Karte Schweiz, n.f., 105, 45 pp.

BURRI, M., 1967: De Pont de la Morge à Sierre. Geol. Führer d. Schweiz, Basel: Wepf, Heft 3, p. 131-135.

BUXTORFF, A., 1918: Ueber die tektonische Stellung der Schlieren und Niesenflyschmasse. Verh. naturf. Ges. Basel, v. 29, p. 270-275.

BUXTORFF, A., 1908: Zur tektonik der Zentralschweizerischen Kalkalpen. Zent. Deut. Geol. Ges., v. 60, p. 126-197.

CADISCH J., 1953: Geologie der Schweizer Alpen. Wepf, Basel, 480 pp.

CADISCH, J. und STRECKEISEN, A., 1967: Klosters-Dorf - Davos. Geol. Führer Schweiz, Basel: Wepf, Heft 8, p. 727-734.

CADISCH, J., BEARTH, P., und SPAENHAUER,F. 1941: Ardez. Erläuterungen geol. Atlas Schweiz, Bern: Francke, 51 pp.

CADISCH, J., EUGSTER, H., und WENK, E., 1963: Scuol-Tarasp. Erläuterungen geol. Atlas Schweiz, Bern: Francke.

CARON C., und ESCHER, A., 1980:In: Geology of Switzerland, a guide-book. Excursion II, p. 168-169. Wepf & Co. Basel.

CARON, C., 1972: La Nappe Supérieure des Prealps. Eclogae geol. Helv., v. 65, p. 57-73.

CARON, C., 1976: La nappe du Gurnigel dans les Préalpes. Eclogae geol. Helv., v. 69, p. 297-308.

CARON, C., HESSE, R., KERCKHOVE, C. HOMEWOOD, P., van STUIVENBERG, J., TASSE, N. und WINKLER, W. 1981: Comparaison préliminaire des flyschs à Helminthoides sur trois transversales des Alpes. Eclogae geol.Helv., v.74/2, p.369-378.

CLOSS, M., 1982: Flow melanges: numerical modelling and geologic constraints on their origin in the Franciscan subduction complex, California: Geological Society of America Bulletin, v. 93, p. 330-345.

CORNELIUS, H.P.,1935: Geologie der Err-Julier-Gruppe. Beitr. geol. Karte Schweiz, n.f. 70, 1. Teil, 321 pp.

CORNELIUS, H. P., 1913: Geologische Beobachtungen im Gebiete des Forno-Gletschers (Engadin). Zbt. Min. Geol. Paleont. f. 1913, p. 246-252.

CORNELIUS, H. P., 1940: Zur Auffassung der Ostalpen im Sinne der Deckenlehre. Z. Deutsch. Geol. Ges., v. 92, p. 4-5.

COWARD, M.P., DIETRICH, D., and PARK, R.G., 1989, Alpine Tectonics: Geological Society Special Publication no. 45, 450 pp.

CROWELL, J. C., 1955: Directional-current structures from the Prealpine Flysch, Switzerland. Geol. Soc. Amer. Bull., v. 66, p. 1351-1384.

Dal PIAZ, G.V., 1972: Le métamorphisme de haute pression et basse temperature dans l'évolution du bassin ophiolithique alpino-appenninique. Schweiz. minerl. petrol. Mitt. v.54, p.399-424.

de RAAF, M., 1934: La géologie de la nappe du Niesen entre Sarine et la Simme. Beitr. geol. Karte Schweiz, n. f. 68, 105 pp.

DEBELMAS,J., 1955: Les zones subbriançonnais et briaconnais occidentales entre Vallouise et Guillestre (Hautres- Alpes). Carte géol. France mém. 171 pp.

DEUTSCH, A., 1973: Datierung an Alkaliamphibolen und Stilpnomelan aus der südlichen Platta-Decke (Graubünden). Eclogae geol. Helv., v. 76, p. 295-308.

DEWEY, J.F., PITMAN,W.C., RYAN, W.B.F. & BONIN, J., 1973: Plate-tectonics and the evolution of the alpine system: Geological Society of America bulletin, v. 84, p. 3137-3180.

DEWEY, J.F., 1988: Lithospheric stress, deformation, and tectonic cycles: The disruption of Pangaea and the closure of Tethys. In: AUDLEY-Charles, M.G.& HALLAM,A., Gondwana and Tethys, p. 23-40. Oxford:Oxford Univ. Press.

DIEBOLD, P. und MÜLLER, W.M. 1985: Szenarien der geologischen Langzeitsicherheit. NAGRA Techn. Ber. 84-26, 110 pp.

DIEFENBACH, H. L., 1988: Geology of the Wilerhorn Region. ETH Zurich, Diplomarbeit, 94 pp.

DIETRICH, D. und CASEY,M., 1989: A new tectonic model for the Helvetic nappes. In: Corward M.P., Dietrich, D.& Park, R.G. (eds): Alpine Tectonics. Geol. Soc. Spec. Publ. no. 45, p. 47-63.

DÖSSEGER, R. und MÜLLER, W. 1976: Die Sedimentserien der Engadiner Dolomiten und ihre lithostratigraphische Gliederung. Eclogae geol. Helv., v. 69, p. 229-238.

EBERLI, G., 1987: Die jurassischen Scdimente in den Ostalpinen Decken Graubündens. ETH Diss. Nr. 7835, 203 pp.

EBERLI, G., 1988: The evolution of the southern continental margin of the Jurassic Tethys Ocean as recorded in the Allgäu Formation of the Austroalpine Nappes of Graubünden. Eclogae geol. Helv., v. 81, p. 175-214.

ELIE de BEAUMONT, L. 1830: De l'age relativ des montagnes. Revue Française, no. 15, 58 pp.

ELIE de BEAUMONT, L.,1831: Researches on some of the revolutions on the surface of the Globe. Philosophical Magazine, n.s., v.10, p. 241-164.

ELLENBERGER, F. 1952: Sur l'extension des faciès brianconnais en Suisse, dans les Préalpes médianes et les Pennides. Eclogae geol. Helv. v. 45, p. 285-286.

ENGLAND, P.C., and HOLLAND, T.J.B., 1979: Archidemes and the Tauern eclogites: The role of buoyancy in the preservation of exotic tectonic blocks. Earth and Planetary Science Letters, v. 44, p. 287-294.

ERNST, W.G., 1975, Systematics of large-scale tectonics and age progressions in Alpine and circum-Pacific blueschist belts: Tectonophysics, v. 26, p. 229-246.

ESCHER, A., 1846: Gebirgskunde. In O. HEER and J.J.BLUMER (eds.): Der Canton Glarus, Bd. 7, Gemälde der Schweiz. St. Gallen: Huter, 41 pp.

ESCHER, A., 1866: Sur la géologie du Canton de Glaris. Actes Soc. Helv. Sc. nat., 50e. session, Neuchatel, p. 71-75.

ESCHER, A., 1988: Structure de la nappe du Grand Saint-Bernard entre le val de Bagnes et les Mischabel. BfU, Landeshydr. u. geol.,Geol. Ber. nr.7, 26 pp.

ESCHER, A., MASSON, H. und STECK, A, 1987: Coupes géologiques des Alpes occidentales suisses.. BfU, Landeshydr. u. geol., Geol. Ber. nr. 2.

EVANS, B.W., 1989: Metamorphism under extreme conditions. Episodes, v. 12, p. 191-192.

FALLOT, P., 1953: Do rôle des décollements en Tectonique. Scientia, 47ième Année, 6p.

FERRAZZINI, B. und SCHULER, P., 1979: Eine Abwicklungskarte des Helvetikums zwischen Rhone und Reuss. Eclogae geol. Helv., v. 72/2, p. 439-454.

FINGER, W., 1978: Die Zone von Samaden (Unterostalpine Decken, (Graubünden) und ihre jurassischen Brekzien. Mitt. geol. Inst. ETH, (n.f.), no. 224.

FLORES, G., 1955: Discussion, in Beneo, E.: Les résultats des études pour la recherche pétrolifere en Sicilie (Italie). Proc. 4. World Petroleum Congr., sec. l, p. 121-122.

FREY, M., TROMMSDORFF, V. und WENK, E., 1980: Alpine metamorphism of the Central Alps.Excursion no. VI. In: Schw. Geol. Komm. (ed.) Geology of Switzerland. Basel: Wepf, p. 295-316

FRICKER, P., 1960: Geologie der Gebirge zwischen Val Ferret und Combe d'A, Wallis. Eclogae geol.helv. 53/1, p. 33-132.

FROITZHEIM, N. und EBERLI, G., 1990: Extensional detachment faulting in the evolution of a Tethys passive continental margin (Eastern Alps, Switzerland). Geol. Soc. Am. Bull., v. 102, p. 1297-1308.

FUCHS, T. 1877: Welche Ablagerungen haben wir als Tiefseebildungen zu betrachten? N. Jb. Mineral. Geol. Paläont. Beilbd. 2, p. 487-584.

FUMASOLI, M.W., 1974: Geologie des Gebietes nördlich und südlich der Jorio-Tonale-Linie im Westen von Gravedona (Como, Italia). Diss. ETH.Zürich, 230 pp.

GAGNEBIN, E., 1942: Les idées actuelles sur la formation des Alps. Acta Soc. Helv. Sci. Nat. 1942, p. 47-53.

GANSSER, A., 1937: Der Nordrand der Tambodecke; geologische und petrographische Untersuchungen zwischen San Bernardino und Splügenpass. Schweiz. mineral.petrogr.Mitt. v.17, p. 292-523.

GANSSER, A., 1967: Splügen-San Bernardino-Misox-Castione. Geol. Führer Schweiz, Basel: Wepf, Heft 8, p. 803-813.

GAUTSCHI, A. und MONTRASIO, A., 1978. Die andesitisch-basaltischen Gänge des Bergeller Ostrandes und ihre Beziehung zur Regional- und Kontakmetamorphose. Schw. mineral. pet. Mitt., v. 58, p. 329-334.

GEIKIE, A. 1905: The Founders of Geology. London: Macmillan, 486 pp.

GERBER, E., 1925: Geologie des Gurnigels und der angrenzenden subalpinen Molasse. Beitr. geol. Karte Schweiz, nf v. 50 (2), 45 pp.

GERLACH, H., 1883: Die Pennischen Alpen. Beitr. geol. Karte Schweiz, v. 27, 159 pp.

GIGNOUX M. et Moret L. 1938: Déscription géologique du baasin supérieur de la Durance. Trav.Lab.Géol.Univ.Grenoble t.21.

GILLULY, J.,1949: The distrituion of mountain building in geologic time. Geol. Soc. Am. Bull., v. 60, p. 561-590.

Grabau, A.W., und O'Connell, M., 1917: Were the graptolite shales, as a rule, deep or shallow water deposits? Bull. geol. Soc. Amer, vol. 28, p. 959-964.

GRESSLY, A. 1837: Observations géologiques sur les terrains des chaînes Jurassiques du canton de Soleure, et des contrées limitrophes. Actes Soc. helv. Sc.Nat. Solothurn, 126-132.

GRESSLY, A. 1838: Observations géologiques sur le Jura soleurois. Neue Denkschr. Allg. Schw. Ges. für die ges. Natw., 2: p. 1-112, 2: p. 113-241, 3: p. 245-349.

GRÜNENFELDER, M. und STERN, T.W., 1960: Das Zirkon-Alter des Bergeller-Massivs. Schw. mineral. petrogr. Mitt., v. 40, p. 253-259.

GUILLAUME, H., 1957. Géologie du Montsalvens. Beitr. geol. Karte Schweiz, n.f. 104, 170 pp.

GULSEN, B.L., 1973: Age relations in the Bergell rgion of the South-East Swiss Alps, with some geochemical comparisons. Eclogae geol. Helv., v. 66, p. 293-313.

GULSEN, B.L. und Krogh, T.E., 1973: Old lead components in the young Bergell Massif, South-East Swiss Alps. Contr. Mineral. Petrol., v. 40, p. 239-252.

GÜMBEL, W., 1978: Ueber die im stillen Ocean auf dem Meeresgrunde vorkommenden Manganknollen. Sitzber. bayer. Akad. Wiss., v. 8, p. 189-209.

GYGI, R.A. 1969. Zur Stratigraphie der Oxford-Stufe (oberes Jura-System) der Nordschweiz und des süddeutschen Grenzgebietes. Beitr.Geol. Karte d. Schweiz, n.f. 136,123 pp.

GYGI, R.A., und PERSOZ, F., 1986: Mineralostratigraphy, litho- and biostratigraphy combined in correlation of the Oxfordian (Late Jurassic) formations of the Swiss Jura range. Eclogae geol. Helv. v.79/2, p. 385-454.

HAARMANN, W.,1930: Die Oszillationstheorie: eine Erklärung der Krustenbewegungen von Erde und Mond. Stuttgart: Enke. 260 pp.

HALL, J., 1859: Paleontology. Geol. Surv. New York, v. 3 (1), p. 66-96.

HANSON,G.N., GRÜNENFELDER, M., und SOPTRAYANOVA, G., 1969. The geochronology of a recrystallized tectonite in Switzerland - the Roffna gneiss. Earth & Planet. Sci. Lett., v. 5, p. 413-422.

HANTKE, R.,1954: Die fossile Flora der obermiozänen Oehninger-Fundstelle Schrotzburg. Denkschr. schweiz. natf. Ges., vol. 80/2, 118 pp.

HAUG, E. 1925: Contribution a une synthèse stratigraphiquc des Alpes occidentales. BSGF, 4, XXV, p.97

HEIERLI, H., 1967: Maloja-St. Moritz-Zernez. Geol. Führer Schweiz, Basel: Wepf, Heft 9, p. 864-872.

HEIM, Alb. und Arn., 1917: Der Kontakt von Gneiss und Mesozoikum am Nordrand des Aarmassivs bei Erstfeld. Viertelj. Natur. Ges. Zürich, v. 62/2, p.423-451.

HEIM, Alb., 1919-22: Geologie der Schweiz. Leipzig:Tauchnitz. v.1, 704 pp, v. 2/1, 476 pp., v. 2/2 541 pp.

HEIM, Alb., 1922: Die Mythen. Neujahrsbl. Natf. Ges. Zürich, 124. Stück.

HEIM, Alb., 1929: An der Erkenntniswurzel alpiner Tektonik. Viertelj. Naturforsch. Ges. Zürich, 1929, p. 213-233.

HEIM, Alb., 1932: Bergsturz und Menschenleben. Zürich: Fretz und Wasmuth, 218 pp.

HEIM, Arn., 1908: Die Nummuliten- und Flyschbildungen der Schweizeralpen. Abh. schw. paläontol. Ges. 35, 301 p.

HEIM, Arn., 1911: Zur Tektonik des Flysches in den östlichen Schweizeralpen. Beitr. Geol. Karte Schweiz. n.f. 31, p. 37-48.

HEIM, Arn., 1923: Der Alpenrand zwischen Appenzell und Rheintal (Fähnern-Grüppe) und das Problem der Kreide-Nummuliten. Beitr. geol. Karte Schweiz, n.f. 53, p. 1-51.

HEIM, Ar.,1908: Die Nummuliten- und Flyschbildungen der Schweizeralpen. Abh. schw. paläontol. Ges. 35, 301 pp.

HEIM, Arnold,1923: Der Alpenrand zwischen Appenzell und Rheintal (Fähnern-Gruppe) und das Problem der Kreide-Nummuliten. Beitr. d. geol. Karte d. Schweiz, n.f., 53, p. 1-51.

HEINRICH, C.A.,1986: Eclogite-facies regional metamorphism of hydrous mafic rocks in the Central Alpine Adula Nappe. J. Petrol., v. 27, p. 123-154.

HERB, R., 1962: Geologie von Amden mit besonderer Berücksichtigung der Flyschbildungen. Beitr. geol. Karte Schweiz, n.f. 114, 130 pp.

HERB, R., 1988: Eocoene Paläogeographie und Paläotektonik des Helvetikums. Eclogae geol. Helv. v.81/3,p.611-657.

HOMEWOOD, P., 1977: Ultrahelvetic and North-Penninic Flysch of the Prealps: A general account. Eclogae geol. Helv., v. 70, p. 627-641.

HOMEWOOD, P., 1974: Le flysch du Meilleret (Préalpes romandes) et ses relations avec les unités l'encadrant. Eclogae geol. Helv., v. 67/2, p. 349-401.

HSÜ, K. J., 1958: Isostasy and a theory for the origin of geosynclines. Am. Jour. Sci., v. 256, p. 305-327.

HSÜ, K. J., 1960: Paleocurrent structures and paleogeography of the Ultrahelvetic Flysch basins. Geol. Soc. Am. Bull., v. 71, p. 577-610.

HSÜ, K.J., 1968: Principles of melanges and their bearing on the Franciscan-Knoxville paradox. Geol. Soc. Am. Bull., v. 79, p. 1063-1074.

HSÜ, K.J.,1969: A preliminary analysis of the statics and kinetics of the Glarus overthrust. Eclogae geol. Helv. v. 62, p. 143-154.

HSÜ, K. J., 1970: The meaning of the word flysch. - A short historical search. Geol. Assoc. Canada, Spec. Paper no. 7, p. 1-11.

HSÜ, K.J., 1971: Franciscan mélanges as a model for eugeosynclinal sedimentation and underthrusting tectonics. J. Geoph. Res., v. 76, p. 1172-1170.

HSÜ, K.J., 1971: Origin of the Alps and Western Mediterranean. Nature, v. 233, p. 44-48.

HSÜ, K.J., 1972: Origin of saline giants: a critical review after the discovery of the Mediterranean Evaporite. Earth Science Rev., v. 8, p. 371-396.

HSÜ, K.J., 1973: The Odyssey of Geosyncline. In: Ginsburg, R.N. (ed.) Evolving Concepts in Sedimentology. The Johns Hopkins Univ. Studies in Geology, no. 21, p.66-92,

HSÜ, K. J., 1975: Castrophic debris streams generated by rockfalls. Geol. Soc. Am. Bull., v. 86, p. 129-140.

HSÜ, K. J. 1979. Thin-skinned plate tectonics during Neoalpine orogenesis. Am. Jour. Sci., v. 279, p. 353-366.

HSÜ, K.J., 1982: Ein Schiff revolutioniert die Wissenschaft. ?? Hofmann und Campe.

HSÜ, K.J., 1989: Time and place in Alpine orogenesis - the Fermor Lecture: in COWARD, M.P., DIETRICH, D., and PARK, R.G. (eds.) Alpine Tectonics: Geol. Soc. London Spec. Publ., no. 45, p. 421-443.

HSÜ, K.J., 1990: Exhumation of high-Pressure metamorphic rocks. Geology vol. 19, in press.

HSÜ, K.J., und SCHLANGER, S.O., 1971: Ultrahelvetic flysch sedimentation and deformation related to plate tectonics. Geol. Soc. Am. Bull., v. 82, p. 1207-1218.

HSÜ, K. J., and RYAN, W.B.F., 1973: Summary of the evidence for extentional and compressional tectonics in the Mediterranean. In: RYAN, W.B.F. & HSÜ, K.J. (eds): The Initial Reports of the Deep Sea Drilling Project, v. 13, p. 1011-1019. Washington,DC: US Government Printing Office.

HSÜ, K. J. and KELTS, K. (eds.), 1984: Quaternary geology of Lake Zurich: An interdisciplinary investigation by deep-lake drilling. Contributions to Sedimentology, v. 13, 210 pp.

HSÜ, K.J., SUN, S., Li, J., CHEN, H., and PEN H., 1989: Mesozoic Overthrust Tectonics in China: Reply to a discussion. Geology, v. 17, pp. 386-387; 669-693.

HUANG, T.K., 1935: Etude géologique de la région Weissmies-Portjengrat (Valais). Bull. soc. neuchâteloise Sc. nat., v. 60.p.1-76

HUG, J., 1917: Die letzte Eiszeit der Umgebung von Zürich. Naturf. Gesell. Zürich, Vierteljahres- schrift, Jahrg., v. 62, p. 125-142.

HUNZIKER, J., 1974: Rb-Sr and K-Ar age determination and the Alpine tectonic history of the Western Alps. Istituti di Geol. e Min. Univ. Padova, Mem., v. 31, 54 pp.

HUNZIKER, J.C., DESMONS, J., and MARTINOTTI, G., 1989: Alpine thermal evolution in the central and western Alps: in Coward, M.P., Dietrich, D., and Park, R.G. (eds.) Alpine Tectonics: Geological Society Special Publication no. 45, p. 353-367.

HUNZIKER, J.C., 1970: Polymetamorphism in the Monte Rosa, Western Alps. Eclogae geol. Helv., v. 63/1. p.151-161.

HURFORD, A.J., FLISCH, M., and JÄGER, E., 1989: Unravelling the thermo-tectonic evolution of the Alps: a contribtion from fission track analysis and mica dating. in Coward, M.P., DIETRICH, D., and PARK, R.G. (eds.) Alpine Tectonics: Geological Society Special Publication no. 45, p. 369-398.

ITEN, W.B., 1948: Zur Stratigraphie und Tektonik der Zone du Combin. Eclogae geol. Helv., v. 41, p. 144-246.

JÄCKLI, H., 1941: Geologische Untersuchungen im nördlichen Westschams (Graubünden). Eclogae geol. Helv., v. 34. p.17-101.

JEANNET A., LEUPOLD, W. und BUCK, D., 1935: Stratigraphische Profile des Nummulithikums von Einsiedeln-Jberg. Ber.Schwyz natf.Ges. v.1, p.35-51.

KAUFMANN, F.J. 1877: Geologische Beschreibung der Kalk-und Schiefergebirge der Kantone Schwyz und Zug und des Bürgenstocks bei Stans. Beitr. geol. Karte Schweiz, 14, 2. Abt., 180 pp.

KAUFMANN, F.J., 1886: Emmen- und Schlierengegenden nebst Umgebungen bis zur Brünigstrasse und Linie Lungern-Grafenort. Beitr. geol. Karte Schweiz, 24. Lief., 607 pp.

KELTS, K. 1978:Geological and Sedimentary Evolution of Lakes Zürich and Zug. Diss.ETH 6146, 250 pp.

KELTS, K., 1981: A comparison of some aspects of sedimentation and translational tectonics and the Mesozoic Tethys and Northern Penninic Margin. Eclogae geol. Helv., v. 74, p. 317- 338.

KRAUS, E., 1932: Der nordalpine Kreideflysch. Geol. paläont. Abh. NF 19, II. Jena.

KUHN, J.A, 1972: Stratigraphisch-mikropaläontologische Untersuchungen in der äusseren Einsiedler Schuppenzone und im Wägitaler Flysch. Eclogaue geol. Helv., v. 65, p. 483- 553.

LAUBSCHER, H., und BERNOULLI, D., 1980: Cross-section from the Rhine Graben to the Po Plain. Excursion no. III. In: Schw. Geol. Komm. (ed.) Geology of Switzerland. Basel: Wepf, p. 183-209.

LAUBSCHER, H.P. und BERNOULLI, D., 1982: History and deformation of the Alps. in HSÜ, K.J.(ed.) Mountain Building Processes, London:Academic Press, p.169-180.

LAUBSCHER, H., 1987: Die tektonische Entwicklung der Nordschweiz. Eclogae geol. Helv., v. 80, p. 305-322.

Le PICHON, X., und SIBUET, J.-C., 1981. Passive margins: a model of formation. J. Geoph. Res., v. 86, p. 3708-3720.

Le PICHON,X., 1968: Seafloor spreading and continental drift. Jour. Geophys. Res., v. 73, p. 3661-3697.

LEMOINE, M., 1953: Remarques sur les caractères et l'evolution de la paléogéographie de la zone brianconnaise au Secondaire et au Tertiare. Soc. Géol. France Bull., sér. 6, v. 3, p. 105-120.

LEUPOLD, W. 1937: Zur Stratigraphie der Flyschbildungen zwischen Linth und Rhein. Eclogae geol. Helv., 30, p. 1-23.

LEUPOLD, W. 1943: Neue Beobachtungen zur Gliederung der Flyschbildungen der Alpen zwischen Reuss und Rhein. Eclogae geol. Helv., 35, 247-291

LEUPOLD, W. 1967: Einsieldler Flysch. Lexique stratigraphique internationale, v. 1, Europe, Fasc. 7, Suisse, p. 322-359.

LEUPOLD, W. 1967: Geologischer Führer der Schweiz, Exkursion 31, Fig.5. Wepf, Basel.

LEUPOLD, W., 1937: Zur Stratigraphie der Flyschbildungen zwischen Linth und Rhein. Eclogae geol. Helv., 30, 1-23.

LEUPOLD, W., 1966: Südhelvetischer Flysch (Obereocän-Flysch). In Lex. stratigr. int. 7c, Schweizer alpen und Südtessin, pp. 1112-1116.

LOMBARD, A., 1971: La nappe du Niesen et son Flysch. Beitr. z. geol. Karte d. Schweiz, n.f. 141, p. 1-252

LÖW, S., 1987: Die tektono-metamorphe Entwickklung der nördlichen Adula- Decke. Beitr. geol. Karte Schweiz, n.f.161, 83 pp.

LÜDIN, P., 1987: Flysche und tektonische Melanges im Südpenninisch/Unterostalpinen Grenzbereich (Arosa-Zone, Mittelbünden und Rätikon, Schweiz). Diss. Basel. Univ., 281 pp.

LUGEON, M., 1902. Sur la coupe géologique massif du Simplon. Bull. soc. vaud. Sci. nat., vol. 38, p. 39-41.

LUGEON, M., 1938: Quelques faits nouveaux dans les Préalpes internes Vaudoises. Eclogae geol. Helv., v. 31, p. 1-20.

LUGEON, M., 1943: Une nouvelle hypothèse tectonique: la Diverticulation. Soc. vaud.Sci. nat. , v. 62, p. 260.

LUGEON,M. und ARGAND E., 1905: Sur les grandes nappes de recourvrement de la zone Piémont. Comptes rendus acad. sci., Paris, v. cxl, p. 1491.

MARTHALER, M. und STAMPFLI, G.M., 1989: Les Schistes lustrés à ophiolithes de la nappe du Tsaté: un ancien prisme d'accrétion issu de la marge active apulienne? Schweiz. Mineral. Petrogr. Mitt. 96, p.211-216.

MARTHALER, M., 1984: Géologie des unités penniques entre le val d'Anniviers et le val de Tourtemagne (Valais, Suisse). Eclogae geol. Helv. v.77, p.395-448.

MASSEY, N.W.D., 1986: Metchosin Igneous Complex, southern Vancouver Island: Ophiolite stratigraphy developed in an emergent island setting. Geology, vol. 14/7, p. 602-605.

MATTER, A., 1987: Faciesanalyse und Ablagerungsmilieus des Permokarbons im Nordschweizer Trog. Eclogae geol. Helv., v. 80, p. 345-367.

MAYER-EYMAR, K., 1898: Systematisches Verzeichnis der Versteinerungen des Parisian der Umgegend von Einsiedeln. Beitr. geol. Karte Schweiz, 30, 100 pp.

McCONNELL, R.B., 1951: La nappe du Niesen et ses abords entre les Ormonts et la Sarine. Beitr. geol. Karte Schweiz, n.f. 95.??

McKenzie, D.P., 1978. Some remarks on the development of sedimentary basins. Earth Planet. Sci., Lettt., v. 40, p. 25-32.

MILNES A.G., 1974 a: Structure of the Pennine Zone (Central Alps): A new working hypothesis. Geol. Soc. Am. Bull., v. 85/11, p. 1727-1732.

MILNES A.G., 1974 b: Post-Nappe Folding in the Western Lepontine Alps. Eclogae geol. Helv. v.67, p. 333-348

MILNES, A.G., GRELLER, M., and MÜLLER, R., 1981: Sequence and style of major post-nappe structures, Simplon-Pennine Alps. Journal of Structural Geology, v. 3, p. 411-420.

MILNES, A.J. und Schmutz, H.-U., 1978: Structure and history of the Suretta nappe (Pennine zone, Central Alps)- a field study. Eclogae geol. Helv., v. 71, p. 19-34.

MOORE, R.C., 1949: Meaning of facies. Am. Assoc. Petroleum Geologists, v. 42, p. 2718-2744.

MURRAY,J. und RENARD, A.F., 1891: Report on the deep-sea deposits based upon specimens collected during the voyage of H.M.S. "Challenger" in the year 1873-1876. In: "Challenger" Reports, Edinburgh: H.M.S.O., 525 pp.

NABHOLZ, W., 1945: Geologie der Bündnerschiefergebirge zwischen Rheinwald, Valser- und Safiental. Eclogae geol. Helv., v. 38, p. 1-120.

NABHOLZ, W., 1967: Chur-Vals. Geol. Führer d. Schweiz, Basel: Wepf, Heft 8, p. 743-775.

NEUMAYR, M., 1887: Erdgeschichte, I. Bd. . Leipzig: Bibliographisches Institut, 653 pp.

NICHOLSON, H.A., 1890: Address on recent progress in paleontology as regards invertebrate animals. Trans. Edin. geol. Soc., v. 6, p. 53-69.

NIEVERGELT, P., und DIETRICH, V., 1977: Die andesitisch-basaltischen Gänge des Piz Lizun. (Bergell). Schw. Min. Pet. Mitt., v. 57, p. 267-280.

NIGGLI, E., and NABHOLZ, W., 1967: San Gions- Passhöhe - Acquacalda. Geol. Führer Schweiz, Heft 5, Basel: Wepf, pp. 404-411.

OBERHÄNSLI-LANGENEGGER, H. 1978: Mikropaläntologische und sedimentologische Untersuchungen in der Amdener Formation. Beitr. z. geol. Karte d. Schweiz, n.f. 150, 83 pp.

OBERHOLZER, J., 1933: Geologie der Glarneralpen: Beitr. geol. Karte Schweiz, n.f. 28, 626 pp.

OXBURGH, R., 1982: Heterogeneous lithospheric stretching in early history of orogenic belts. In: Hsü, K.J.,(ed.) Mountain Building Processes, London: Academic Press, p. 85-94.

PANTIC N. und GANSSER, A., 1977: Palynologisch Untersuchungen in Bündnerschiefern (II). Eclogae geol. Helv., 70, p. 59-81.

PANTIC, N. und ISLER, A., 1978: Palynologisch Untersuchungen in Bündnerschiefern (II). Eclogae geol. Helv., 71, p. 447-465.

PAVONI, N., 1967: Falätsche-Uetliberg bei Zürich. Geol. Führer d. Schweiz. Basel: Wepf, (Heft 7), p. 538- 542.

PENCK, A. and BRÜCKNER, E., 1909: Die Alpen in Eiszeitalter, Bd. 2, Tauchnitz, Leipzig, 716 pp.

PFIFFNER,O, A., 1978: Der Falten- und Kleindeckenbau im Infrahelvetikum der Ostschweiz. Eclogae geol. Helv., v. 71/1, p. 61-84.

PHILLIP, R.,1982: Die Alkaliamphibole der Platta-Decke zwischen Silsersee und Lunghinpass (Graubünden): Schweiz. Min. u. Pet. Mitt., v. 62, p. 437-455.

PLATT, J.P., 1987: The uplift of high-pressure-low-temperature metamorphic rocks: Philosophical Transactions of the Royal Society of London, series A, v. 321, p. 87-102.

PLAYFAIR, J., 1802: Illustrations of the Huttonian Theory of the Earth. Edinburgh: William Creech, 528 pp.

RADOMSKI, A., 1961: On some sedimentological problems of the Swiss Flysch Series. Eclogae geol. Helv., v. 54, p. 451-458.

RAMSAY, J.G.R., 1989 in: COWARD M.P., DIETRICH, D.& PARK, R.G. (eds): Alpine Tectonics.??? Geol. Soc. Spec. Publ. no. 45

READING, H.G., (editor) 1986: Sedimentary environments and facies (2nd edition).Oxford: Blackwell Scientific Publications, 615 pp.

RICHTER, M., 1957: Die Allgäu-Vorarlberger Flyschzone und ihre Fortsetzung nach Westen und Osten. Z. deutsch. geol. Ges. v. 108 (2), p. 156-174.

ROESLI, F. 1967: Luzern-Alpnachstad. Geol. Führer d. Schweiz. Basel: Wepf, (Heft 7), p. 583-589.

ROLLIER, L. 1918: Ueber alpine- Kreide und Nummuliten-Formation. Eclogae geol. Helv., 14, 669-674.

ROTHPLETZ, A., 1900: Geologische Alpenforschungen, I. Das Grenzgebiet zwischen den Ost- und West-Alpen und die Rhaetische Überschiebung. 176 pp. München: Lindauer.

RÜCK, P., 1990: Stratigrphisch-sedimentologische Untersuchung der Schamser Decken. Diss. ETH. Zurich, no. 9185, 196 pp.

SARTORI M., 1987: Structure de la zone du Combin entre les Diablons et Zermatt (Valais). Eclogae geol.Helv. v.80, p.789-814.

SARTORI M., 1988: L'unité du Barrhorn (Zone pennique, Valais, Suisse). Thèse Univ. Lausanne, 150 pp.

SATIR, M., 1975: Die Entwiclungsgeschichte der westlichen Hohen Tauern und der südlichen Oetztalmasse aufgrund radiometrischer Altersbestimmungen. Istituti di Geol. e Min. Univ. Padova, Mem., v. 30, 84 pp.

SCHARDT, H. 1898: Les régions exotiques du versant Nord des Alpes suisses (Préalpes du Chablais et du Stockhorn et les Klippes). Soc. vaudoise Sci. nat. Bull., v. 34, p. 113-219.

SCHARDT, H., 1893: Sur l'origin des Préalpes romandes. Eclogae geol. Helv., v.4, p. 129-142.

SCHARDT, H., 1904: Note sur le profil géologique et la tectonique due massif du Simplon, Eclogae geol. Helv., v. 8, pp. 173-200.
SCHMID, S. M., 1975: The Glarus overthrust: field evidence and mechanical model. Eclogae geol. Helv. v. 68, p. 247-280.
SCHMIDT, C. und PREISWERK, H., 1908: Geologische Karte der Simplon-Gruppe 1:50'000 (mit Erläuterungen). Sp. Karte Nr. 48, Geol. Komm.
SCHREYER,W., 1988: Experimental studies on metamorphism of crustal rocks under mantle pressures: Mineralogical Magazine, v. 52, p. 1-26.
SCLATER, J.G., ANDERSON, R.N. und BELL, M.I., 1971: The elevation of ridges and the evolution of the central eastern Pacific.J. Geoph. Res., v. 76, p. 7888-7915.
SEILACHER, A., 1958: Zur ökologischen Charakteristik von Flysch und Molasse. Eclogae geol. Hev., v. 51, p. 1962-1078.
SHACKLETON, N.J. and OPDYKE, N.D., 1976: Oxygen-isotope and paleomagnetic stratigraphy of Pacific Core V-28-239 late Pliocene to latest Pleistocene. Geol. Soc. Amer. Memoir 145, p. 449-464.
SMITH, A.G., 1971: Alpine deformation and the oceanic areas of the Tethys, Mediterranean and Atlantic: Geological Society of America Bulletin, v. 82, p. 2039-2070.
SMITH, D.C., 1984: Coesite in clinopyroxene in the Caledonides and its implications for geodynamics: Nature, v. 310, p. 641-644.
SMOLUCHOWSKI, M.S.,1909: Some remarks on the mechanics of overthrusts. Geol. Mag., n.s. Decade V, v. 6, p. 204-205.
STACHER, P., 1980: Stratigraphie, Mikrofazies und Mikropaläontologie der Wang-Formation. Beitr. geol. Karte Schweiz nf 152, 105 pp.
STAEGER, D. 1944: Geologie der Wilerhorngruppe zwischen Brienz und Lungern. Eclogae geol. Helv., 37, p. 99-188.
STAUB, R., 1928: Der Bewegungsmechanismus der Erde. Berlin:Bornträger, 270 pp.
STAUB, R., 1937: Gedanken zum Bau der Westalpen zwischen Bernina und Mittelmeer: Vjschr. natf. Ges. Zürich, v. 82, p. 197-336.
STAUB, R., 1958: Klippendecke und Zentralalpenbau. Beitr. geol. Karte Schweiz nf 103, 184 pp.
STAUB, R., 1917: Über Faciesverteilung und Orogenese in den südöstlichen Schweizer Alpen. Beitr. geol. Karte Schweiz, n.f., 46, p. 165-198.
STAUB, R., 1942: Gedanken zum Bau der Westalpen zwischen Bernina und Mittelmeer, 2. Teil. Vjschr. natf. Ges. Zürich, v. 87, p. 1-138.
STAUB, R., 1920. Neuere Ergebnisse der geologischen Erforschung Graubündens. Eclogae geol. Helv., v. 16, p. 1-26.
STAUB, R., 1924: Der Bau der Alpen. Beitr. geol. Karte Schweiz, n.F. 52, 272 pp.
STEINMANN, G., 1905: Gibt es fossile Tiefseeablagerungen von erdgeschichtlicher Bedeutung? Geol. Rdsch., v. 16, p. 435-468.
STILLE, H., 1924:. Grundfragen der vergleichenden Tektonik. Bornträger, Berlin. 443 pp.
STRECKEISEN, A., 1948: Der Gabbrozug Klosters-Davos-Arosa. Schweiz. Min. Petr. Mitt.28, p.195-214.
STREIFF, V., 1962: Zur östlichen Beheimatung der Klippendecken. Eclogae geol. Helv., v. 55, 79-134.
STUDER, B., 1825: Beiträge zu einer Monographie der Molasse. Bern: Jenni.
STUDER, B., 1827: Remarques géognostiques sur quelques parties de la chaine septentrionale des Alpes. Ann. Sci. nat. Paris, vol.11, p.1-47.

STUDER, B., 1848: Sur la véritable signification du nom de Flysch. Verh. Schweiz. naturf. Ges., v. 33. p. 32-35.

STUDER, B., 1853: Geologie der Schweiz, Bern: Stämpfli, v. 2, 497 pp.

STUDER, B., 1872: Index der Petrographie und Stratigraphie der Schweiz und ihrer Umgebung. Bern: Dalp.

STUDER, B., 1927: Remarques géognostiques sur quelques parties de la chaine septentrionale des Alpes. Ann. Sci. nat. Paris, v. 11, p. 1-47.

STUIJVENBERG van, J., 1979: Geology of the Gurnigel area. Beitr. geol. Karte Schweiz, NF 151.

SUESS, E., 1875: Die Entstehung der Alpen, 168 pp., Wien: W. Braumüller

SUESS, E., 1904. Ueber das Inntal bei Nauders. Sitzber. K. Akad. Wien, vol. CXIV, Abt. 1, p. 699-735.

SUESS, E., 1909: Das Antlitz der Erde. V. 3/2, 789 pp. Freytag, Leipzig.

SUJKOWSKI, Z. L., 1957: Flysch sedimentation. Geol. Soc. Am. Bull., v. 68, p. 543-554.

TERCIER, J., 1925: Sur la géologie de la Berra et l?emplacement originel du Flysch des Préalpes externes. Bull. Soc. fribourg. Sci. nat. v. 28, p. 1-14.

TERMIER, P., 1903: Les nappes des Alpes orientales et la synthèse des Alpes. Bull. Soc. Géol. France, v. 4, p. 711-766.

TERMIER, P., 1903. Les Nappes des Alpes Orientales et la Synthèse des Alpes, Bull. Soc. géol. France, 4. ser., v. iii, p. 711.

THÖNI, M., 1983: The thermal climax of the early alpine metamorphism in the Austroalpine thrust sheet. Istituti di Geol. e Min. Univ. Padova, Mem., v. 36, p. 211-239.

TROMMSDORFF, V. und NIEVERGELT, P., 1983: The Bregaglia (Bergell) Iorio Intrusive and its Field Relations. Mem. Soc. Geol. Ital., v. 26, p. 55-68.

TRÜMPY, R., 1960: Paleotectonic evolution of the central and western Alps. Geol. Soc. Amer. Bull., v. 71, p. 843-908.

TRÜMPY, R., 1969: Die helvetischen Decken der Ostschweiz: Versuch einer palinspastischen Korrelation und Ansätze zu einer kinematischen Analyse. Eclogae geol. Helv. 62/1, p. 105-142.

TRÜMPY, R., 1954: La zone de Sion-Courmayeur dans le haut Val Ferret valasian. Eclogae geol. Helv., v. 47, p. 315-359.

TRÜMPY, R.,1973: The timing of orogenic events in the central Alps: In De JONG, K.A. and SHOLTON, R. (eds). Gravity and Tectonics, New York:Wiley, p. 229-252.

TRÜMPY, R., 1980: An outline of the geology of Switzeland. In: Geology of Switzerland, a Guidebook, Part A, Basel: Wepf, 104 pp.

TRÜMPY, R.,1959: Hypothesen über die Ausbildung von Trias, Lias und Dogger im Untergrund des schweiz. Molassebeckens. Eclogae geol. Helv., v. 52, p. 435-448.

TRÜMPY, R., 1973: The timing of orogenic events in the central Alps: In De Jong, K.A. and Sholton, R. (eds). Gravity and Tectonics, New York:Wiley, p. 229-252.

TRÜMPY, R. 1955: Remarques sur la corrélation des unités Penniques externes entre la Savoie et le Valais et sur l'origine des nappes Préalpines. Bull. Soc.Géol.France 6ème Série, 5/1-3, 217-229.

van BEMMELEN, R.W., 1933: The undation theory of the development of the earth's crust. Proc. 16th. Intern. Geol. Congr. Washington, D.C., v. 2, p. 965-982.

von BUCH, L., 1805: Geognostische Uebersicht von Neu-Schlesien. In J. Ewald, J. Roth, and H. Eck (editors) Leopold von Buch's gesammelte Schriften. Berlin: G. Reimer Verlag, v. 1, p. 719-739.

WALTHER, J., 1897: Ueber Lebensweise fossiler Meeresthiere. Z. dt. geol. Ges., v. 49, p. 209-273.

WANG, X., LION, J.G., and MAO, H.K., 1988: Coesite-bearing eclogite from the Dabie Mountainsin central China: Geology, v. 17, p. 1085-1088.

Wegener, A., 1926: Paläogeographische Darstellung der Theorie der Kontinentalverschiebungen. 27pp., Leipzig & Wien: Deuticke.

WEGMANN, R., 1961: Zur Geologie der Flyschgebiete südlich Elm. Diss. Univ. Zürich, 259 pp. Zürich: Schidberger und Müller.

WEISSERT,H., 1974: Die Geologie der Casanna bei Klosters. Diplomarbeit, ETH Zürich, 93 pp.

WENK, E., 1973. The structure of the Bergell Alps. Eclogae geol. Helv., v. 66, p. 255-291.

Wernicke, B., 1985: Uniform-sense normal simple shear of the continental lithospere. Canadian J. Earth Sci. v. 22/1, p.108-125.

WHITE,D.A., ROEDER, D.H., NELSON, T.H., and CROWELL, J.C. 1970: Subduction. Geol. Soc. America Bull. v. 81, p.3431-3431.

WILDI, W., 1985: Heavy minerals in Alpine flysch. Giornale di geologia, v. 47, p. 77-100.

WINKLER, W., 1981: Aspekte der Sedimentation des Schlieren-Flysches. Eclogae geol. Helv. v. 73, p. 311-318.

WINKLER, W. und BERNOULLI, D., 1986: Detrital high-pressure/low-temperature minerals in a late Turonian flysch sequence of the eastern Alps (western Austria): Implications for early Alpine tectonics: Geology, v. 14, p. 596-601.

ZIEGLER, P.A., 1956: Zur Stratigraphie des Séquanien im zentralen Schweizer Jura. Diss. Univ. Zürich, Bern: Druck Stämpfli & Cie, p. 37-102. (Beitr.geol.Karte Schweiz NF 102)

ZIEGLER, W.H., 1956: Geologische Studien in den Flyschgebieten des Oberhalbsteins (Graubünden). Eclogae geol. Helv., v. 49, p. 1-78.

INDEX

ZEITTABELLE MIT STUFEN UND ALTER

System	Stufen (Berggren 1985)	Ma
QUARTÄR	Pleistozän	1.6
TERTIÄR	Piacenzian	3.4
	Zanclean	5.3
	Messinian	6.4
	Tortonian	10.4
	Serravallian	
	Langhian	16.5
	Burdigalian	21.8
	Aquitanian	23.7
	Chattian	30
	Ruppelian	36.6
	Priabonian	40
	Bartonian	43.6
	Lutetian	52
	Ypresian	57.8
	Selandiasn	62.3
	Danian	66.4
KREIDE	Maestrichtian	74.5
	Campanian	84
	Santonian	87.5
	Coniacian	88.5
	Turonian	91
	Cenomanian	97.5
	Albian	113
	Aptian	119
	Barremian	124
	Hauterivian	131
	Valanginian	138
	Berriasian	144
JURA	Tithonian	152
	Kimmeridgian	156
	Oxfordian	163
	Callovian	169
	Bathonian	176
	Bajocian	183
	Aalenian	187
	Toarcian	193
	Pliensbachian	198
	Sinemurian	204
	Hettangian	208
TRIAS	Rhaetian